U0203023

历史遗留采冶废渣重金属污染原位控制技术理论与实践

吴　攀　罗有发　刘鸿雁　陈满志 等　著

科 学 出 版 社

北　京

内 容 简 介

历史遗留采冶废渣堆场污染原位控制与生态恢复已成为“减污降碳协同增效”的国家重大需求，本书主要针对贵州典型历史遗留采冶废渣堆场分布特征、重金属污染现状、生态修复工程实践与成效评估以及生态修复机理等方面进行论述。全书共分为六章，分别为贵州土法冶炼活动与历史遗留废渣、历史遗留冶炼废渣资源属性及开发利用、历史遗留采冶废渣堆存及其环境效应、历史遗留采冶废渣堆场原位修复工程及其机理、历史遗留采冶废渣堆场原位综合治理效果评价、总结与展望。

本书可供矿业、环保、林业、生态、水土保持等相关行业人员和管理部门进行工程设计和生态环境修复工作等参考使用，也可供环境科学与工程、生态学、土壤学、环境生态工程、林学等专业的科研和教学工作者参考。

审图号：黔 S（2022）002 号

图书在版编目（CIP）数据

历史遗留采冶废渣重金属污染原位控制技术理论与实践/吴攀等著. —北京：科学出版社，2023.3

ISBN 978-7-03-071343-8

Ⅰ. ①历… Ⅱ. ①吴… Ⅲ. ①矿业开发-重金属污染-污染控制 Ⅳ. ①X75

中国版本图书馆 CIP 数据核字（2022）第 016858 号

责任编辑：郑述方/责任校对：彭　映
责任印制：罗　科/封面设计：墨创文化

科 学 出 版 社 出版
北京东黄城根北街 16 号
邮政编码：100717
http://www.sciencep.com
成都锦瑞印刷有限责任公司印刷
科学出版社发行　各地新华书店经销
*
2023 年 3 月第　一　版　开本：787×1092　1/16
2023 年 3 月第一次印刷　印张：12 1/2
字数：296 000
定价：198.00 元
（如有印装质量问题，我社负责调换）

前　言

贵州省矿产资源丰富，矿业开采及锌、汞、锑、锰等金属冶炼历史悠久，尤以黔西北土法炼锌规模最大、持续时间最长，最早可追溯至明朝。长期粗放的土法冶炼活动遗留下大量采冶废渣，堆存量巨大，据调查统计，仅土法炼锌产生的废渣量已达 2000 余万 t。裸露且无序堆放的采冶废渣堆对周边及下游的水土环境造成严重污染。同时，由于土法冶炼工艺落后，有价金属回收率低，废渣中重（类）金属（Cd、Hg、As、Pb、Zn、Sb 等）含量极高，废渣中重金属的持续释放对粮食安全生产和人体健康造成极大威胁。历史遗留废渣问题已成为该区域突出的生态环境问题。

贵州省地处西南喀斯特生态脆弱区中心，是“两江”（长江和珠江）流域上游重要生态屏障区和我国生态文明先行示范区，保障区域生态环境质量安全非常重要。由贵州大学牵头，联合相关科研院所和环保公司，聚焦采冶废渣堆场重金属污染原位治理与生态修复的理论和技术瓶颈，对历史遗留采冶废渣重金属的生物地球化学循环规律进行深入研究，阐明了喀斯特山区历史遗留采冶废渣重金属的生物地球化学循环规律和关键控制因子，揭示了采冶废渣堆场重金属污染治理技术原理及生态修复机制，建立了“物理封存-化学稳定-生态修复”的原位综合治理技术体系，对贵州省重金属污染防治及生态文明建设具有重大的战略意义。

经过 10 余年的“产学研用”协同攻关，项目组在探索喀斯特山区历史遗留采冶废渣重金属迁移转化过程、污染扩散规律以及生态修复技术等方面取得了重要突破。根据历史遗留采冶废渣中重金属污染特征及其资源属性，创新性地提出原位生态控制及资源封存理论、方法和关键技术，在重金属污染治理与生态修复技术大规模工程应用的基础上，构建了采冶废渣堆场治理工程效果评价方法体系。该技术成果既可有效地储藏有价元素，又可从源头上阻断有毒有害重金属向周围环境的释放。截至 2019 年底，已完成采冶废渣重金属治理与生态修复项目 121 项，投资金额达 10.07 亿元，治理采冶废渣量达 5495.87 万 t，生态修复面积达 412.27 万 m^2，原位封存金属资源量达 76.33 万 t。项目实施对区域重金属污染风险管控和生态环境质量改善起到极大的推动作用，环境效益、生态效益和社会效益显著。本书正是这一技术研发和成果应用的全面总结。

本书分为六章。第一章在介绍贵州矿产资源禀赋特征基础上，详细介绍了矿业开发历史及环境影响，特别是土法冶炼活动及其主要的环境影响过程，以及全省不同类型历史遗留废渣的分布特征。第二章基于历史遗留冶炼废渣的资源属性，介绍废渣中有价元素的资源价值和开发利用性，以及现阶段废渣开发利用的现状和制约因素。第三章通过对历史遗留采冶废渣物理化学特性、矿物学特征、重金属的赋存形态和废渣堆场优势植物生长适应性和重金属累积的研究，阐明了历史遗留采冶废渣重金属的生物地球化学循环规律和关键控制因子，揭示了冶炼废渣中重金属赋存形态、迁移释放规律和环境扩散路径与主控因子，以及废渣堆存过程对周边各环境介质的环境效应。第四章在介绍历史遗留采冶废渣场综合治理技术进展的基础上，结合贵州历史遗留采冶废渣特点、生态环境特征以及经济条件，阐明了历史遗留采冶废渣堆场重金属污染原位修复机理及生态修复机制，提出了采冶废渣污染场地以原位修复为主的综合治理原理、基本治理路径、技术组合和相关工程技术指标，建立了“物理封存-化学稳定-生态修复”的原位综合治理技术体系，并介绍了几个典型的历史遗留废渣治理工程实例。第五章以重金属封存、生态环境和经济效益为主要指标，开展废渣治理工程效果评价方法研究，构建了喀斯特山区历史遗留采冶废渣堆场重金属污染原位治理及生态修复工程效果评价方法，并介绍了几个典型原位综合控制效果评价及效益分析的工程实例。第六章从理论研究到实践应用，总结了贵州省历史遗留废渣原位综合治理的工程实效，并对历史遗留冶炼废渣堆场的重金属污染原位控制及生态修复技术研究进行了展望。

本书主要研究成果先后获得国家自然科学基金项目（U1612442，41461097，42067028，52004074）和贵州省科技基金项目（黔科合[J]20072016，黔科合平台人才[2016]5664 号，黔环科[2012]6 号，黔环科[2018]4 号）的支持。本书汇聚了课题组成员的辛勤工作成果和智慧，囊括了多篇学位论文和发表的学术论文。先后参与此研究工作的有蒋雪芳、彭德海、曾昭婵、涂汉、张水、邢丹等研究生以及苏黎燕、梁兵、余志、张序伦、吴永贵、王倩等合作伙伴。在此一并致谢！

吴　攀

2022 年 9 月 8 日于贵州大学

目　录

第 1 章　贵州土法冶炼活动与历史遗留废渣

贵州省具有丰富的铅锌、锑、汞、锰矿资源，如贵州省铜仁市万山区被誉为“千年汞都”，其汞矿储量和产量都曾位居亚洲前列。这些丰富的矿产资源的开采与冶炼为当地经济社会的发展及国家财政收入的增长做出了重要贡献。由于贵州铅锌、锑、汞、锰矿资源的开采冶炼历史悠久，且在当时技术水平较落后的条件下主要采用粗放型的土法冶炼工艺，该工艺的有价金属提取效率低下，遗留了大量富含重金属的废渣。限于废渣的资源化利用水平低，过去大量未经处理的废渣堆存在自然环境中，废渣中的重金属在人为机械破碎和自然风化作用下持续不断向周边及下游的水土环境中释放，是周边水、土、气环境中重金属等污染物的重要来源，对当地农产品食品安全及人体健康造成严重的威胁。

1.1　贵州矿产资源概况

贵州省矿产资源丰富，矿种多、分布广、门类全，优势矿种分布相对集中，且规模较大、品位较好，以沉积型与中低温内生矿产为优势。据《2018 贵州省自然资源公报》（贵州省自然资源厅，2019 年），贵州省已发现各类矿产 137 种。按《中国矿产地质志・省级矿产地质志研编技术要求》进行整理、归并后，贵州省查明并列入资源储量表的矿种有 61 种，含亚种 83 种，查明但未列入资源储量表的矿种为 9 种，已发现但尚未查明资源储量的矿种为 50 种，含亚种 53 种，合计矿种 120 种，含亚种 145 种，主要矿种分布详见图 1-1。按 2018 年保有资源量排位，51 种位居全国总量的前十位，31 种排前五位，25 种排前三位。其中，在全国排名第一的有锰、汞、重晶石、化肥用砂岩、砷、光学水晶、玻璃用灰岩、饰面用灰岩、砖瓦用砂岩 9 种；排名第二的有冶金用砂岩、硫铁矿、碘、陶瓷用砂岩、饰面用辉绿岩 5 种；排名第三的有钒、铝、稀土、锗、镓、钪、铸造用砂岩、磷、熔炼水晶、建材石料用石灰岩、建筑用砂 11 种；排名第四的有锑、化工用白云岩 2 种；排名第五的有煤、锂、金刚石、砖瓦用黏土 4 种；排名第六的有钛、压电水晶、砖瓦用页岩、水泥用黏土 4 种；排名第七的有金、镍、铌钽、硒、含钾岩石等 5 种。贵州省优势矿产主要有煤、磷、铝、金、汞、锰、锑、重晶石、水泥用灰岩及饰面用灰岩等。

1.2　贵州矿产资源开发利用概况

贵州省发现的 137 个矿种（亚种）中，已开发利用的有 73 种。其中，能源矿产有煤、煤层气和地下热水 3 种；黑色金属矿产有铁和锰矿 2 种；有色金属矿产有铜、铅、锌、铝、镍、钼、钒、汞和锑矿 9 种；贵金属矿产有金 1 种；冶金辅助原料非金属矿产有普通萤石、熔剂用灰岩、冶金用白云岩、冶金用石英岩、冶金用砂岩和冶金用脉石英 6 种；化工原料非金属矿产有自然硫、硫铁矿、重晶石、电石用灰岩、化肥用石英岩、含钾砂页岩、泥炭、砷矿和磷矿 9 种；建材及其他非金属矿产有 49 种（宋生琼 等，2012；

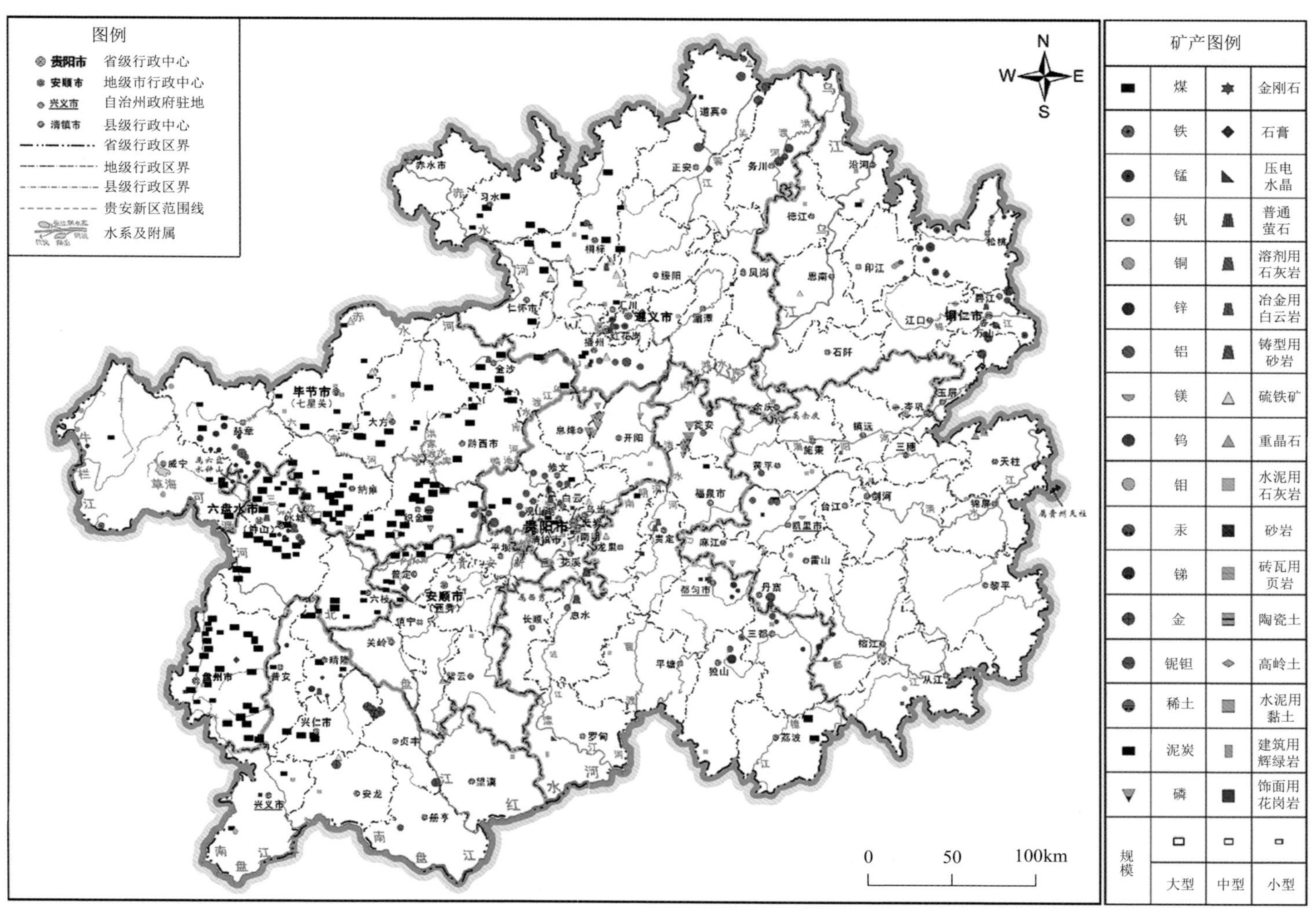

图 1-1 贵州省主要矿产分布图（数据来源于贵州省自然资源厅，2020）

朱学书 等，2012）。各类矿山开采数量及占比如表 1-1 所示，初步形成了矿种相对齐全、比较配套的贵州矿产资源开发利用的基本格局。

表 1-1　贵州省不同类型矿山开采数量及占比

矿山开发类型	数量/处	占比/%
非金属及建材	5105	67
能源	1763	23
金属	398	5
化工原料	272	4
冶金辅助	84	1

自 1954 年起，铅锌列入贵州地质矿产勘查的重点，至 1965 年，集中开展了较多工作，之后找矿勘查工作仍持续进行，在过去的基础上又有进一步发现。截至 20 世纪 90 年代，全省 34 个以上的县市发现铅锌矿，共发现矿床、矿点 200 多处。其中已在 16 个县市探有储量，集中于赫章、水城、普安、晴隆和都匀等地，共计占贵州总储量的 85%以上，全省主要储量产地达 46 处。特别是贵州省地矿、有色冶金等部门的大量工作，在原有发现的基础上，使主要产区扩大了发现范围，其中，通过原贵州地矿局黔西北队、113 队与贵州省有色金属和核工业地质勘查局二总队等的勘查，在赫章县境有较多发现，仅探明储量就占全省的 2/5，丰富的资源使赫章县矿业不断发展，到 2020 年已成为全国生产锌最多的县；经原贵州地矿局威水队、贵州省有色金属和核工业地质勘查局二总队等的广泛勘查，水城地区也有进一步发现，水城地区在 20 世纪 90 年代成为新中国成立 40 多年来贵州铅锌采冶的主要生产区之一。长期勘查表明，贵州铅锌有一定资源，不仅发现有较多的硫化铅锌矿石——方铅矿、闪锌矿，亦有相当数量的氧化矿石，古代所称的炉甘石——菱锌矿（碳酸锌）或异极矿（硅酸锌）在赫章、水城等地也有发现。

1.3　贵州土法冶炼活动

1.3.1　土法冶炼历史

1. 铅锌冶炼历史

中国铅锌资源的发现与利用历史甚为悠久，据《当代中国的有色金属工业》记载：中国是最早发明炼锌的国家，从现有资料看，最迟在 10 世纪的五代就已能冶炼。贵州是中国铅锌矿资源较为丰富的省份之一，黔西北水城-赫章矿带是贵州铅锌的主要产地，在 20 世纪，贵州省赫章县的锌冶炼活动的规模最大（Yang et al.，2010a）。铅锌矿主要集中在毕节市的赫章县、威宁县、纳雍县以及六盘水市的钟山区和水城区。贵州铅锌发现与利用历史较为悠久，赫章县是中国火法炼锌的发源地。据文字记载，贵州铅锌的发现至少有 1000 多年的历史。赫章县妈姑镇可记载的炼锌时间为五代后汉高祖天福年间（公元 947 年）。清代，贵州发现与采冶铅锌的地方数量剧增，尤以赫章、威宁、水城诸地记述为多，其中威宁县（包括现赫章县妈姑地区）是清代初期锌矿年产量最高的地区。

贵州省大规模的土法炼锌活动始于20世纪80年代中期，90年代中期达到高峰，至2000年前夕，曾有1000多个土法炼锌马槽炉的规模。根据《国务院关于环境保护若干问题的决定》要求，自1996年起，贵州各地陆续开展了大规模的土法炼锌取缔工作，1998～1999年基本取缔了土锌炉，至2000年左右土法炼锌活动才得以结束。

2. 汞冶炼历史

贵州是我国汞资源储量最大且开采量最多的省份，也是我国最重要的汞工业基地。据统计，贵州已探明的可开采汞资源（资源量超过9万t）占全国总储量的近70%。万山汞矿因开发时间较长，被誉为“中国汞都”，曾作为世界上第三大汞矿、国内规模最大的汞矿床及汞矿生产基地，为我国矿产开发做出了巨大贡献（曾昭婵和李本云，2016）。万山汞矿开采方式以坑采为主，曾拥有包括岩鹰窝、仙人洞、二坑、四坑等主要20余个矿坑（花永丰和刘幼平，1996）。

万山汞矿开采距今已有3000多年的历史，自殷商开始，该区域就有开采露头丹砂的活动。秦汉时期，这一带开始利用汞矿石冶炼丹药。唐垂拱二年（公元686年），锦州（包括现铜仁市部分区域）生产的光明丹砂为最早记录的汞产品。明清时期，万山汞矿存在官办和民办两种形式。1914～1918年，铜仁、松桃、印江、江口、思南、石阡、沿河、德江等区域土法炼汞活动极其活跃，贵州土法炼汞活动达到鼎盛时期。1949年起，万山建立现代化的汞工业企业——贵州汞矿。1960～1970年，贵州汞矿开采达到鼎盛时期。1980年以来，随着人们对汞的毒性及危害认识的深入，汞的需求量日趋减少，导致汞矿开采活动陆续停止。2001年，贵州汞矿因资源枯竭被关闭，2005年，万山汞矿实施政策性关停。

3. 锑冶炼历史

贵州是全国锑矿资源较丰富的省份之一，全省锑矿主要分布于黔西南、黔南、黔东南等地区的20余个县市，晴隆大厂与独山半坡两地的锑矿资源最为丰富，其次榕江县、三都县、雷山县、罗甸县、赫章县等地的锑矿资源也较丰富。贵州锑的发现较早，至少有百年的历史，据史料记载，最迟始于清代。据已有文字记载，贵州省锑矿最早发现于梵净山区及独山半坡等地。《贵州矿产纪要》与《独山三合榕江梵净山锑矿》均记载：光绪二十五年（1899年），在铜仁设冶炼厂，开展炼锑活动。民国期间，随着近代矿产勘查与研究的开展，省内重要锑矿产区先后被发现，其中，晴隆大厂一带锑矿在民初已有发现。民国《晴隆县志》记载：“晴隆县出产锑，曾于民国初年由复兴公司设厂以人工土灶法开采”。贵州晴隆锑矿始建于1951年10月，晴隆锑矿依托自己的矿山资源，采取火法炼锑工艺提炼锑。从1973年4月起，经中国对外贸易部（现并入商务部）、冶金工业部（现已撤消）批准，贵州晴隆锑矿为供应外贸出口专矿，产品远销东南亚、日本、美国及欧洲等国际市场，成为贵州省创外汇的大户之一，1985年创外汇额居全省第二位，1986年跃居第一，为贵州的经济建设做出了积极贡献。1935年前，已发现重要的榕江八蒙锑矿及三都、丹寨等10余县锑的产出。独山县和三都县具有悠久的锑矿开采历史，在20世纪80年代，该区域的锑矿开采活动规模较大。90年代中期以后，由于矿业秩序的整顿，使得该区域的锑矿开采活动逐渐规范。目前，仅有独山县半坡锑矿山仍处于开采状态。独山县小河冶炼厂于 1973 年 11 月建厂，1982 年投入使用，主要生产精锑，2015 年 5 月完全停产。

4. 锰冶炼历史

贵州是全国最先发现具有工业价值锰矿的省份之一，于 1941 年在遵义县（现遵义市播州区）团溪镇一带发现。开始发现的是氧化锰矿（软锰矿、硬锰矿）。20 世纪 50 年代起，贵州广泛开展了锰矿的地质勘查，工作持续不断，不仅在遵义地区有新的发现，更发现了贵州另一重要产区——松桃锰矿，并有其他新产区的发现。遵义锰矿在原发现氧化锰矿的基础上，1953 年起，在团溪和尚场的高石坎一带，发现了产于氧化锰之下的原生锰矿——碳酸锰（菱锰矿）的存在，1953 年末，最先在小林湾、芭蕉湾一带发现了原生碳酸锰矿的存在。原生锰矿的发现，使遵义锰矿发生了质和量的巨大变化。后来又发现遵义冯家湾、共青湖等矿区，并探明储量，从而使遵义地区成为贵州最重要的锰矿产区，探明的储量超过全省总量的一半，尤其是铜锣井矿区成为全国著名的大型锰矿之一。此外，20 世纪 50 年代以来，尚在从江、玉屏、黔西、兴义、三穗、黄平、石阡、织金等地有锰的发现。迄今，贵州已在 20 余个县市有锰的产出发现。探有储量高度集中于遵义、松桃两地，超过全省总量的 99%。其他县市发现的锰，大多不具工业价值。贵州锰矿以碳酸锰矿石为主，占储量总数的 95%以上，氧化锰有少量，不足 5%。

1.3.2　土法冶炼工艺

1. 土法炼锌工艺

土法炼锌是一种古老原始的炼锌工艺，早在明末清初在贵州省赫章县妈姑一带就已出现，经历了马槽炉、爬坡炉、马鞍炉和八卦炉四个阶段。土法炼锌一般处理锌含量为 15%～20%的氧化锌矿石，蒸馏后获得金属锌，其品位可达 97%～98.7%。土法炼锌的基本过程是：选矿→破碎→装炉→加热冶炼→出锌→熔铸（具体流程见图 1-2 和图 1-3）。土法炼锌的具体操作方法是：①将敲碎、过筛后的铅锌矿石和煤（煤在土法炼锌过程中主要作为还原剂，起还原锌的作用）按照一定比例混合均匀，矿石与煤的混合比例要根据铅锌矿的品位而定，铅锌矿石品位越高，煤用量越大；②将混合均匀的铅锌矿石和煤装入炼锌罐（直径为 10～12cm，深度为 60～70cm，形如炮筒），并在罐与罐之间的空隙处填上大小合适的煤渣（煤渣主要起到加热作用），然后再覆上一层稀泥（一方面是为了固定炼锌罐，另一方面也是为了能有效控制炼锌罐上端温度，从而使反应过程中炼锌罐上端温度低于炉体）；③加热，通过煤燃烧将炼锌罐中的铅锌矿石熔融，利用铅、锌熔点及沸点差异将锌提炼出来。在冶炼过程中，炼锌罐反应部位的温度可以达到 1200℃以上，而炼锌罐上部的温度大约只有 800℃，这样可使锌蒸气及时地冷凝，此时提炼出的锌即为粗锌（吴攀 等，2002a；李广辉 等，2005）。土法炼锌工艺虽然具有设备简易、见效快、投资少等优点，但是锌回收率低，煤消耗量大，在土法炼锌过程中，其他未回收的伴矿重金属元素（Pb、Cu、Cd、Hg 等）被大量释放到大气中或者残留在冶炼废渣中堆存。

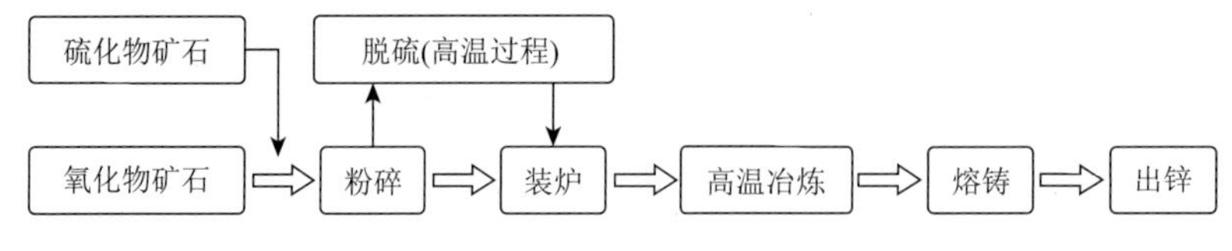

图 1-2　土法炼锌流程图

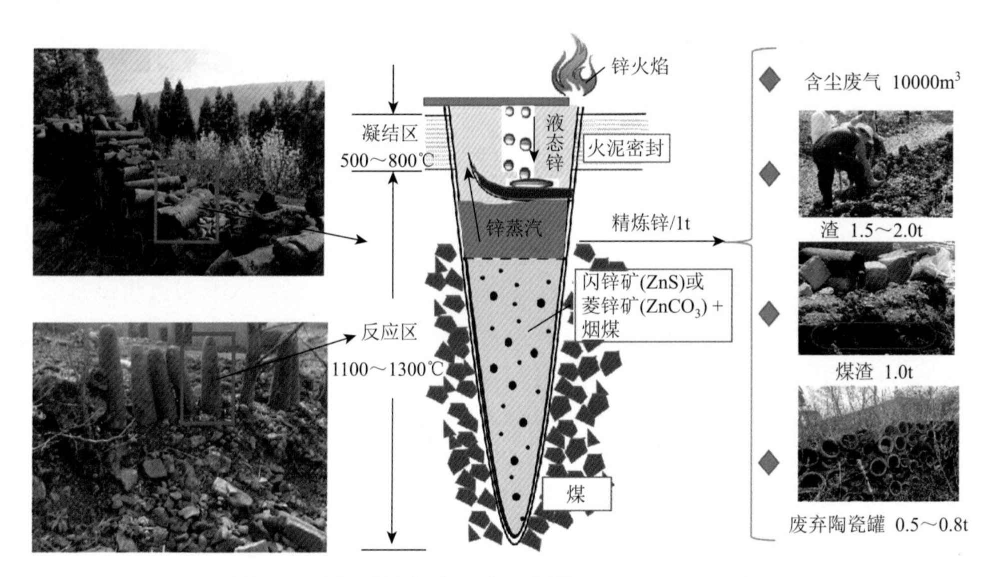

图 1-3　土法炼锌生产工艺示意图（Yu et al.，2022）

两种锌矿石即硫化物矿石（闪锌矿，主要成分为 ZnS）和碳酸锌矿石（菱锌矿，主要成分为 $ZnCO_3$）通常被用作土法炼锌的原材料，两种矿石冶炼获得金属锌的过程存在差异（图 1-3）。就碳酸锌矿石而言，仅需要一步就可获得液态金属锌，其具体过程为将碳酸锌矿石与煤混合后装入直径为 10～20cm、深度为 60～70cm 的陶瓷罐中，陶瓷罐四周填上煤，然后用煤作为燃料，将混有矿石和煤的陶瓷罐加热到 1200℃并保持几小时，通过碳的还原作用产生液态锌，其反应方程式为

$$2ZnCO_3 + C \longrightarrow 2Zn + 3CO_2 \tag{1-1}$$

对于硫化锌矿石而言，液态金属锌产生需要两步。第一步是将硫化锌矿石与煤混装在陶瓷罐中，在空气中加热至 1200℃使硫化锌氧化为碳酸锌，如式（1-2）所示，最后一步与碳酸锌矿石的冶炼过程[式（1-1）]相似。

$$2ZnS + 2C + 5O_2 \longrightarrow 2ZnCO_3 + 2SO_2 \tag{1-2}$$

2. 汞矿冶炼工艺

贵州、云南、湖南等地区近代的土法炼汞技术使用的炼锅主要有篾箩灶、葫芦灶和土圈灶等，其原理均是下火上凝法，只是锅炉架设上的区别造成用料、回收率方面的差异（徐采栋，1960）。对贵州万山汞矿的遗址进行调查表明，贵州省万山地区的土法炼汞主要有篾灶法和煤灶法两种（李映福 等，2014）。土法炼汞俗称“土灶炼汞”，是采用土铁锅和土灶、蒸馏罐、坩埚炉及简易冷凝收尘设施等进行冶炼的一种落后的炼汞工艺（李平 等，2006），其年产汞量一般在10t以下。土法炼汞的主要原理为：燃煤加热汞矿石（辰砂，HgS）超过600℃，HgS转化为Hg^0后，冷凝并收集金属汞（即水银），化学反应式为

$$HgS + O_2 \xrightarrow{\text{加热}} Hg^0 + SO_2 \tag{1-3}$$

所采用的工艺流程如图1-4所示。

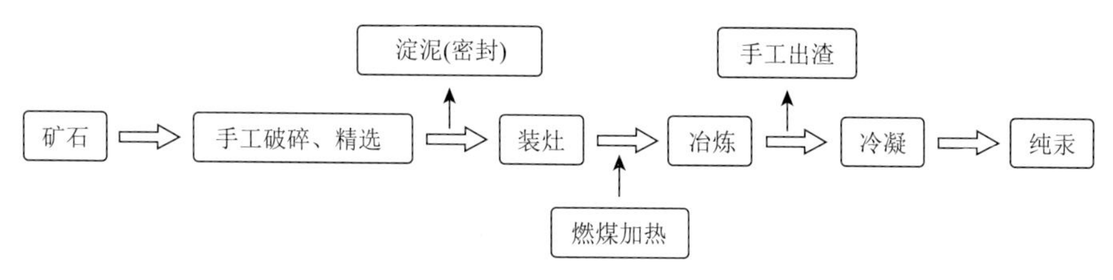

图1-4　土法炼汞流程图（李平　等，2006）

由于土法炼汞炉灶底锅易坏、取汞不便、回收率低，1941年万山地区成功改良了冶炼的土灶，推广铁管炼炉。1958年后改良灶被竖式高炉代替，经过不断进行技术改革，1967年起使用沸腾炉炼汞。至此，土法炼汞已被淘汰。自1950年起，贵州汞矿由手工作业逐步向机械化生产转变，选矿方式由手选变为机选，由单一的土灶冶炼设备逐渐向高产量炼炉转变（高炉、沸腾炉、蒸馏炉等）。沸腾焙烧炉冶炼汞流程如图1-5所示。

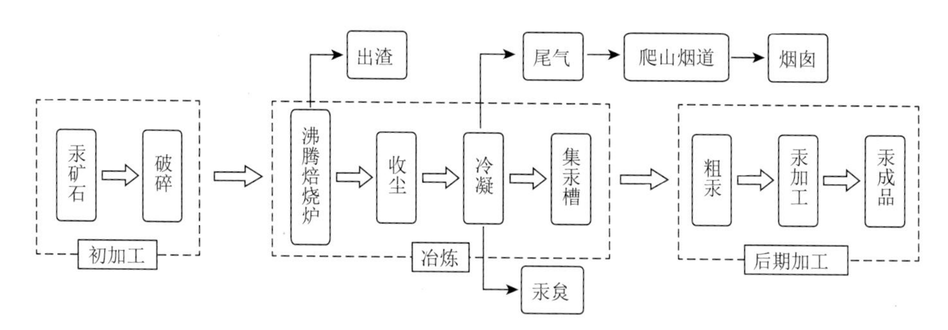

图1-5　沸腾焙烧炉炼汞流程图

3. 锑矿冶炼工艺

贵州的锑矿冶炼活动主要分布在黔南州的独山县和黔西南州的晴隆县，以晴隆县的锑矿冶炼工艺为例，贵州锑矿的冶炼工艺流程是：选矿→破碎→冶炼→冷凝→锑粉（汤睿 等，2010）（图1-6）。晴隆锑矿主要采用地下开采方式，采矿方法为留矿法，选矿方法主要为人力破碎、手工拣选、重选和浮选。冶炼工艺为人字炉焙烧、平炉焙烧后入反射炉还原。晴隆锑矿冶炼工艺的发展历程依次是泡碱法、人字炉、人字炉新工艺并增添平炉冶炼粉矿。

晴隆大厂锑矿主要以硫化矿为主，也有部分混合矿和氧化矿产出。选矿方法主要为人力破碎、手选拣选和浮选，冶炼工艺以人字炉冶炼焙烧脱硫、平炉冶炼除硒为主，最终生产精锑。原矿石按粒度可分为块状和粉末状，在两种粒度的锑矿石入炉冶炼前，块状原矿通过多次手选剔除废石后得到块状精矿后直接入炉冶炼，而较低品位的

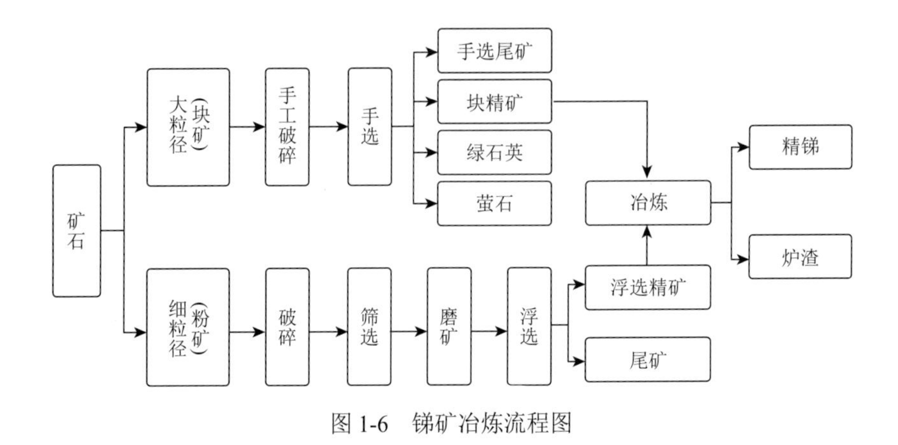

图 1-6　锑矿冶炼流程图

细微粒径（15mm 以下）粉末状原矿需通过重选或浮选方式获得锑品位为 5%～6%的粉精矿。随着锑矿山开采过程中微细粒径矿石的比例增加，冶炼工艺从人字炉（块状矿石冶炼）过渡到平炉（微细粒径粉精矿冶炼），冶炼工艺改变后，冶炼炉渣也从块状过渡到胶结团块体状。处理硫化精矿时，大部分 Sb_2S_3 氧化生成气态 Sb_2O_3，部分气态的 Sb_2O_3 和 Sb_2S_3 直接生成金属锑，其反应方程式为

$$2Sb_2S_3 + 9O_2 \rightarrow 2Sb_2O_3 + 6SO_2\uparrow \tag{1-4}$$

$$2Sb_2O_3 + Sb_2S_3 \rightarrow 6Sb + 3SO_2\uparrow \tag{1-5}$$

1.4　金属冶炼活动对环境的影响

金属矿的开采和冶炼是金属及类金属污染环境的重要来源之一。贵州省地处内陆高原亚热带山区，是“两江”（长江和珠江）流域上游的重要生态屏障，矿产资源较丰富，汞、铝、磷、煤、锑等矿产资源位于全国前列，其中汞矿资源居全国之首。矿产资源开发为工业化和城市化快速发展提供了重要的物质基础。然而，由于在资源开采和冶炼过程中对环境保护问题重视不够和开采与冶炼技术相对落后，到目前为止已经产生了一系列的生态环境问题，如地表土层和植被的破坏引发了较为突出的重金属污染问题（郭朝晖 等，2007），重金属污染问题包括采选冶过程中产生大量富含重金属的粉尘、矿山废水对矿区及周边土壤、水体、农作物和大气造成严重污染（Xu et al.，2021），并直接和间接对矿区周边居民的身体健康构成威胁。另外，裸露的金属冶炼废渣堆场重金属极易在风蚀及水蚀作用下持续向周边环境释放、迁移，严重影响周边及下游地区的水-土环境质量（闭向阳 等，2006a；Yang et al.，2010a）。因此，矿产资源的采选冶活动造成的环境污染问题已引起社会的广泛关注，并成为制约行业发展的重要因素之一。矿产资源开发和冶炼对生态环境影响的模式如图 1-7 所示。

1.4.1　金属冶炼活动对大气环境的影响

金属冶炼活动被认为是世界范围内环境中重金属元素（Cu、Pb、Zn、Cd、As、Hg 等）污染最重要的人为来源（Barcan，2003；Bacon and Dinev，2005），冶炼厂的灰尘排

放含有较高浓度的有毒有害元素，冶炼厂排放的重金属元素常以颗粒态物质和气体的形式存在（Navarro et al.，2008；Cappuyns et al.，2021），这些富含重金属的气体及颗粒态物质先污染大气，最终沉淀在地面，导致重金属对水体、土壤、大气、植物等环境介质产生严重的污染威胁。向大气中排放的微量金属与从冶炼厂烟囱和废渣堆等逃逸来源产生的气溶胶有关。它们通过干湿沉降进入陆地生态系统，随着时间的推移在环境中积累，从而对冶炼厂附近居民的生存环境和健康构成威胁。金属冶炼厂周边农业土壤污染是一个比较严重的环境问题，它主要通过积累重金属元素于农作物中影响作物的产量、食品质量和人体健康（Kachenko and Singh，2006; Yang et al.，2010b; Roy and Mcdonald，2015）。主导风向是影响熔炉排放物扩散和随后沉积到土壤中的关键因素，在干旱地区尤为重要（Ettler，2016）。

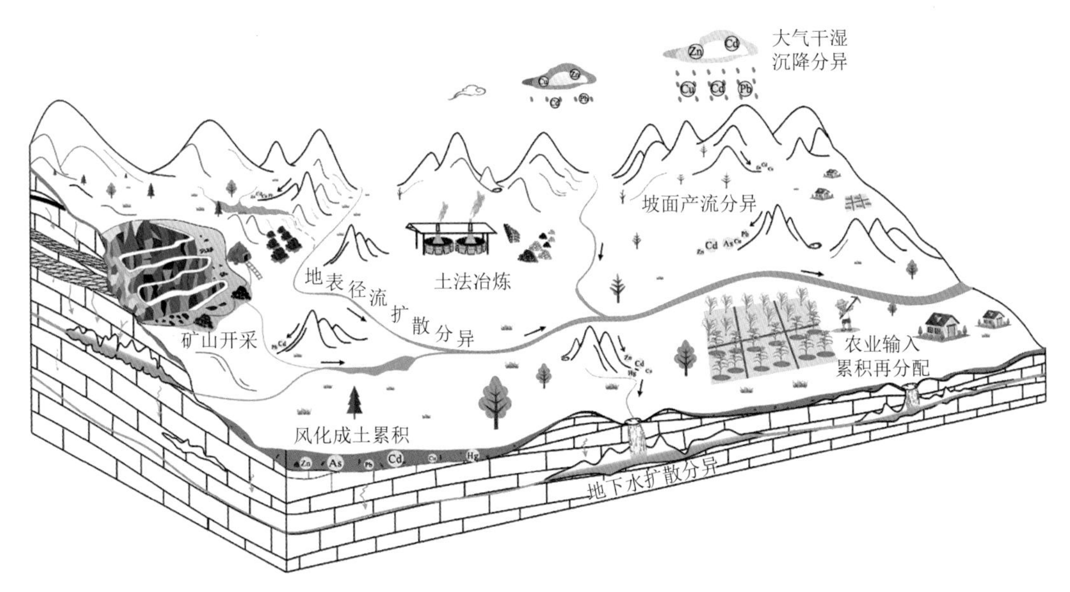

图 1-7　金属冶炼活动对生态环境的影响示意图

1. 铅锌冶炼活动对大气环境的影响

在我国金属冶炼技术较落后的年代，土法炼锌作为一种粗放的冶炼方式曾存在于我国很多铅锌矿产资源丰富的地区。由于土法炼锌技术落后，锌资源回收率低（仅为 40%～85%），而其他伴生金属元素如 Cu、Pb、Cd 等大都残留在冶炼废渣中没有被回收，此外，由于 Cu、Pb、Zn、Cd、As、Hg 等重金属元素的熔点和沸点存在差异，致使部分重金属元素（如 Pb、Cd、Cu、Hg 等）伴随产生的烟尘进入大气环境后通过干湿沉降作用进入冶炼厂周边水体和土壤环境，严重破坏和影响矿区周边的生态环境（罗灿忠，1993；吴攀 等，2002b；李仲根 等，2011）。土法炼锌不但使各种环境介质遭受重金属污染，而且也使当地人群健康受到影响（吴善绮，2001；李梅 等，2007）。

土法炼锌过程中向大气排放的重金属量较大，闭向阳等（2006a）基于对冶炼矿石、矿渣和粗锌中重金属的含量测定结果，运用质量平衡原理，估算出贵州省赫章县、威宁县的土法炼锌过程向大气释放 Cd、Pb 的排放系数分别为 1200～1500$g \cdot t^{-1}$ 和 16000～

33000g·t^{-1}，远远高于国外相同工业 Cd（25～600g·t^{-1}）、Pb（380～1900g·t^{-1}）的排放系数。前人的研究表明，1989～2001 年，赫章地区土法炼锌活动中 Hg 和 Cd 的排放系数分别为 79～155g Hg·t^{-1} Zn、1240～1460g Cd·t^{-1} Zn，共有接近 46t Hg 和 450t Cd 被释放进大气中（Feng et al.，2004；Bi et al.，2006）。因此，黔西北土法炼锌区马槽炉规模庞大，大规模的土法炼锌活动是贵州省重要的大气人为释 Hg、Pb、Zn、Cd 源（李永华 等，2008）。另外，重金属排放系数与所使用的矿石类型有关，如硫化矿和氧化矿炼锌的重金属污染排放系数分别为 155g Hg·t^{-1} Zn、79g Hg·t^{-1} Zn（李广辉 等，2005）。

土法炼锌过程中随烟尘排放的污染物造成冶炼区周边的大气环境质量急剧下降，并对当地居民的身体健康造成严重影响。据报道，土法炼锌过程释放的重金属要比工业化冶炼或国际水平高数十倍（李广辉 等，2005；Bi et al.，2006），冶炼烟气及矿区周边环境空气中重金属含量明显超过烟气排放标准和大气环境标准（沈新尹 等，1991；毛键全 等，2002）。土法炼锌产生的大量烟尘中不仅含有 SO_2，还含有重金属类有害物质。相关研究表明，赫章县妈姑镇土法炼锌区大气飘尘中 Pb 和 Cd 的浓度分别为 0.8～11.9μg·m^{-3}（平均浓度为 4.55μg·m^{-3}）和 45～480ng·m^{-3}（平均浓度为 185.75ng·m^{-3}），其含量分别是大气中 Pb 允许限值（0.70μg·m^{-3}）和 Cd 允许限值（20ng·m^{-3}）的 1～17 倍和 2～24 倍（表 1-2），同时，该区域粒径范围为 0.5～1μm 的飘尘中含有较多的 Pb、Cd，粒径小于 1μm 的飘尘在人体肺泡中的沉降率可达 60%，因此，这些细粒径飘尘中的 Pb、Cd 容易进入人体（沈新尹 等，1991；李广辉 等，2005）。

表 1-2　赫章县妈姑镇土法炼锌区大气中 Pb、Cd 浓度

参数	最低值	最高值	平均值	大气中允许浓度	超标倍数/倍	参考文献
Pb/(μg·m^{-3})	0.8	11.9	4.55	0.70	1～17	沈新尹等，1991
Cd/(ng·m^{-3})	45	480	185.75	20	2～24	

赫章县妈姑镇土法炼锌区的环境质量监测结果表明，空气中 Cd 浓度全年平均值高达 3.69μg·m^{-3}，大气总颗粒中 Cd 含量的平均值为 1.2μg·m^{-3}，超过一般城市大气总颗粒中 Cd 含量平均值的 60 倍，总颗粒中粒径小于 15μm 的粒子为可吸入粒子，占妈姑镇土法炼锌产生的颗粒物的 96%，含 Cd 颗粒物中 85%的 Cd 集中在粒径小于 2μm 的细粒子区，而这种细粒子则可以直接进入人体的肺泡，很容易被身体吸收，危害相当大（Zhu et al.，1990）。赫章县妈姑镇土法炼锌区的环境监测结果（1991～1992 年）显示，生产区空气中 Cd、Pb 浓度全年平均值分别达 5μg·m^{-3}、47μg·m^{-3}；空气颗粒中相对较大的颗粒（直径＞10μm）主要源于矿石和矿渣堆再悬浮，相对较轻的粒子（直径＜10μm）来源于烟囱（Mattielli et al.，2009）。炉渣的 PM_{10} 粉尘主要包含 $PbCO_3$、$Pb(OH)_2·2PbCO_3$、$PbSO_4·PbO$ 和 ZnS，表土中与 Pb 和 Zn 有关的 PM_{10} 颗粒主要含 $Pb_5(PO_4)_3Cl$、$ZnFe_2O_4$（Batonneau et al.，2004）。Mattielli 等（2009）研究表明，在 1.25km 范围内，空气颗粒中主要以相对较大的颗粒（直径＞10μm）为主，其主要来源于矿石和废渣堆再悬浮。

有研究报道，黔西北土法炼锌活动影响下的小城市街道灰尘中重金属的污染和相关的健康风险很严重，城市街道粉尘中 Pb、Zn、Cd、Sb 和 Cu 处于重度到中度污染状态，尤其是 Pb 和 Zn 的最大污染浓度分别为 $1723mg·kg^{-1}$ 和 $708mg·kg^{-1}$，As 和 Hg 呈轻度污染。健康风险评估显示，对儿童的非致癌风险高于成人，儿童和成人的 As 的危险指数（HI）均高于 1，而 Pb 和 Cr 的危险指数仅儿童的高于 1，其他元素相对安全。对于致癌风险，主要关注的是 As，其次是 Cr（Wu et al.，2017）。

前人调查发现，由于土法炼锌区大气重金属的沉降，冶炼区卷叶灰藓（*Hypnum revolutum*）中 Zn、Pb 和 Cd 含量超过对照区 10～30 倍（闭向阳 等，2006a），由此可见，苔藓可作为重要的监测冶炼区大气污染的模式生物。谭红等（2014）利用苔藓口袋和总悬浮颗粒物同步监测 20 世纪 80～90 年代土法炼锌区排放到大气中的 Cd 迁移情况，结果表明，土法炼锌区域 100m 与污染源下风方向 10km 处内大气总悬浮颗粒物中 Cd 含量分别为 $129.4mg·kg^{-1}$ 和 $27.3mg·kg^{-1}$，苔藓口袋监测 Cd 总沉降速率达到 $1.57mg·m^{-2}·d^{-1}$ 和 $0.17mg·m^{-2}·d^{-1}$；苔藓口袋监测 Cd 干沉降速率占总沉降速率的比例为 58%～79%，说明大气向地面沉降的 Cd 总量中以干沉降为主。

2. 汞矿冶炼活动对大气环境的影响

贵州省汞产量较大的矿区有万山汞矿、务川汞矿和滥木厂汞矿。其中，万山汞矿是世界第三大汞矿，也是中国最大的汞矿（花永丰和刘幼平，1996），目前这些汞矿区的采矿场已基本关闭。汞矿开采、冶炼过程中产生的富汞废气，是造成汞矿区大气环境污染的重要因素之一。然而，汞矿采冶活动停止后，矿区内尾矿、冶炼废渣堆等仍持续向大气释放气态汞。在万山汞矿开采鼎盛时期，汞矿采冶活动过程及其产生的废渣等释放进入周围大气环境中的汞含量极高，具有严重的生态环境风险。前人研究表明，万山地区大气汞含量高出背景区 1～3 个数量级，在冶炼厂附近平均值可达 $1101.8ng·m^{-3}$，最低平均值达 $17.8ng·m^{-3}$，均显示出万山汞矿区已遭受较严重的大气汞污染，该矿区土壤与大气界面汞交换亦非常强烈，土壤向大气的释汞通量最高可达 $27827ng·m^{-2}·h^{-1}$，大气汞干沉降通量最高可达 $9434ng·m^{-2}·h^{-1}$（王少锋 等，2006）。据统计，至 2010 年，万山汞矿自开采以来向大气排放汞 745t（赵训，2010）。贵州省务川汞矿区土法炼汞土灶附近大气中的汞含量最高值也达到 $12.22μg·m^{-3}$（Wang et al.，2007a）。罗溪和老虎沟是务川汞矿主要的开采区，据估计三废中汞的排放量达 185t，自 1978 年土法炼汞盛行以来，累计向大气释放汞 125.8～326.4t（Qiu et al.，2006）。对务川汞矿区周边大气进行研究发现，汞含量为 $7～40000ng·m^{-3}$（表 1-3）（李平 等，2008；Li et al.，2012），高出全球大气汞含量背景值 $1～2ng·m^{-3}$ 的 1～4 个数量级（Lamborg et al.，2002）。滥木厂汞矿区环境中的汞主要来

表 1-3 贵州省部分汞矿区大气汞的含量

汞矿区	大气汞/($ng·m^{-3}$)	参考文献
万山	$17.8～1.1×10^3$	王少锋等（2006）
铜仁（矿渣堆放区域）	13.7～139	夏吉成等（2016）
铜仁（矿区周边）	7.3～13.9	
务川	$7～4×10^4$	Li 等（2012）

源于富汞土壤中汞的释放以及地表径流对富汞基岩的侵蚀（王少锋 等，2004），由于富汞土壤中汞的释放，使得该区域气态总汞浓度高于北欧和北美背景浓度 2～3 个数量级，每年向环境中释放的汞量大约是 3.54kg（Wang et al.，2005）。贵州省部分汞矿区土壤-大气汞通量如表 1-4 所示。

表 1-4 贵州省部分汞矿区土壤-大气汞通量

汞矿名称	时间	Hg 浓度/$mg·kg^{-1}$	温度/℃	辐射/(W/m^2)	通量/($ng·m^{-2}·h^{-1}$)	参考文献
兴仁滥木厂	2002-12	313～614	—	30～257	482～919	Wang 等（2005）
	2003-05	170～614	—	54～217	247～2283	
务川	2003-12	1.1～150.7	1.2～7.1	2.7～30.1	−5500～140	Wang 等（2007a）
万山	2002-11	102.0～743.5	5.6～9.6	50～187	−757～1672	Wang 等（2007b）
	2004-08	1.0～743.5	24.1～30.1	99～518	−0.3～5639	

3. *锑矿冶炼活动对大气环境的影响*

锑对大气污染具有重要贡献，总颗粒物及可吸入部分的 Sb 含量对于评估其对公共健康可能造成的影响很重要。迄今为止，很少有研究关注中国大气中的 Sb 污染，尤其是锑矿区的大气污染问题。Ao 等（2019）对陕西旬阳 Hg-Sb 矿区降雨中 Sb 的含量进行了研究，结果表明，该矿区降水中 Sb 的浓度范围为 0.71～19$\mu g·L^{-1}$，平均值为（4.2±4.5）$\mu g·L^{-1}$，比对照区高出几个数量级。可预见的是，Hg-Sb 冶炼厂附近的降水中 Sb 浓度极高，然而其含量随着与冶炼厂的距离增加而降低。暴露 12 个月后，盆栽实验土壤中的 Sb 含量增加了 1.2～8.5 倍。陕西旬阳 Hg-Sb 矿区 Sb 的平均大气干湿沉降速率分别为（2.1±4.7）$mg·m^{-2}·d^{-1}$ 和（7.2±6.9）$\mu g·m^{-2}·d^{-1}$。Hg-Sb 冶炼活动中 Sb 的年干湿沉降量为 158$t·a^{-1}$ 和 1.6$t·a^{-1}$，表明干沉降是从大气中去除 Sb 的主要途径[(98±1.2)%]。

4. *锰矿冶炼活动对大气环境的影响*

贵州目前是全国最大的锰资源基地（董雄文，2021），贵州省锰矿资源主要集中于铜仁和遵义地区，其中铜仁探明的锰矿石资源储量达到 7.08 亿 t，居亚洲第一。铜仁松桃是我国的“锰三角”（松桃、花垣、秀山）之一，调查显示，松桃县开采初期有较多企业开采规模较小，在一定程度上还属于“百花齐放，遍地开花”的开采模式，粗放式的开采、冶炼活动对当地大气环境造成了严重污染。

锰矿冶炼过程中高温溶解产生大量气溶胶状的锰氧化物，烟粒直径为 0.1～1μm，对环境和人体健康造成严重危害。此外，尾矿渣堆积产生的无组织粉尘将通过扩散与沉降作用，进入周围地表水环境，并沿水流沉积于沉积物中。陆有荣等（2009）对广西两家大型锰矿生产及锰冶炼厂进行调查发现，2003～2007 年作业场所空气中二氧化锰平均浓度为 0.45$mg·m^{-3}$，是国家卫生标准（0.2$mg·m^{-3}$）的 2 倍以上。中国南方某铅锌锰冶炼厂周边大气沉降结果显示，污染区大气降尘中 Mn 的平均含量为 6109.00$mg·kg^{-1}$，为该地区背景值的 11.6 倍（游芳 等，2019）。

1.4.2 金属冶炼活动对水环境的影响

金属冶炼活动是造成矿区周边及下游重要的溪流、湖库、流域水体与沉积物重金属污染的主要原因。其中，金属冶炼过程中排放气体的干湿沉降、废渣堆场细颗粒物扬尘、废渣堆场地表径流冲刷与运移的细粒径废渣，以及金属冶炼过程中无组织排放的尾矿与废水是周边水体重金属的重要来源。金属冶炼活动排放的重金属已使周边水体超过地表水环境质量限值，进入地表水体的重金属主要积累于沉积物中。许多学者利用非传统稳定同位素（如 Pb、Zn、Cd、Hg 等）手段对金属冶炼矿区周边及下游水体和沉积物中重金属进行源解析。近年来的研究表明，湖库沉积物中重金属的积累主要来源于金属冶炼活动（Förstner et al.，2004；Telmer et al.，2006；Boughriet et al.，2007）。另外，金属冶炼活动产生的含重金属的废水也对地下水环境造成严重的污染和破坏，尤其是在生态环境和岩溶水环境均非常脆弱的喀斯特地区更为严重（Wu et al.，2009；Sun et al.，2013）。冶炼过程中产生的含重金属的废水通过岩溶地区落水洞、天窗、大溶隙、岩溶漏斗等通道进入岩溶地下水，影响水文系统，导致水体可溶态金属浓度增加。

1. 铅锌冶炼活动对水环境的影响

土法炼锌活动排放的重金属等有毒有害物质对周边水体环境质量具有潜在的风险，水体中重金属等物质的来源主要包括：土法炼锌过程中无组织排放的尘埃气溶胶中，高含量的重金属等有毒有害物质通过干湿沉降对周边的水土环境质量造成严重的破坏（Li et al.，2014；Ettler，2016），以及土法炼锌过程中产生的富含重金属的历史遗留废渣的溶解释放与细颗粒污染物搬运迁移（以悬浮质或泥沙推移等机械搬运为主）（吴攀 等，2002b）。土法炼锌废渣经静态淹水 1～30d 后，上覆水中 Pb、Cu 和 Cd 的浓度全部超过地表Ⅴ类水体的标准限值，且 Cd 超标倍数最大（朱健 等，2012）。贵州省赫章县铅锌矿开采及其土法冶炼活动使附近河流沉积物中 Pb、Zn 和 Cd 显著富集，水体中 Pb、Zn、Cd 基本为中至重度污染，Cd 的污染最为严重（杨元根 等，2003）。在土法炼锌区的水体中，可溶态重金属随着水的流动被逐渐稀释，浓度逐渐降低，而沉积物和悬浮物中重金属的含量仍很高。沉积物中 Pb、Zn、Cd 以 Fe-Mn 氧化物结合态、碳酸盐结合态及残渣态为主，Cu 则以有机质（硫化物）结合态、残渣态及 Fe-Mn 氧化物结合态为主，虽然沉积物中可交换态的重金属比例较低，但其对生态系统存在潜在的威胁不容忽视（彭德海 等，2011）。受土法炼锌活动影响的悬浮物和沉积物是周边水系潜在的二次污染源（吴攀 等，2002b）。赫章县土法炼锌厂附近溪流中 Pb、Zn 和 Cd 污染严重，且溪流中金属含量升高主要发生在土壤和炉渣侵蚀产生的悬浮物中，然而地下水环境质量达到安全饮用水级别（Lin et al.，2015）。同位素证据显示，土法炼锌区地下水和草海湿地沉积物中重金属的来源主要是炉渣堆渗漏、未经处理的废水直接排放以及土法炼锌活动（Yin et al.，2015；Bi et al.，2007）。

露天堆放的矿渣经过长期风化及雨水淋滤作用，当环境条件适宜时，重金属活动性增强，经迁移转化后污染地表水、地下水。Zhang X 等（2012）对中国铅锌矿开采和冶炼活动造成的水体污染问题进行了总结。前人的相关研究表明，铅/锌矿开采及冶炼活动对矿区附近的水体具有高风险，受污染水体中的重金属浓度大多超过了《地表水环境质量标准》（GB 3838—2002）限值，主要污染物为 Pb、Zn、Cd。大多数污染物吸附于沉积物中，这些沉积物可能是潜在的二次污染源（表 1-5）。

表 1-5　中国铅锌矿开采和冶炼活动造成水体重金属积累的特征污染物

地点	污染类型	介质类型	特征污染物	参考文献
贵州赫章	采矿和冶炼	河水和沉积物	Pb、Zn、Cd、Cu	吴攀等（2001）
贵州赫章	冶炼	河水	Pb、Zn	张国平等（2004b）
贵州赫章	冶炼	湖底泥沙	Pb、Zn、Cd	Bi 等（2006）
贵州威宁	冶炼和堆渣	水库沉积物	As、Pb、Cd、Hg、Zn	Meng 等（2021）
贵州六盘水	采矿	河水和沉积物	Pb、Zn	张国平等（2004b）
贵州都匀	采矿	河水和沉积物	Pb、Cd	潘自平等（2008）
湖南凤凰	采矿	河水	Pb、Hg	李永华等（2007a）
湖南	采矿和冶炼	河水	Cr、Pb、Mn、Zn	Zhang X（2012）
辽宁铁岭	采矿	河水和沉积物	Cd、Pb、Zn	马力等（2007）
辽宁葫芦岛	冶炼	河底泥沙	Pb、Cd、Zn	Zheng 等（2007）
江西德兴	采矿	河水	Pb、Zn	曾凡萍等（2007）
广东乐昌	采矿	河水和沉积物	Pb、Cd、Cu、Zn	杨清伟（2007）
广东韶关	采矿	河水	Pb、Cd、Zn	Zhang X（2012）
云南南坪	采矿	地下河和河水	Pb、Cd	李航等（2007）；王李鸿等（2009）

黔西北大面积未采取任何环境保护措施的废渣堆场因水土流失，大量的废渣和土壤颗粒挟带重金属进入水体环境，致使水体悬浮物和沉积物的重金属含量远远高于水体（吴攀 等，2002a，2002b）。贵州省环境监测总站 2003 年的监测结果显示，黔西北六冲河及三岔河存在较为严重的 Pb、Zn 和 Cd 污染，悬浮物远远超过水体质量标准的水平。黔西北土法炼锌区周边水体中可溶态 Pb、Zn、Cd 的浓度符合Ⅲ类水质要求，但底泥和悬浮物中 Pb、Zn、Cd 总含量较高，是潜在的二次污染源，当环境条件改变时，底泥和悬浮物中 Pb、Zn、Cd 的释放会对水体水质和水生生物构成威胁（向发云 等，2009）。赫章土法炼锌区水体和沉积物受到多种重金属污染，地表水体中 Cu、Pb、Zn、Cd 的均值分别为 $17.26\mu g \cdot L^{-1}$、$137.19\mu g \cdot L^{-1}$、$1919.38\mu g \cdot L^{-1}$、$14.21\mu g \cdot L^{-1}$，除 Cu 未超标外，Pb、Zn、Cd 分别是地表水环境质量标准Ⅲ类水质标准的 2.74 倍、1.91 倍、2.84 倍；沉积物中 Cu、Pb、Zn、Cd 的均值分别为 $702.79mg \cdot kg^{-1}$、$3242.8mg \cdot kg^{-1}$、$5427.6mg \cdot kg^{-1}$、$32.19mg \cdot kg^{-1}$，分别是贵州省土壤背景值的 23.9 倍、110.3 倍、60.3 倍、107.3 倍（彭德海 等，2011）（图 1-8）。水体和沉积物中 Cu、Pb、Zn 和 Cd 沿河流总体上呈无规律性的变化，受炼锌废渣堆和铅锌选矿厂影响的区域，水体和沉积物中重金属含量均较高，污染严重。另外，废渣堆场对其下部地下水环境已经造成了一定的污染（顾蒙 等，2016）。

沉积物中高浓度的重金属反映了当地土法炼锌活动造成的区域水环境污染，同时也可根据沉积物中重金属元素种类和比例推断出当时的土法炼锌规模。Meng 等（2021）对威宁县乐溪水库和冒水水库沉积物进行研究，发现冒水水库主要受 Cd、Pb、Zn 污染，平均浓度

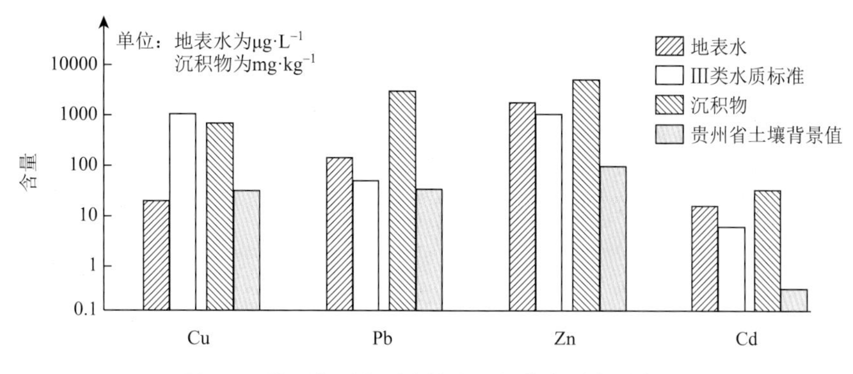

图 1-8　黔西北研究区水体和沉积物中重金属含量

注：III类水质标准参考《地表水环境质量标准》(GB 3838—2002)；贵州省土壤背景值参考何邵麟（1998）。

分别为 $53mg·kg^{-1}$、$84mg·kg^{-1}$ 和 $2108mg·kg^{-1}$，而乐溪水库沉积物中 Cd、Pb 和 Zn 的平均浓度相对较低。两个水库沉积物中重金属除 Hg 外均严重超过贵州省土壤背景值。通过沉积物中 ^{210}Pb 计算出乐溪水库、冒水水库的平均沉积速度分别为 $2.0cm·a^{-1}$ 和 $1.0cm·a^{-1}$（图 1-9）。根据沉积柱中重金属的含量趋势分别将乐溪水库划分为三段（分别为Ⅰ、Ⅱ、Ⅲ），冒水水库划分为四段（分别为Ⅰ、Ⅱ、Ⅲ、Ⅳ）（图 1-10）。在乐溪水库第Ⅰ段（2004 年之后）重金属含量变化不明显，元素含量变异系数小；第Ⅱ段（1999～2004 年）重金属含量最高，变异系数大；第Ⅲ段（1999 年之前）As、Cd、Pb、Zn 与第Ⅰ段和第Ⅱ段相比含量最低，且重金属含量随深度增加逐渐降低。冒水水库第Ⅰ段（2004 年之后）断面表层重金属含量最高，重金属含量随着沉积柱深度的增加而降低；第Ⅱ段（1994～2004 年）重金属含量低于沉积柱平均值；第Ⅲ段（1984～1994 年）Cd 平均含量最高，重金属含量随深度增加而降低；第Ⅳ段（1994 年之前）Zn、Cd 含量最低，Hg 含量最高，As、Hg 含量变化较大，Cd、Pb、Zn 含量变化不大，元素含量也随着沉积柱深度的增加而降低。结合不同深度沉积物中 Cd 含量和 Zn/Cd 可推断土法炼锌高峰主要出现在 1980～1990 年的冒水地区，而 20 世纪末至 21 世纪初土法炼锌活动范围扩大，冒水水库和乐溪水库周边土法炼锌活动均出现高峰。冒水水库（1990 年）沉积柱中部具有较高的 Pb 含量和 Zn/Cd，代表了这一时期废渣主要为混合状态。乐溪水库沉积柱上部（2000 年以后）沉积物中 Cd 含量较高（$18mg·kg^{-1}$），Zn/Cd 较低，说明土法炼锌活动结束后，污染土壤继续影响区域环境（图 1-11）。

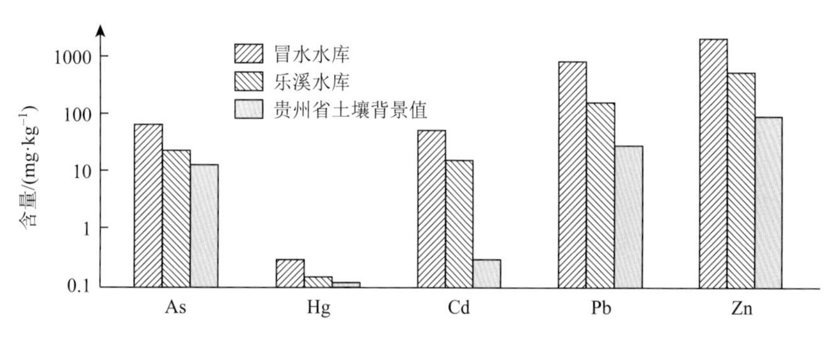

图 1-9　黔西北乐溪水库和冒水水库沉积物中重金属含量

注：贵州省土壤背景值参考何邵麟（1998）。

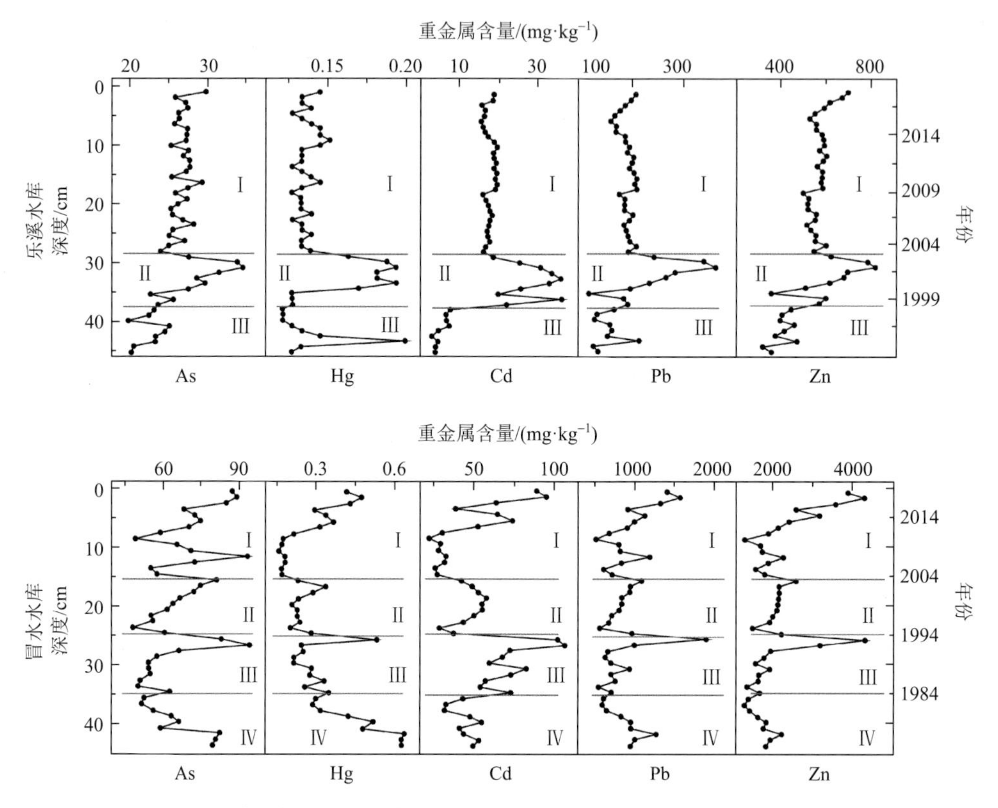

图 1-10　黔西北乐溪水库和冒水水库沉积柱中重金属含量的垂直变化（Meng et al.，2021）

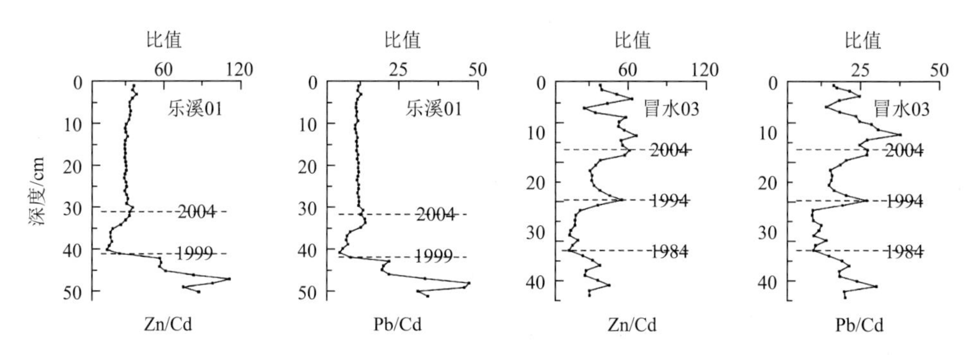

图 1-11　黔西北乐溪水库和冒水水库沉积柱中 Zn/Cd 和 Pb/Cd 的垂直变化（Meng et al.，2021）

2. *汞矿冶炼活动对水环境的影响*

在地表侵蚀作用下，冶炼和开采活动遗留的矿山废弃物产生矿山废水排入矿区河流，造成严重的汞污染（杨海 等，2009）。菲律宾巴拉望（Palawan）汞矿流经尾矿渣堆的水体总汞含量达 5～31000ng·L^{-1}（Gray et al.，2003），西班牙阿尔马登（Almaden）汞矿区废水中总汞含量高达 13000ng·L^{-1}（Gray et al.，2004）（表 1-6）。李强等（2013）对贵州省水环境中的汞污染现状进行了分析，研究结果表明，万山、务川、滥木厂矿区地表水体总汞含量高于其他非矿区域，但甲基汞的含量变化不明显（表 1-7）。万山、务川、滥木厂等汞矿区和化工厂区水体中总汞含量远高于背景值，附近大部分水体中总汞含量超过了饮用水标准，说明汞的采冶活动对矿区地表水造成了严重的汞污染，对汞矿采冶区地表水体汞的生态风险评价结果表明，毗邻水体基本为重度污染。孙雪城等（2014）对贵州丹寨县汞矿区尾渣和水土中汞分布特征及潜在风险的研究表明，位于尾渣堆放点上游的地表水中总汞含量为 102.4ng·L^{-1}，流经尾渣堆后，汞含量为 160.3ng·L^{-1}，说明尾渣可能是潜在的污染源。

表 1-6　世界部分汞矿区周围水体中的汞和甲基汞含量　（单位：ng·L^{-1}）

汞矿地点	总汞	甲基汞	参考文献
美国内华达（Nevada）汞矿区	4.8～2017	0.40～702	Bonzongo 等（1996）
斯洛文尼亚伊德里亚（Idrija）汞矿区	2.8～322	0.01～0.6	Biester 等（1999）
美国阿拉斯加州（Alaska）汞矿区	1.0～2500	0.01～1.2	Gray 等（2002）
菲律宾巴拉望（Palawan）汞矿区	5～31000	0.02～3.1	Gray 等（2003）
西班牙阿尔马登（Almaden）汞矿区	7.6～13000	0.41～30	Gray 等（2004）

表 1-7　贵州省部分汞矿区周边水体汞和甲基汞含量　（单位：ng·L^{-1}）

汞矿地点	水体类型	总汞	甲基汞	参考文献
滥木场汞矿洪流区域	河流	24.8～7020	—	Qiu 等（2006）
万山汞矿区	河流	27.85～3727	0.27～5.17	李强等（2013）
务川矿区	地表水	620	0.51	唐帮成等（2015）
滥木场矿区	地表水	846	0.51	唐帮成等（2015）
非矿区域	地表水	0.86～138	0.1～0.65	唐帮成等（2015）
万山汞矿区	农用水体	149.88	—	唐帮成等（2015）
云场坪镇汞矿区	农用水体	140.52	—	唐帮成等（2015）
路腊村汞矿区	农用水体	138.49	—	唐帮成等（2015）

以万山汞矿区为例，矿区污染水体中颗粒态汞占总汞比例较高，其含量与水体颗粒悬浮物含量呈显著正相关（Qiu et al.，2006）。水体中汞的甲基化能力随硫酸盐还原菌浓度升高而增强（Rytuba，2000）。仇广乐等（2004）对贵州省万山汞矿区地表水中不同形态汞的空间分布特征进行了研究，结果表明，水体中活性态汞、溶解态汞、颗粒态汞的含量分别为 1.04～402ng·L^{-1}、12.5～426ng·L^{-1}、1.38～4427ng·L^{-1}；万山汞矿区废渣堆下游 100～500m 处汞含量最高，达 12000ng·L^{-1}，甲基汞含量在旱季（0.035～11ng·L^{-1}）明显高于一般季节（0.035～3.4ng·L^{-1}），其与总汞呈正相关关系，与炉渣堆距离呈负相关关系（Zhang et al.，2010）。炉渣堆汞的释放可能是水体中汞的主要来源（Qiu et al.，2009），直接与矿山冶炼活动排放炉渣接触的溪流水污染程度最高，总汞含量高达 4.46μg·L^{-1}，与矿山开采活动排放的废石或贫矿石接触的溪流水污染程度最低，远离汞矿开采、冶炼活动区的地表水总汞接近汞矿化带背景参考值。汞矿废渣风化过程导致汞通过固-气交换作用进入大气，然后通过干湿沉降作用影响矿区周边水体环境质量，另外，地表径流对汞矿废渣的冲刷作用是汞矿区地表水中汞污染来源的重要途径（仇广乐 等，2004）。水体中汞主要以颗粒态存在，水力搬运作用成为该矿区汞分布、迁移

和转化的主要控制因素（Zhang et al.，2010）。据 Lin 等（2010）对万山汞矿区水体汞形态的研究表明，颗粒态汞是万山汞矿区水体中的主要形态，而颗粒态的汞易沉淀于水体底部，使得下游水体中汞含量较低。

曾昭婵和李本云（2016）对万山汞矿区梅子溪流域、大水溪尾矿库排水及大型渣堆渗滤液沉淀池水质进行了分析，结果表明，与《地表水环境质量标准》（GB 3838—2002）III类水质标准限值相比，研究区除 Hg、Mn 超标较为严重外，其他重金属元素均未超过地表水III类水质标准限值。单项及综合污染指数法对研究区各类型水体重金属污染状况进行评价表明，研究区水体整体属重度污染，除水库、池塘水尚属清洁外，大水溪尾矿库排水、自然溪流水及渣堆渗滤液收集池水体均存在严重污染隐患，主要污染物为 Hg、Mn。由于几个锰矿采冶活动点的存在，使得锰成为研究区除汞之外又一主要重金属污染物。为反映研究区水体中汞含量随时间的演变规律，对闭坑以来万山汞矿区水体环境汞污染情况进行统计分析（表 1-8）。由于汞在水体中的分布有明显的随距污染源距离增加汞含量降低的规律，而万山汞矿区除大型渣堆外，还有多数小型废渣堆零星分布，且万山汞矿区自闭坑以来一直存在少数规模不一的冶炼作坊等因素会使得汞在水体中的含量有较大范围的波动。

表 1-8　贵州万山汞矿区不同年份水体 Hg 含量对照表　（单位：$ng·L^{-1}$）

年份		2002	2003	2009	2010	
总体水平	范围	15.3～3083	5.2～1900	15～9300	4.5～3200	---～3083
	均值	338.16（n = 32）	—	712.8（n = 43）	465.13（n = 22）	250.67（n = 30）
大水溪尾矿库排水、支流和三角岩井水样	范围	60.2～1301	5.2～1900	870～3800	24～2100	---～706
	均值	491.53（n = 8）	—	1817.5（n = 4）	614.8（n = 5）	238（n = 9）
梅子溪主水系及支流	范围	23.1～25.4	—	—	—	---～184
	均值	24.23（n = 3）	—	—	—	159.5（n = 12）
汞矿四坑附近的所有池塘、渗滤液收集池及水库	范围	—	—	—	—	1～138
	均值	—	—	—	—	64.4（n = 5）
杉木洞附近支流及沉淀池水	范围	—	—	6200～9300	44～1800	---～3083
	均值	—	—	7750（n = 2）	813.5（n = 4）	244.5（n = 4）
参考文献		仇广乐等（2004）	张国平等（2004a）	Qiu 等（2009）	Lin 等（2010）	曾昭婵（2012）

注：--- 代表低于仪器检出限。

3. 锑矿冶炼活动对水环境的影响

世界河流中锑的平均浓度为 $1\mu g·L^{-1}$（Filella et al.，2002），而中国大部分未受污染水域中的锑浓度小于 $1\mu g·L^{-1}$（He et al.，2012）。锑矿山的开采是锑进入环境的重要途径，锑矿的开采过程及废弃的锑矿堆渗出液已经造成较严重的水环境污染，直接或间接地影响饮用水的安全。党永锋等（2016）对都柳江干、支流水质进行分析，发现半坡锑矿废水排放口的 pH

最低，达到3.87，为典型的酸性矿山废水。由于半坡锑矿的矿石矿物主要为辉锑矿（Sb_2S_3），辉锑矿在氧气、水和微生物的共同作用下，发生氧化、淋滤等一系列物理、化学和生物反应，形成含高锑和高硫酸盐的酸性废水（宁增平 等，2017）。卢莎莎等（2013）对都柳江（贵州独山至广西富禄）水体-沉积物间锑的迁移转化规律进行了研究，发现河流的自净稀释作用使都柳江水体-沉积物中的 Sb 含量呈总体一致下降趋势，沉积物中 Sb 含量较高；沿途锑矿山溪水的混入显著增加了水体-沉积物中 Sb 的浓度，黏土矿物和铁氧化物的吸附作用以及黏土矿物的解吸作用是沿途溪水中 Sb 含量变化的主要影响因素。另外，前人研究也表明，都柳江干流水体通过稀释及吸附等自然作用对高含量 Sb 有非常好的净化效果，尤其是在上游碳酸盐岩区尤为突出（图1-12）（宁增平 等，2017；Li L et al.，2019；刘涛 等，2021）。

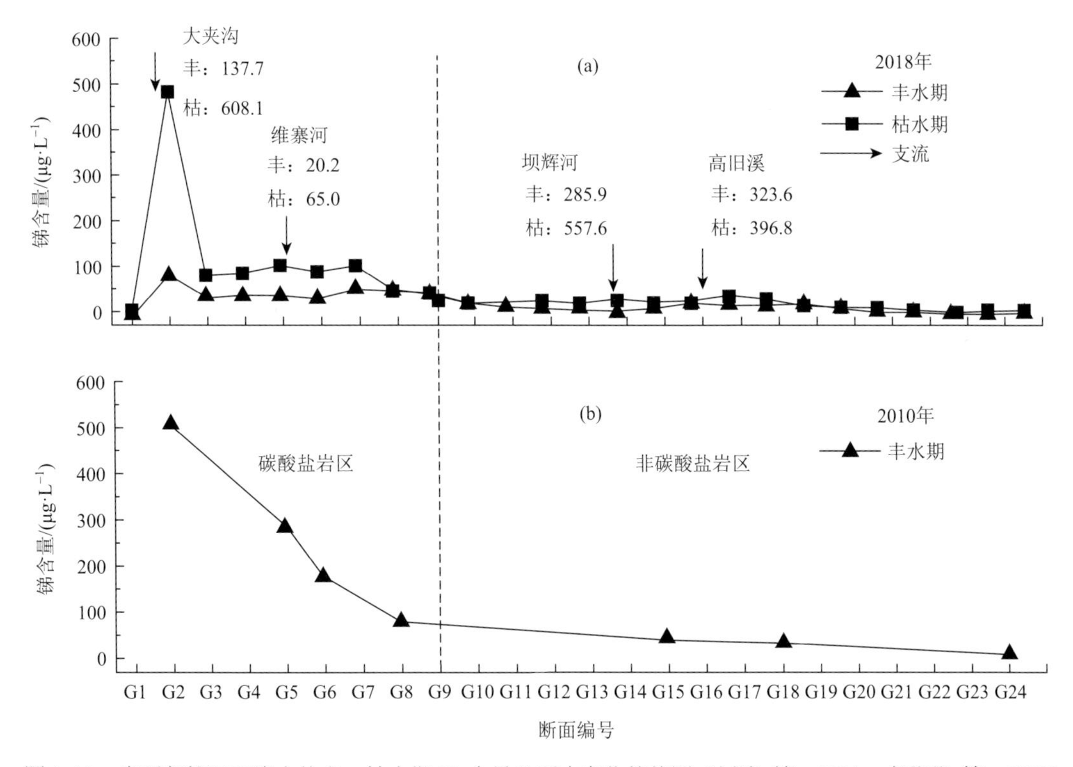

图1-12 贵州都柳江干流水体丰、枯水期Sb含量及历史变化趋势图（刘涛 等，2021；卢莎莎 等，2013）

宁增平等（2017）对都柳江上游至入柳江河口段的表层水系沉积物中锑的空间分布特征及生态风险进行研究，结果表明，都柳江表层沉积物中 Sb 含量为 1.21～7080$mg\cdot kg^{-1}$（平均值为 468.6$mg\cdot kg^{-1}$），As 含量为 1.9～198$mg\cdot kg^{-1}$（平均值为 30.61$mg\cdot kg^{-1}$），是西南五省水系沉积物中 Sb、As（分别为 1.38$mg\cdot kg^{-1}$ 和 15$mg\cdot kg^{-1}$）含量的 340 倍和 2 倍，且 Sb 含量从上游到下游呈现逐渐降低的趋势。通过重金属来源分析表明，都柳江流域水系沉积物中重金属来源于流域内矿业活动和自然成因。地累积指数和富集因子表明，都柳江水系沉积物中 Sb 污染最为严重；都柳江流域 Sb 的生态风险指数最高，且主要分布在受锑矿采选、冶炼活动影响和支流八洛河汇入后等周边的水体中，表明 Sb 在都柳江流域水系沉积物中具有极强的生态风险。

前人对受矿业活动影响的都柳江流域水体环境 Sb 的地球化学行为进行了研究，结果发现，都柳江流域入河口具有高浓度的 Sb，其含量高达 13350$\mu g \cdot L^{-1}$，主要来源于废弃锑矿。历史遗留锑矿渣中 Sb 的含量为 8792$mg \cdot kg^{-1}$，是都柳江流域 Sb 的重要来源（Li L et al.，2019）。溶解的 Sb 在河流中具有很强的迁移能力，而其衰减主要取决于大流量支流水的稀释，在都柳江流域的出口段，水体 Sb 的平均浓度仅为 10$\mu g \cdot L^{-1}$。矿山废弃物中的 Sb 在碱性条件（pH 为 7.11～8.16）下的溶解度高于酸性条件（pH 为 3.03～4.45），说明矿山废弃物中高含量的 Sb 较易释放进入水体。左禹政等（2017）的研究也表明，都柳江流域上游的水化学特征主要受工矿活动的影响。

4. *锰矿冶炼活动对水环境的影响*

当前，我国锰矿加工企业以电解金属锰为主，电解锰的废水来源主要包括：工艺废水、渗滤液和厂区废水（周长波 等，2006）。有研究表明，每生产 1t 电解锰可能产生 350t 左右的电解锰废水（任伯帜 等，2014），如果电解锰废水通过地表径流等进入矿区周边的水体中，将对其生态造成严重的危害（Bilinski et al.，1996；Mohan and Gandhimathi，2009）。另外，在大气降雨作用下，电解锰废渣中重金属等化学组分随地表径流流入或渗透到周围水体中，从而对下游水生生态系统造成严重的环境污染和安全隐患（Mor et al.，2006；杨爱江 等，2012）。

锰矿开采产生的废水包括矿井水和生活污水，直接排放将造成河流污染，研究显示，贵州省典型锰矿的矿井水污染较严重，已超过Ⅲ类水质标准限值（表 1-9）。另外，锰矿开采过程中产生的尾矿和矿渣随意堆放后经雨水淋滤而使其中大量污染物释放造成周边水体污染。研究表明，锰矿的开采废水对周围的水体造成了不同程度的污染，如湖南和广东某些锰矿区周围地表水污染严重。贵州省锰矿区地表水中 Mn 的平均含量超过了标准限值（集中式生活饮用水地表水源地补充项目标准限值）约 40 倍（陆凤，2018）。同时，离矿区最近的河段受锰矿废水污染最严重，水体中的多种重金属含量均超过污水综合排放的Ⅱ级标准，河段中的底泥也受到 Mn 和其他重金属的严重污染（黄海燕，2009）。

表 1-9　我国典型锰矿区周边水体 Mn 含量

地点	水样种类	数量/处	平均值/($\mu g \cdot L^{-1}$)	范围/($\mu g \cdot L^{-1}$)	背景值/($\mu g \cdot L^{-1}$)	参考文献
贵州松桃	地表水	8	3083	470～4510	100①	冉争艳等（2015）罗乐（2012）
	矿渣渗滤液	5	189400	144000～8314000	2000②	
	地下水	32	15976	50～48760	100③	
贵州铜仁、遵义	地表水	—	—	6～56114	100①	陆凤（2018）
	矿渣渗滤液	—	359600	264500～451600	200②	
	矿井水	3	293	57～635	100①	
湖南湘潭	地表水	10	12661	5079～30419	100①	卢镜丞等（2014）

注：①参考《地表水环境质量标准》（GB3838—2002）；②参考《污水综合排放标准》（GB8978—1996）；③参考《地下水质量标准》（GB/T 14848—2017）。

电解锰废渣属第Ⅱ类一般固体废物，尽管对废渣的处置有很多尝试（高松林 等，2001；兰家泉，2005；覃峰，2008），但是技术不成熟以及产生渣量较大，填埋法仍然是最通用的方法。大部分电解锰渣主要采用筑坝湿法堆存，但很多渣库建设并未考虑防渗问题（周长波 等，2006；黄玉建，2007），或者不适当密封及土工膜遭到破坏的填埋场或者正在使用的填埋场的沥出液下渗等，均会影响下游地表地下水环境（Talalaj，2014）。因此，填埋场渗漏已成为当地河流 Mn 污染的重要威胁（冉争艳 等，2015）。地下水污染很难被人觉察到，故被关注的程度也较低，实际上我国有很多地区的地下水已经遭到锰污染（陆凤，2018）。有学者于不同年份对贵州电解锰渣渗滤液进行了调查研究，结果发现其 Mn 含量均超标，并且电解锰企业附近居民集聚区的地下水中 Mn 含量已超出了生活饮用水卫生标准的安全值上限，水体也因此存在很大的环境风险（罗乐，2012）（表 1-10）。

表 1-10　贵州锰矿开采和冶炼活动造成的水体重金属特征污染物

地点	介质类型	特征污染物	参考文献
松桃县河流	地表水 地下水 矿渣渗滤液	Mn、Cr、Fe、Ni、Zn、Cu、Se、Pb	冉争艳等（2015）
铜仁、遵义	地表水 矿渣渗滤液	Cr、Mn、Cu、Zn、Cd、Pb、As	陆凤（2018）
松桃县锰矿区	矿井水	Mn、Fe、Zn、Cu、Pb、Cd、Ni	陆凤等（2019）

1.4.3　金属冶炼活动对土壤环境的影响

金属冶炼活动是土壤重金属污染的主要来源之一，其中金属冶炼活动对矿区周边及下游土壤污染的主要途径包括：①土壤是冶炼厂排放到大气中的污染物的直接汇，采矿过程排放的微粒有关的污染物通常集中于细颗粒（<2mm）中，而冶炼过程中排放的污染物甚至集中于超细颗粒（<0.5mm）中，这可能会造成长距离的扩散，进入大气中的富含重金属的颗粒物极易通过干湿沉降积累至周边表层土壤中；②金属冶炼过程中产生的富含重金属的废水无组织排放也是造成周边及下游土壤污染的重要途径；③金属冶炼过程中产生大量富含重金属的冶炼废渣被随意堆置在自然环境中，未采取任何修复措施的金属冶炼废渣堆场中的细颗粒污染物遭受雨水冲刷后随地表径流迁移至周边及下游的农田土壤中。另外，堆存在环境中的金属冶炼废渣随着环境条件（地表径流、氧气、微生物、溶解性有机质等）的改变极易发生生物风化作用，进而可促进废渣重金属的溶解、释放、迁移。由于金属冶炼废渣中通常伴生多种重金属，因此，金属冶炼矿区周边的土壤多呈复合污染状态。

土壤组分与进入土壤的重金属发生溶解-沉淀、吸附-解吸、络合-离解、氧化-还原作用后形成不同形态的重金属，重金属在土壤中的迁移速率因重金属元素种类和形态而异，从而使重金属在土壤中的迁移转化特征、生物有效性和危害程度存在差异（图 1-13）。许多研究报道了金属冶炼废渣堆场周边的土壤中积累了高含量的重金属（Kaasalainen and

Yli-Halla，2003；Förstner et al.，2004），这些积累的重金属可通过植物吸收的形式进一步在农作物中积累（Douay et al.，2008；Zhuang，2009）。因此，金属冶炼厂周边农业土壤污染导致的食品质量安全和人体健康风险问题备受关注（Kachenko and Singh，2006；Lim et al.，2008；Yang et al.，2010b；Roy and Mcdonald，2015）。

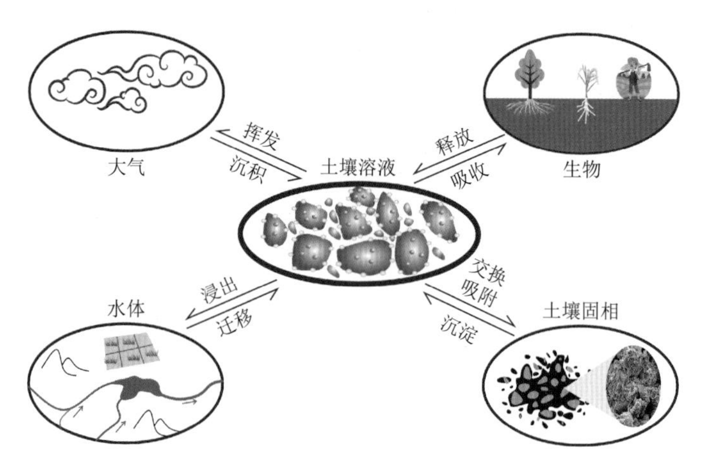

图 1-13 重金属离子在不同自然介质中的传输机制示意图

1. 铅锌冶炼活动对土壤环境的影响

有色金属冶炼活动过程中产生的烟尘、粉尘及废渣是造成矿区周边土壤污染的重要来源（Batonneau et al.，2004；Mattielli et al.，2009；Kříbek et al.，2014）。在矿物的精炼和加工过程中，有害物质的干、湿排放对土壤的污染，主要是由于粉尘气溶胶通过烟囱排放（Li et al.，2014；Ettler，2016）。土法炼锌是一种落后的炼锌方式，曾在贵州省西北地区较广泛存在。土法炼锌工艺利用铅、锌熔点及沸点性质差异，实现 Zn 的提炼，此方法技术落后，铅锌回收率低（锌回收率仅为 40%～85%），部分 Pb、Cd 蒸气随 Zn 蒸气上升，逸出收集坩埚，污染大气，并通过干湿沉降作用污染周围土壤（吴攀 等，2002b；李仲根 等，2011）。另外，未采取任何治理措施的大量堆积的土法炼锌废渣风化是造成土法炼锌区土壤污染的重要原因。虽然黔西北的土法炼锌活动于 2006 年被彻底取缔，但经过几百年的不断累积，该地区的废渣量达 2000 余万 t，污染土壤面积达 $1200hm^2$，使得当地生态环境严重恶化（林文杰 等，2009a）。

有研究评价了韩国某锌冶炼厂周边农用地土壤中 Zn 的来源及其分配，并与世界上其他国家的锌冶炼活动造成的土壤污染程度进行了比较（Kang et al.，2019），研究结果表明，锌冶炼厂周边农用地表层土壤（0～30cm）的重金属含量差异较大，研究区重金属平均含量与其他相似的冶炼厂附近的农业土壤中的金属含量（除 Pb 外）大致相似（Rieuwerts et al.，1999；Douay et al.，2009；Pelfrêne et al.，2011），然而 Zn、Pb、Cd 含量分别为湖南锌冶炼区农用地土壤中相应重金属的 14%、5.3%、10%（Li et al.，2011）和为法国北莫尔塔涅锌冶炼区土壤相应重金属的 14%、14%、165%（Leguédois et al.，2004）（表 1-11）。此外，农业土壤中 Zn 和 Cd 的平均含量与法国努瓦耶尔戈多（Pelfrêne et al.，2015）、捷克普日布拉姆（Rieuwerts and Farago，1996）和保加利亚库克伦（Bacon and Dinev，

2005）锌冶炼区表层土壤中的 Zn 和 Cd 含量相当。而其平均含量远低于中国贵州（Yang et al.，2010a）和云南（Li et al.，2015），法国努瓦耶尔戈多（Douay et al.，2008；Roussel et al.，2010），捷克普日布拉姆，隆美尔（Nachtegaal et al.，2005），比利时瓦隆（Liénard and Colinet，2016）以及波兰奥尔库斯（Tosza et al.，2010）、英国埃文茅斯（Nahmani et al.，2007）和波兰布科诺（Verner et al.，1996）锌冶炼厂周边的污染土壤（表 1-11）。农用地土壤中 Zn、Pb、Cd、Cu 的平均含量分别比上大陆壳中的平均含量高约 5 倍、2.9 倍、29 倍、1.2 倍（Rudnick et al.，2003）（表 1-11）。与背景土壤和母岩相比，锌冶炼区周边农业土壤显示出较高的重金属含量，这表明农业土壤积累了大量人为源排放的重金属。Zn 含量和 Pb 同位素组成的空间变化表明，锌冶炼产生的粉尘的排放和沉降是造成附近农业土壤污染的重要原因。

表 1-11 不同锌冶炼区周边表层土壤（0～30cm）重金属含量 （单位：$mg \cdot kg^{-1}$）

国家	地区	冶炼方式	土壤类型	Zn	Pb	Cd	Cu	参考文献
中国	贵州	锌冶炼厂	土壤	6141±8430	6578±9658	34.9±30.5	—	Yang 等（2010a）
	湖南	铅锌冶炼厂	农业土壤	2558±642	953±201	31.7±9.1	—	Li 等（2011）
	浙江	铅锌冶炼厂	土壤	1688±1735	712±633	128±16.6	239±31	Li 等（2015）
韩国		锌冶炼厂	农业土壤	358±489	50.8±70.1	3.3±21.9	35.5±107	Kang 等（2019）
法国	努瓦耶尔戈多	铅锌冶炼厂	城市土壤	3676±2315	1023±943	18.8±9.2	111.6±76.5	Douay 等（2008）
			农业土壤	450±306	324±293	6.2±4.5	—	Douay 等（2009）
			农业土壤	486±238	279±153	5.9±2.5	—	Pelfrêne 等（2011）
			表土	1941±1762	984±761	15.0±8.4	—	Roussel 等（2010）
			表土	515±779	273±447	5.3±6.2	—	Aurélie 等（2018）
	北漠尔塔涅	铅锌冶炼厂	农业土壤	2635	362	2	56	Leguédois 等（2004）
比利时	隆美尔	锌冶炼厂	表土	20476	2996	31	2132	Nachtegaal 等（2005）
	瓦隆	锌/铅冶炼厂	表土	774±1037	688±1225	8.3±15.8	34.5±42.3	Liénard and Colinet（2016）
英国	埃文茅斯	铅锌冶炼厂	土壤	3630±8.8	1740±1.9	54.5±0.6	161±0.2	Nahmani 等（2007）
捷克	普日布拉姆	铅冶炼厂	表土	281	511	2.3	25	Rieuwerts and Farago（1996）
			表土	576	2985	7.7	67	Rieuwerts 等（1999）
	奥尔库斯	锌/铅冶炼厂	表土	9630±6462	1594±859	82.9±54.4	48.1±31.7	Tosza 等（2010）

续表

国家	地区	冶炼方式	土壤类型	Zn	Pb	Cd	Cu	参考文献
波兰	布科诺	铅锌冶炼厂	表土	2175	545	14.8	—	Verner 等（1996）
保加利亚	库克伦	铅锌冶炼厂	表土	338±725	217±580	3.6±12.0	58±59	Bacon and Dinev（2005）
大陆上地壳				67	17	0.102	28	Rudnick 等（2003）

铅/锌的开采和冶炼活动极易污染土壤（Kachenko and Singh，2006；Kang et al.，2019），冶炼厂附近的土壤污染程度一般随离冶炼厂的距离增加而降低（Li et al.，2011；Ettler，2016），重金属等污染物主要聚集在土壤的表层（Li et al.，2011），而且污染源的下风向几十公里外的区域仍受到污染源影响（Ettler，2016）。Zhang X 等（2012）对中国铅锌矿开采和冶炼活动造成的土壤污染问题进行了总结（表 1-12），邻近矿区的土壤受 Pb、Cd、Zn、Cu 严重污染。污染土壤中的重金属含量大多超过了《土壤环境质量农用地土壤污染风险管控标准（试行）》（GB 15618—2018）中的风险筛选值，这些污染土壤已不再适合农业生产。与天然土壤相比，受污染的土壤养分较少，微生物多样性降低，从而抑制了植物的生长。中国西南地区（如贵州和广西）的石灰土为碱性，富含钙和呈碱性（高 pH），因此在一定程度上限制了重金属迁移，从而导致重金属的富集。

表 1-12　中国铅锌矿山采冶活动周边土壤重金属特征污染物

地点	矿业活动	介质类型	特征污染物	参考文献
贵州赫章	采矿和冶炼	周边土壤	Pb、Zn、Cd	Yang 等（2003）
贵州水城	采矿和冶炼	土壤	Cd	陈安宁（2006）
贵州都匀	采矿和冶炼	土壤	Pb、Cd、Zn	叶霖等(2004)；毛海利和余荣龙(2007)
贵州威宁	采矿和冶炼	周边土壤	Cd、Pb、Zn	Wu 等（2009）
云南会泽	冶炼	靠近植物的土壤	Cd、Pb、Zn	Fang and Cao（2009）
四川汉源	采矿	土壤	Cd、Zn、Pb	侯佳渝（2006）；王建坤等（2009）
辽宁葫芦岛	冶炼	植物周围的土壤	Cd、Pb、Zn、Cu	Zheng 等（2007）
湖南临湘	选矿	土壤到尾矿	Pb、Cd	郭建平等（2007）
湖南株洲	冶炼	土壤	Cd、Pb、Zn、Hg、Cu	董雄英（2007）；吴灿辉（2007）
湖南永州	选矿	土壤	Cd、Pb、Cu、Zn	彭晖冰等（2007）
湖南常宁	采矿	农场土壤	Cd、Pb、Zn、As	Wei 等（2009）
广西	采矿	水稻土	Cd、Pb、Zn、Cu	邓超冰等（2009）
福建	采矿和冶炼	矿区附近的土壤	Cd、Pb、Zn、Mn	王学礼等（2010）
江苏南京	采矿	采矿土壤	Pb、Cd	储彬彬（2009）
浙江绍兴	选矿	周边土壤	Pb、Cd、Zn、Cu	Li 等（2005）
浙江衢州	采矿	周边土壤	Pb、Zn、Cd、Cu	Zhang and Zhang（2006a）

受铅锌冶炼活动影响的周边土壤重金属污染含量均较高，大部分土壤重金属含量均超过当地土壤环境背景值。黔西北铅锌冶炼区农田土壤Cd、Pb、Zn的平均含量分别为3.3mg·kg^{-1}、165.2mg·kg^{-1}、454.33mg·kg^{-1}，均高于国家和贵州省的土壤背景值（岳佳和宁兵，2014）。杨元根等（2003）的研究也表明，土法炼锌区土壤中Pb含量达到37.24～305.56mg·kg^{-1}（均值为129.72mg·kg^{-1}），Zn含量为162.23～877.88mg·kg^{-1}（均值为515.56mg·kg^{-1}），Cd含量为0.50～16.43mg·kg^{-1}（均值为7.48mg·kg^{-1}），远远超过了当地的土壤背景值。赫章县新官寨土法炼锌区农业土壤中Pb、Zn、Cd、Hg、Cu和As平均含量分别为337mg·kg^{-1}、648mg·kg^{-1}、9.0mg·kg^{-1}、0.44mg·kg^{-1}、121mg·kg^{-1}、17mg·kg^{-1}，分别是贵州省农业土壤背景值的7.5倍、7.9倍、26.4倍、2.2倍、4.7倍和0.8倍。重金属单项污染指数依次为Cd＞Zn＞Pb＞As＞Hg＞Cu，土法炼锌点4km范围内的表层农业土壤严重污染。土壤中的污染物主要累积于表层30cm内，30cm以下含量较低。土壤Zn和Cd具有较高的活性和迁移性，峰值已向下迁移15～20cm（李仲根 等，2011）。相比溪流沉积物，赫章县附近土壤中Pb、Zn的有效性明显较高，对生态环境的潜在危害更大（杨元根 等，2003）。云南者海典型铅锌矿区冶炼区周边土壤中Hg、Cd、Pb、Zn、Cu平均含量分别为7.24mg·kg^{-1}、1.53mg·kg^{-1}、1794mg·kg^{-1}、2892mg·kg^{-1}、210mg·kg^{-1}，其含量均超过云南省土壤背景值（吴劲楠 等，2018）。铅锌冶炼区土壤Cd在土壤中的累积程度随着冶炼时间的延长而加剧，随着Cd在土壤中累积时间的延长，有效态Cd的含量占Cd全量的百分比呈显著下降趋势（闭向阳 等，2006b）。

大量针对不同土法炼锌区废渣周围的表土进行调查的结果表明，大多数表土中有一种或几种重金属超过土壤污染风险筛选值（Verner et al.，1996；Ullrich et al.，1999；Bi et al.，2006；Yang et al.，2009；Wang et al.，2015）。有研究通过重金属的单污染指数和综合污染指数评价表明，矿区周边表土中Cu、Pb和Zn含量均达到严重污染水平（Wang et al.，2017）。土法炼锌区的炼锌废渣呈无序堆放状态，且受人为活动的影响较大，土壤与废渣呈混合状态，距渣堆不同距离的土壤污染程度也存在差异。彭德海（2011）研究表明，土法炼锌区不同表土中重金属的含量为：土＋废渣＞土＋废渣＋煤灰＞渣堆周围土样＞远离渣堆土样，表土中Pb、Zn、Cd以Fe-Mn氧化物结合态、碳酸盐结合态及残渣态为主，而Cu以残渣态、有机质（硫化物）结合态为主，土壤剖面中表层土的重金属含量高于底层。Pb、Zn、Cd含量在0～130cm的土层中呈波动变化，表土中重金属污染为重度，以土＋废渣样的污染程度最高。

表1-13 黔西北部分铅锌冶炼区土壤和沉积物中重金属含量 （单位：mg·kg^{-1}）

研究区	对象	Pb	Zn	Cd	参考文献
赫章县榨子厂	土壤（$n=12$）	16615	19256	71	杨元根等（2003）
	沉积物（$n=11$）	11450	20768	67	
赫章县新关寨	土壤（$n=30$）	129.72	516.56	7.48	
赫章县蒿子冲	土壤（$n=11$）	125.45	469.5	16.09	
	沉积物（$n=6$）	589.67	1641.67	38.17	

续表

研究区	对象	Pb	Zn	Cd	参考文献
赫章县何家冲	土壤（$n=10$）	1835.5	4509.1	29.9	杨元根等（2003）
水城区杉树林	土壤（$n=18$）	704.72	1507.44	22.06	
	沉积物（$n=7$）	7988.57	15274.29	—	
风险筛选值（6.5＜pH≤7.5）		120	250	0.3	*
风险管控值（6.5＜pH≤7.5）		700	—	3	
中国土壤背景值		35	100	0.2	中国环境监测总站（1990）
贵州土壤背景值		29.3	82.4	0.1	中国环境监测总站（1990）
贵州土壤背景值		29.39	89.94	0.313	何邵麟（1998）

注：*. 风险管控值和风险筛选值参考《土壤环境质量农用地土壤污染风险管控标准（试行）》（GB 15618—2018）。

土法炼锌废渣中重金属Pb、Cd、Cu和Zn含量较高，这些炉渣中重金属释放必然对周边土壤环境安全造成威胁（Yang et al.，2010b）。然而，多数研究仅考虑到土法炼锌产生的烟尘是周边表层土壤重金属的主要来源，较少考虑炉渣粉尘的影响。因此，在冶炼过程中和人为干扰下炉渣的粉尘对周围环境污染的贡献通常被忽略。冶炼废渣中细粒径废渣由于人为干扰再次暴露在干燥的空气中后会伴随着风传输到很远的地方。通过Zn同位素示踪研究表明，废渣是表土的污染源之一（Yin et al.，2016）。杨元根等（2003）的研究也表明，土法炼锌导致重金属在周围土壤中的积累程度更高，对土壤污染的潜在威胁更大，土法炼锌活动遗留下的废渣对周边土壤环境的影响不容忽视（表1-13）。

2. *汞矿冶炼活动对土壤环境的影响*

汞矿冶炼堆存废渣中的Hg向土壤中迁移，是土壤Hg污染的重要原因。大量研究表明（表1-14），汞矿区土壤存在严重的Hg污染隐患（Horvat et al.，2003；Qiu et al.，2005；刘鹏 等，2005）。西班牙阿尔马登矿区是世界最大的汞矿区，土壤中Hg含量高达7135mg·kg^{-1}。已有的研究表明（表1-15），贵州省万山、务川、滥木场汞矿区采矿过程、冶炼活动和矿山尾矿废弃物的随意堆放严重增强了Hg的迁移，从而导致土壤中的Hg含量升高（Feng and Qiu，2008）。汞矿区土壤中Hg含量变化范围很广，贵州万山汞矿冶炼废渣中总汞含量高达4400mg·kg^{-1}，土壤总汞含量为5.1～790mg·kg^{-1}（Qiu et al.，2005）。土壤总汞含量与土壤释Hg通量关系密切，贵州滥木厂汞矿区土壤的释Hg通量最高值达10543.7ng·m^{-2}·h^{-1}，平均值最高达（2283.3±2434.2）ng·m^{-2}·h^{-1}（王少锋 等，2004）。万山汞矿区土壤与大气界面Hg交换非常强烈，土壤向大气的释Hg通量可达27827ng·m^{-2}·h^{-1}，大气Hg干沉降通量最高可达9434ng·m^{-2}·h^{-1}（王少锋 等，2006）。

表1-14　世界部分汞矿区土壤中的汞与甲基汞含量

地点	介质类型	总汞/(mg·kg^{-1})	甲基汞/(μg·kg^{-1})	参考文献
中国重庆市酉阳县	土壤	0.05～10.02	—	王锐等（2021）
中国湘黔汞矿带	土壤	0.33～320	—	李永华等（2007b）

续表

地点	介质类型	总汞/(mg·kg^{-1})	甲基汞/(μg·kg^{-1})	参考文献
中国万山	稻田土	0.49～188	0.72～6.70	尹德良等（2014）
西班牙阿尔马登	土壤	3.4～7135	—	Bueno 等（2009）
美国阿拉斯加	土壤	0.03～5526	0.08～41	Bailey 等（2002）
意大利阿米亚塔山	土壤	25～1500	—	Rimondi 等（2012）
斯洛文尼亚伊德里亚	土壤	0.39～2759	0.32～80	Gnamuš 等（2000）

表 1-15　贵州省部分汞矿区周围土壤中的汞含量

地点	介质类型	数量/个	含量(范围)/(mg·kg^{-1})	参考文献
万山	耕地	—	0.05～347.52	丁振华等（2004）；戴智慧等（2011）
	土壤	238	1～2920	王少锋等（2006）；曾昭婵（2012）；Lin 等（2021）
	河滩土	5	0.16～389	戴智慧等（2011）
	稻田土	—	0.49～188.00	尹德良等（2014）
兴仁滥木厂	土壤	31	8.4～610	Qiu 等（2006）
务川	土壤	—	2.5～17	Qiu 等（2006）
丹寨县	稻田土	—	1.13～77.1	喻子恒等（2017）
遵义湘江河	沉积物	8	0.187～1.937	王青峰等（2020）

土壤中 Hg 的迁移转化受土壤环境因素与 Hg 自身化学性质的共同影响，影响因素为土壤 pH、有机质、微生物、质地、腐殖质、温度等。其中，pH 对土壤 Hg 迁移转化的影响主要是通过影响其在土壤溶液中的形态及有效性，一般在酸性条件下，土壤对 Hg^{2+} 吸附量较大；土壤有机质对土壤无机 Hg 化合物的吸附量与土壤 pH 密切相关（丁疆华 等，2001）。贵州万山汞矿区稻田土壤中 Hg 主要以残渣态形式存在（79.65%），其次为有机结合态（19.97%）、氧化态（0.31%）、特殊吸附态（0.04%）和溶解态与可交换态（0.03%）；除特殊吸附态外，其他各形态 Hg 含量均随距污染源距离增加而降低，特殊吸附态 Hg 含量变化不明显；生物可利用性（溶解态与可交换态和特殊吸附态）Hg 占总汞比例较低，但在污染土壤中其含量明显高于未受污染土壤（包正铎 等，2011）。而 Lin 等（2010）研究表明土壤中可交换态和强吸附态 Hg 分别占总汞的 10%～30%和 20%～40%，沉积物中残渣态 Hg 含量高于土壤，稻田中含少量残渣态 Hg，但存在大量有机态 Hg。土壤中各形态 Hg 在一定条件下可相互转化。

近年来，甲基汞极强的生物毒性效应使 Hg 的甲基化作用研究备受关注。在一定条件下，土壤中任何形式的 Hg 都能转化成为剧毒的甲基汞。例如，溶解度较低且在土壤中迁移转化能力较弱的无机 Hg 化合物如 $HgSO_4$、$Hg(OH)_2$、$HgCl_2$ 等，可在土壤微生物的作用下转化为甲基汞（张庆辉，2006）。土壤 Hg 的甲基化作用主要受土壤 pH、土壤质地、温度、微生物、硫化物、土壤溶液中汞离子含量及天然配位体等的影响（牛凌燕和曾英，2008）。在水平空间分布上，土壤甲基汞含量均随着远离汞矿核心区而降低，土壤甲基汞不但和总汞含量有关，还受到土壤其他理化因子，尤其是一些营养因子所控制。前人对比了贵州万山汞矿区、滥木厂和务川汞矿区土壤 Hg 污染情况，结果显示，贵州万山汞矿区土壤总汞含量为 24.31～347.52mg·kg^{-1}，远高于中国土壤背景值（0.071mg·kg^{-1}）和国际标准(0.03～0.1mg·kg^{-1})，即使是 60km 外的对照区的 Hg 含量也超标(丁振华 等，2004)，甲基汞含量为 0.19～15μg·kg^{-1}，明显高于滥木厂和务川汞矿区，且汞矿区中稻田土具有较强的甲基化能力（仇广乐，2005；仇广乐 等，2006）。受万山汞矿区影响的河流沿岸稻田土壤总汞和甲基汞含量分别为 0.21～207mg·kg^{-1}[平均值为（4.26±4.83）mg·kg^{-1}]、0.42～13μg·kg^{-1}[平均值为（1.81±1.93）μg·kg^{-1}]，59%和 75%的稻田土壤分别处于重度 Hg 污染和存在极强的 Hg 潜在生态风险（高令健 等，2021）。

万山汞矿区污染水域沉积物及其周边土壤总汞和甲基汞含量显示，土壤总汞和甲基汞含量分别为 5.1～790mg·kg^{-1}、0.13～15μg·kg^{-1}，明显高于未受污染区域（总汞和甲基汞含量分别为：0.1～1.2mg·kg^{-1}、0.1～1.6μg·kg^{-1}）；溪流沉积物中总汞和甲基汞含量分别为 90～930mg·kg^{-1} 和 3～20μg·kg^{-1}，而炉渣堆中总汞含量高达 5.7～4400mg·kg^{-1}，而甲基汞含量明显较低，为 0.17～1.1μg·kg^{-1}（Qiu et al.，2005）。曾昭婵（2012）研究表明，万山汞矿区土壤 Hg 污染具有明显的空间分布规律，水平方向上主要表现为东部污染严重，北、中部次之，西、南部污染较轻，而在垂直方向上则表现为明显的表层富集规律（图 1-14，图 1-15）。

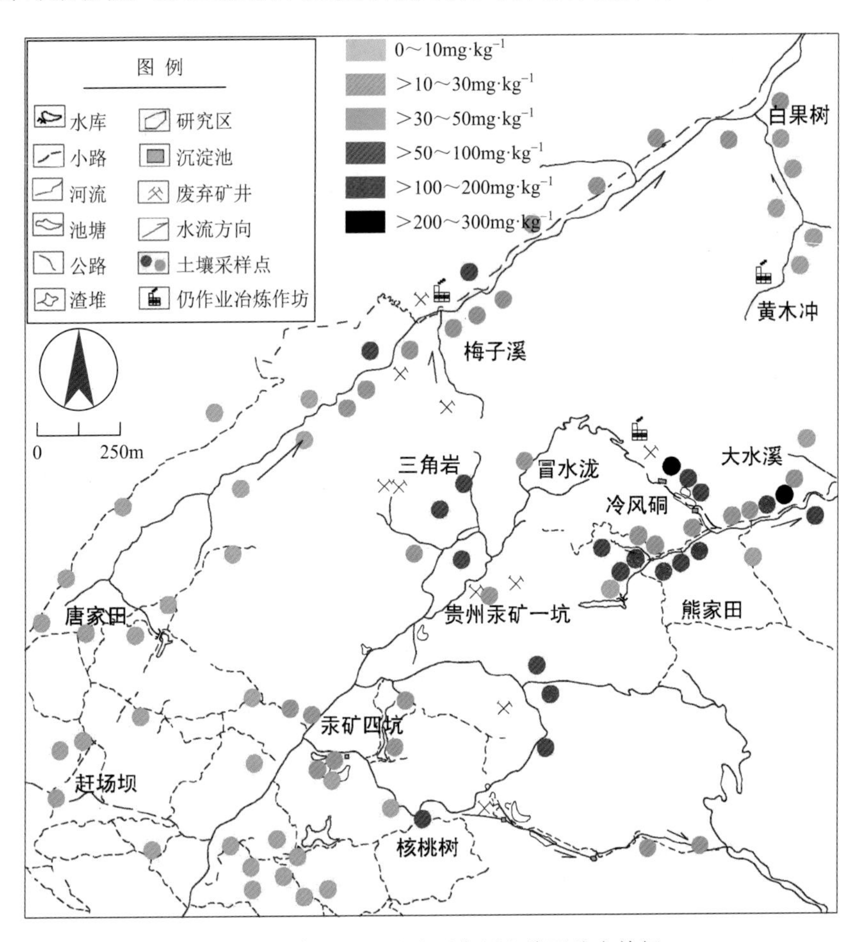

图 1-14　贵州万山汞矿区表层土壤汞分布特征

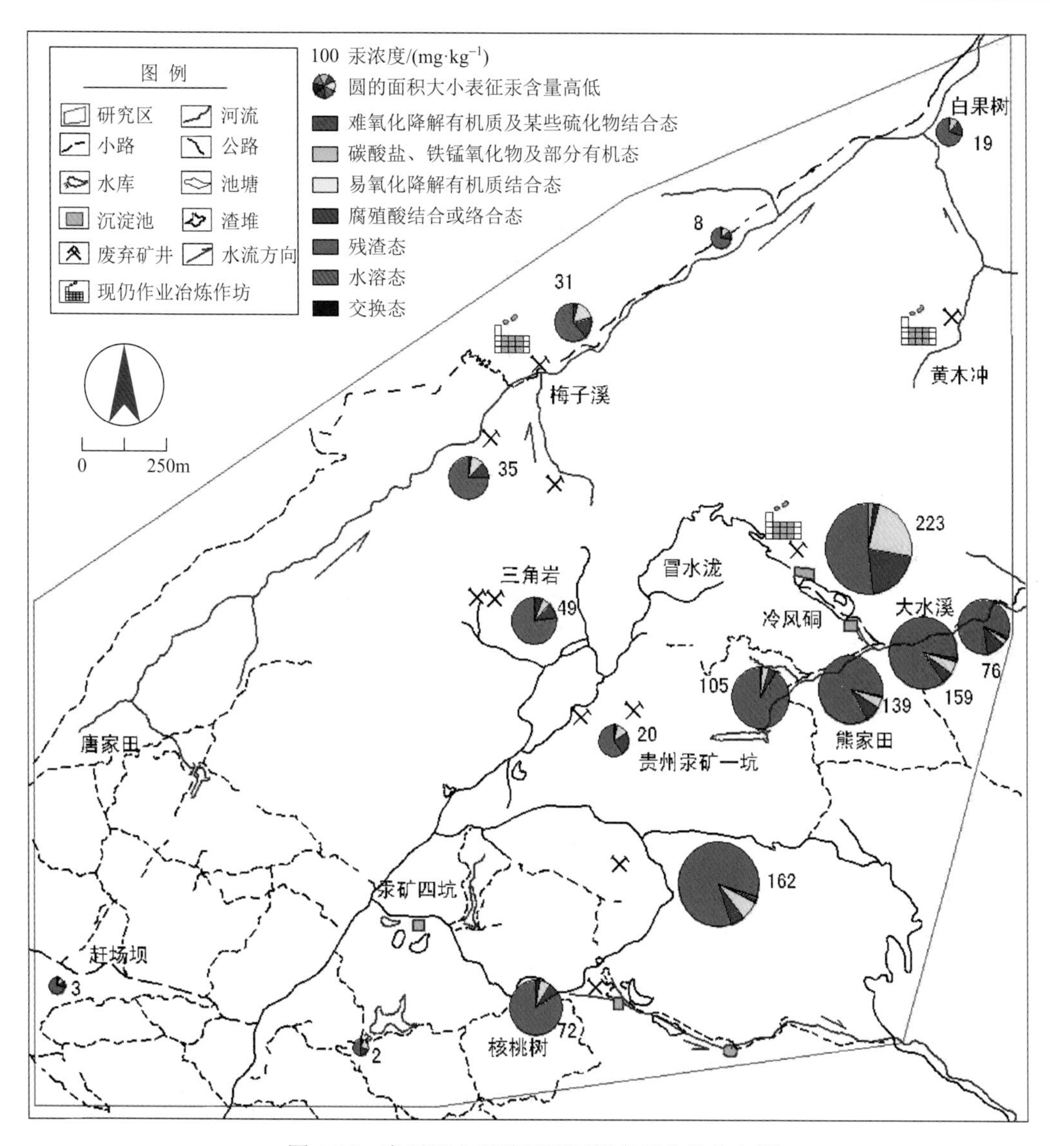

图 1-15　贵州万山汞矿区不同形态汞含量分布图

万山汞矿区表层土壤样品 Hg 形态主要以残渣态（25.46%～89.41%）、难氧化降解有机质及某些硫化物结合态（4.33%～19.3%）及易氧化降解有机质结合态（2.84%～27.87%）为主。而水溶态（0～0.56%）、交换态（0～0.35%）、碳酸盐、铁锰氧化物及部分有机态（0～1.62%）Hg 含量极低。当汞进入土壤后，其会随时间从水溶态、可交换态等不稳定的形态逐渐向有机质结合态等较稳定的形态转化。其中，梅子溪、冷风硐现仍作业冶炼作坊周围两个土壤点的残渣态 Hg 占总汞含量的比例则相对较低，这可能与其靠近现仍作业的冶炼作坊有关。冶炼过程中释放于大气中及随水排放的 Hg 对周围土壤中水溶态、交换态等形态 Hg 的贡献较大。水溶态及交换态 Hg 含量占总汞含量的比例极小。除了各形态 Hg 在土壤中相互转化、再分配的影响之外，当地采取的环境污染防治措施也是其重要影响因素之一。汞极易被具有较大比表面积的细小微粒吸附，而当地在近年内对几个大型渣堆采取修建渗滤液收集池及一定的植物修复措施减缓了 Hg 的迁移转化速率（曾昭婵，2012）。

近几年，万山汞矿区土壤中 Hg 随时间的变化规律如表 1-16 所示，万山区各阶段的土壤 Hg 含量范围均有较大差异，整体随时间呈波动性变化，2002 年以前，各阶段变化差异大，2002 年土壤 Hg 污染情况最为严重，到 2010 年又有明显降低趋势。万山汞矿冶炼点附近大气、水体等环境中 Hg 含量普遍较高，距污染源距离、污染物含量、风向、水文条件等是 Hg 在土壤中分布的重要影响因素，使得土壤中 Hg 含量随采样点位置不同有较大差异，2000 年的采样点主要集中于距污染源较远的村庄农耕土壤，故而呈现相对较低的 Hg 含量。到 2002 年万山汞矿全面闭坑时，土壤 Hg 含量达到近几年最大值，可见至闭坑时，研究区土壤环境遭到严重污染。随着时间的推移，至 2010 年土壤中 Hg 含量明显降低。Lin 等（2010）和曾昭婵（2012）的研究结果均明显低于 2002 年的结果。可见，研究区土壤中 Hg 含量随时间增加呈降低趋势，但土壤污染仍较为严重。呈现此状况的原因主要包括，一方面土壤中的单质 Hg、可溶态 Hg 等通过向大气直接释放、在雨水淋滤作用下随水流迁移至水体及被植物吸收等作用而迁移出土壤，各种迁移转化过程使得土壤中 Hg 含量随时间增加不断降低；另一方面，土壤中的 Hg 能被土壤腐殖质、胶体等吸附固定于土壤中，且各形态间会在土壤中进行再分配过程（He et al.，2012），随时间增加由不稳定形态（如水溶态、可交换态等）向稳定形态（如残渣态等）转变（Mcgrath and Cegarra，2010），稳定形态不易被植物吸收及与水体等发生交换作用而残留于土壤中。土壤中 Hg 含量随时间的变化趋势受其在环境中的迁移及其自身的转化作用的共同影响，而 Hg 的迁移转化过程又受制于其在土壤中的各物理、化学过程，包括氧化还原、沉淀溶解、吸附解吸、酸碱反应、络合螯合作用等，此外 Hg 在土壤中的含量、赋存形态、土壤 pH、温度、质地、有机质、微生物、腐殖质等均是影响汞迁移转化的重要因素。

表 1-16　贵州万山汞矿区不同年份土壤中 Hg 含量

采样年份	样品数/个	范围/($mg\cdot kg^{-1}$)	均值/($mg\cdot kg^{-1}$)	参考文献
1996	9	5.91～328	123.38	刘鹏等（2005）
2000	10	8.1～156	51.76	Horvat 等（2003）
2002	19	5.1～790	151.31	Qiu 等（2005）
2010	12	8～130	/	Lin 等（2010）
2010	14	4.11～290.5	100.49	曾昭婵（2012）

3. 锑矿冶炼活动对周边土壤的影响

由于锑矿采冶过程导致矿区周边土壤受到不同程度的锑污染，世界土壤中 Sb 平均含量为 0.3～8.6$mg\cdot kg^{-1}$（Tschan et al.，2009），中国土壤 Sb 平均含量范围为 0.38～2.98$mg\cdot kg^{-1}$（齐文启和曹杰山，1991）。与全球其他地区相比，贵州独山和晴隆锑矿区周边土壤锑污染情况非常严重，远超中国土壤背景值（表 1-17）。

表 1-17　锑矿区土壤中的锑含量　（单位：$mg\cdot kg^{-1}$）

研究区	Sb 来源	范围	平均值	参考文献
中国贵州独山东风锑矿	锑矿区土壤	267～5536	1992.26	Ning 等（2015）
中国贵州晴隆大厂镇	锑矿区土壤	19.7～5681	1536	He 等（2021）
中国湖南锡矿山	锑矿区土壤	10～2159	—	Wang 等（2010）
越南北部 Mau Due 矿区	锑矿区土壤	47～95	71	Cappuyns 等（2021）
英国五个历史悠久的矿区	铜、铅、锌、砷、锑矿区土壤	0.5～40.6	—	Flynn 等（2003）
英国苏格兰格伦丁宁矿区	辉锑矿矿区土壤	14.0～673	—	Gal 等（2007）
西班牙埃斯特雷马杜拉	锑矿区土壤	14.3～5180	—	Murciego 等（2007）
澳大利亚新南威尔士州阿米代尔	Sb-矿化区（未开采）土壤	150	—	Diemar 等（2009）
意大利撒丁岛废弃矿井区	苏尔久锑矿区土壤	8～4400	—	Cappuyns 等（2021）

由于采矿/冶炼活动，土壤中的 Sb 浓度较平均本底 Sb 含量高很多倍（Flynn et al.，2003；Shrivas et al.，2008）。在污染区，土壤中 Sb 含量可达到 5045$mg\cdot kg^{-1}$（He，2007；He et al.，2012），其含量超过 WHO 规定的限量（36$mg\cdot kg^{-1}$）（He et al.，2012）。在矿区附近，岩石中的 Sb 含量可能达到几千毫克每千克（Reimann et al.，2010）。锑的全球年产量为 1.4×10^5t，导致其在水、土壤和沉积物中的含量升高，尤其是在采矿和冶炼区附近（Guo et al.，2014）。He 等（2012）报道了在中国的矿区和冶炼区具有高含量的 Sb，水、沉积物中 Sb 含量可分别达到 29.4$mg\cdot kg^{-1}$、1163$mg\cdot kg^{-1}$。在西班牙锑矿区 Sb 含量可达 225～2449.8$mg\cdot kg^{-1}$（Murciego et al.，2007）。Natasha 等（2019）总结了不同地区污染土壤中 Sb 的含量（表 1-18）。

表 1-18　不同地区人为污染土壤中 Sb 的含量　（单位：$mg\cdot kg^{-1}$）

国家	位置	土壤 Sb 含量	文献
中国	矿区	229～11798	He（2007）；Okkenhaug 等（2011）；Qi 等（2011）；Li 等（2014）；Couto 等（2015）；Ning 等（2015）；Wei 等（2015）
德国	农业土壤	500	Hammel 等（2000）
德国科隆	公路周边	6.19	Földi 等（2018）
澳大利亚	湿地	22000	Warnken 等（2017）
澳大利亚	锑加工场	2735～7900	Wilson 等（2013）；Cidu 等（2014）；Ngo 等（2016）
瑞士	射击场	21～17500	Johnson 等（2005）；Conesa 等（2011）；Wan 等（2013）
西班牙	矿区	5～15100	Murciego 等（2007）；Pérez-Sirvent 等（2011，2012）
捷克	农业土壤	3.1～131	Ettler 等（2010）
	森林土壤	379	
英国苏格兰	矿场	10～1200	Gal 等（2007）
日本	冶炼场	2900	Takaoka 等（2005）
新西兰	冶炼场	80200	Wilson 等（2004）
英国	矿场	14～673	Flynn 等（2003）

氧化态还决定了 Sb 的毒性，其毒性由高到低的顺序分别为：Sb（Ⅲ）＞Sb（Ⅴ）＞有机锑。自然界中，Sb 与 As 为伴生元素，以硫化物和氧化物形态共存，研究发现，锑矿区土壤中 Sb 与 As 之间的相关系数较高，二者之间具有相似的地球化学特性，因此，Sb 污染过程往往伴随着 As 污染问题（Telford et al.，2009；Hong et al.，2012）。As 和 Sb 在土壤中的积累具有持久性和不可降解性，对植物具有潜在毒性，影响土壤功能，污染人类食物链（Pan et al.，2016）。

土壤性质影响 Sb 在土壤中的迁移转化行为（Constantino et al.，2018；Nishad et al.，2017）。土壤性质（氧化还原电位和 pH）主要决定了金属或类金属的氧化状态及其在土壤系统中的行为。Sb 在土壤中的行为取决于它的氧化态（Warnken et al.，2017；Han et al.，2018）。$Sb(OH)_6^-$ 是土壤广泛 Eh 范围的主要形态（Wilson et al.，2013），在微酸性到碱性的环境中，Sb（Ⅴ）的溶解度增加。Sb 的不同氧化还原性质影响其在土壤环境中的迁移性（Lin and Puls，2003）。Sb（Ⅲ）和 Sb（Ⅴ）离子在酸性条件下都表现出稳定性。在 pH 为 2～11 时，Sb（Ⅲ）以中性络合物 $Sb(OH)_3$ 的形式存在，Sb（Ⅴ）以带负电荷的化合物 $Sb(OH)_6^-$ 的形式存在（Filella et al.，2002）。较高的土壤 pH 可以增加 Sb 的溶解量，Sb 的主要结合成分是土壤中的腐殖酸（Klitzke and Lang，2009）。土壤 pH 的上升增加了可提取锑的量，而锑反过来被有机质（organic matter，OM）吸附，增加了阳离子交换能力及其对植物的生物利用度（Nakamaru and Peinado，2017）。Sb 能迅速而不可逆地吸附在有机物上，特别是腐殖酸上（Buschmann and Sigg，2004），进而降低其移动性（Denys et al.，2009）。因此，土壤有机质是 Sb 的重要吸附剂（Griggs et al.，2011）。

土壤 pH 对 Sb 迁移率和生物利用度的影响仍存在争议。此前有报道显示，Sb（Ⅲ）对土壤 OM 具有亲和力，约 30%的土壤 Sb 与腐殖酸强结合（Buschmann and Sigg，2004）。然而，Sb（Ⅴ）与土壤 OM 的结合可能较少（Griggs et al.，2011）。Sb 与 OM 的结合会降低 Sb 对植物的生物利用度。Tighe 等（2005）研究表明，在 pH 为 3.0～6.5 时，Sb 可被非晶态铁氧化物吸附，而土壤 pH 的增加会降低 OM 对 Sb 的吸附能力。铁氧化物是 Sb 在固相中的主要载体，但由于 Sb（Ⅴ）以 $Sb(OH)_6^-$ 形式存在的电荷密度较小、离子半径较大，使得 Sb（Ⅴ）在氧化状态下的迁移率明显较高（Casiot et al.，2007）。Mandal 等（2017）研究了 pH 和腐殖酸对 Sb（Ⅲ）和 Sb（Ⅴ）的吸附动力学影响，结果表明，腐殖酸对 Sb 的亲和力高于氢氧化物。另外，吸附在不同土壤组成上的 Sb 受 pH 的影响较大。pH 的升高降低了铁氧化物的表面正电荷，降低了土壤中 Sb 的吸附能力（Nakamaru and Peinado，2017）。微生物对金属的生物地球化学循环具有重要影响（Sekhar et al.，2016；Lu et al.，2018）。丛枝菌根真菌与＞90%的陆生植物根系形成共生关系，其不仅影响土壤中 Sb 的有效性，还影响植物内部金属的积累和形态（Yu et al.，2009；Wei et al.，2015；Pierart et al.，2018）。除了微生物活动之外，蚯蚓活动也是影响土壤中的 Sb 行为和植物对 Sb 吸收的重要因素（Leveque et al.，2013，2015）。此外，真菌对 Sb 的影响高度依赖植物种类、真菌种类和土壤理化性质（Pierart et al.，2018）。土壤-植物系统中 Sb 的生物地球化学过程如图 1-16 所示。

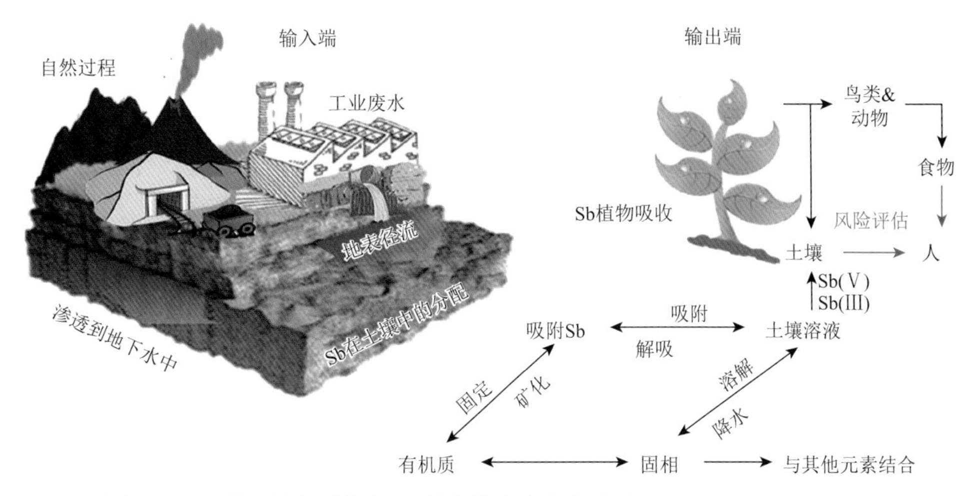

图1-16　土壤—植物系统中Sb的生物地球化学过程（Natasha et al.，2019）

贵州晴隆大厂锑矿和独山锑矿具有由于发现历史悠久、矿石品位高等优势，对锑矿的长期采冶过程产生的水、气、尘、渣导致周边土壤中Sb、As不断积累。对贵州晴隆县和独山县锑矿区土壤污染状况进行研究发现，贵州锑矿的长期采冶活动对矿区周边土壤造成了严重的Sb、As污染，并危害周边生态环境（图1-17）。贵州省晴隆县大厂锑矿和独山锑矿冶炼厂周边农田土壤中As和Sb的含量远高于贵州省土壤中As、Sb的背景值，大部分属于重度污染，表层污染土壤（0～20cm）种植农作物存在风险（刘灵飞 等，2013；龙健 等，2020；He et al.，2021）。晴隆县大厂锑矿尾矿砂中As、Sb含量远超于贵州土壤背

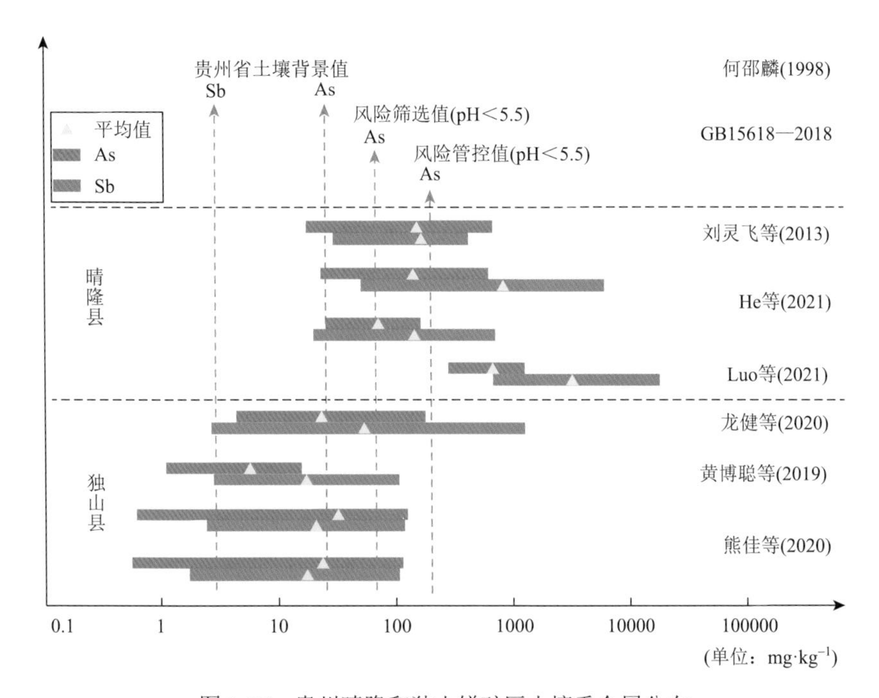

图1-17　贵州晴隆和独山锑矿区土壤重金属分布

景值，平均值分别为2647.44mg·kg^{-1}和419.03mg·kg^{-1}，分别超过贵州土壤背景值1182倍和21倍，I_{geo}值（地质累积指数）表明尾矿砂中As、Sb为严重污染（Luo et al.，2021），其严重影响周边的水土环境质量。独山半坡锑矿区采矿场、尾矿库和冶炼厂周边土壤Sb含量达51～7369mg·kg^{-1}，不同区域土壤污染程度表现为采矿区＞冶炼区＞尾矿区，土壤遭受严重的Sb污染（宁增平 等，2009）。

贵州省独山县半坡锑矿周边稻田土壤垂直剖面Sb和As含量及形态显示，稻田土壤总锑、Sb(Ⅲ)、Sb(Ⅴ)含量分别为2.94～89.40mg·kg^{-1}、0.13～1.05mg·kg^{-1}、0.13～4.56mg·kg^{-1}，其含量均随土层深度增加而逐渐降低。总砷、As（Ⅲ）、As（Ⅴ）含量分别为1.15～9.85mg·kg^{-1}、0～0.51mg·kg^{-1}、0.32～1.15mg·kg^{-1}，其含量在深度上无明显变化，土壤Sb主要来源于大气沉降和人为活动，As来源于成土母岩（黄博聪 等，2019）。锑冶炼历史是造成周边土壤污染程度存在差异的一个重要原因，贵州省独山县某锑冶炼厂周边土壤Sb、As在新、老冶炼厂周边不同深度（0～30cm）土壤中的含量平均值分别是贵州省土壤背景值的4.32～11.90倍和1.39～1.62倍，其中Sb含量随土壤深度增加而明显降低，而As含量在土壤深度上变化不明显。另外，在烟囱周边300m范围内土壤Sb含量最高，随距离增加呈现缓慢降低特征（熊佳 等，2020）。

4. 锰冶炼活动对周边土壤环境的影响

每生产1t电解锰可能产生5～7t的电解锰废渣（王运敏，2004），根据生产工艺和矿石品位的不同，废渣量甚至可增加到7～9t（姜焕伟 等，2004）。同时，锰矿开采所产生的尾矿渣中含有大量的有毒有害物质，在长期的风吹雨淋过程中其释放的重金属（如Hg、Cd、Pb、As、Mn）易迁移进入周边的农田土壤，对其造成污染。其次是选矿厂排出的废水，会导致土壤质量下降、土壤酸化、碱化、盐渍化、重金属污染、土壤板结等（周长波和孟俊利，2009）。

贵州省的电解锰渣存量大，其中遵义与铜仁锰矿区的土壤Mn含量较高，超过贵州省土壤背景值约9倍，说明锰矿区周边土壤中Mn污染较严重（马先杰和乔梓，2021）。杨大欢和李方林（2005）研究表明，在遵义铜锣井锰矿区，自然成因造成深层土壤Mn含量高于浅层土壤；而人为污染主要影响土壤表层Mn含量。贵州典型锰采冶区特征污染物见表1-19。

表1-19　锰冶炼区土壤的重金属特征污染物

研究区	样品类型	特征污染物	参考文献
遵义地区（湘江、南茶）	土壤、矿渣、尾矿	Cr、Mn、Cu、Zn、Cd、Pb、Se、Ni、As	陆凤（2018）
铜仁地区（杨立掌、白岩溪、盆架山、鹏程）	土壤、矿渣	Mn、Fe、Pb、Cd、Cr、As、Zn、Cu	蒋宗宏等（2020）

重庆、湖南、广西等锰矿区周边土壤重金属污染特征表明，锰矿区周边土壤Mn的平均含量远超当地的背景值，表明各地锰矿区的锰污染非常严重，亟待治理（表1-20）。目前对贵州锰矿区土壤重金属污染现状的研究有较多报道，贵州铜仁典型锰矿冶炼区土

壤 Mn、Hg、Cd 的含量为 210～7200mg·kg^{-1}、0.08～0.30mg·kg^{-1}、0.23～1.32mg·kg^{-1}，Mn、Hg 和 Cd 的平均含量超过贵州省土壤背景值，分别是背景值的 2.56 倍、1.55 倍和 2.11 倍（蒋宗宏 等，2020），Mn 的地质累积指数为 0～5，处于无污染、轻度污染、偏中度污染、中度污染、偏重度污染、重度污染、极严重污染的比例分别为 43.4%、15.1%、22.6%、7.5%、5.7%、1.9%、3.8%（陆凤 等，2018）。杨爱江等（2012）研究表明，贵州铜仁某电解锰渣堆场周边土壤与底泥中 Mn、Se、Zn、Cr、Ni、Pb 含量均高于贵州省土壤背景值。

表 1-20　中国典型锰矿区土壤 Mn 含量

研究区	样品数量/个	平均值/(mg·kg^{-1})	范围/(mg·kg^{-1})	背景值/(mg·kg^{-1})		参考文献
				全国	当地	
贵州铜仁锰矿区	—	6722.25	210～43500		794	杨爱江等（2012）；陆凤（2018）
	20	2035	210～7200			蒋宗宏等（2020）
重庆秀山锰矿区	5	48383	9898～120566		657	Hao 和 Jiang（2015）
	9	5209	332～35034			冯一鸣等（2012）
湖南湘潭市锰矿区	6	82383	58300～137400		—	卢镜丞等（2014）
湖南湘潭红旗锰矿区	21	203	130～350	583	—	李宁（2018）
广西桂平锰矿区	33	15320	—			陈春强等（2017）
广西三锰矿恢复区	3	—	3158～26058			唐文杰和李明顺（2008）
广西八一锰矿	4	4749	143～18747		172	
广西荔浦锰矿	4	2995	372～10059			赖燕平等（2007）
广西平乐锰矿	4	18559	1285～71665			

1.4.4　金属冶炼活动对生态的破坏

矿产资源的采冶活动对生态环境的影响具有明显的时空变化特征，矿产资源采冶活动引起的生态破坏问题主要包括以下几个方面。

（1）露天/地下开采均会直接破坏地表层植被，造成地表裸露、水土流失加剧、地表塌陷，造成严重的环境地质灾害。贵州万山汞矿闭坑后形成了地下大岩洞。务川大坪矿区开采活动使矿区的森林覆盖率由 85%下降到 13.2%，矿区水土流失面积达 21.7km^2，土壤侵蚀数高达 2000～3000t·km^{-2}·a^{-1}；万山矿区水土流失面积达 213.2km^2。另外，金属冶炼活动过程产生的大量矿山固体废弃物随意堆放也直接造成地表层植被严重破坏，以及堆积如山的废渣场发生的次生灾害也会对周边生态植被有间接破坏作用。

（2）矿山开采及金属冶炼过程会产生大量的尾矿及冶炼废渣等固体废弃物，这些固体废弃物堆积需占用大面积的堆置场地。金属冶炼过程中产生的烟尘含有大量的 SO_2，导致冶炼炉附近的植物枯死（李广辉 等，2005；闭向阳 等，2006b）。烟尘中含有大量的 Pb、Zn 和 Cd 等重金属元素（沈新尹 等，1991；杨元根 等，2003），污染了大气、土壤和水体环境，进而直接影响区域内人体健康。

（3）矿山开采及冶炼过程中产生的固体废弃物中重金属等污染物可通过地表径流、风力扩散等途径迁移扩散至矿区周边大气、水体和土壤环境中，并对其造成严重污染。在万山汞矿区部分区域大量堆积的汞冶炼废渣，在大雨或暴雨冲刷下，大量的含汞废水、废渣、废石进入河道，造成河水被严重污染，致使水生生态系统被严重破坏。

1.5　贵州历史遗留废渣量及其分布

贵州省金属冶炼活动遗留废渣集中区主要分为黔西北铅锌冶炼废渣聚集区、黔西南铊汞锑矿采冶废渣聚集区、黔南锑及铅锌采冶废渣聚集区和黔东汞锰采冶废渣聚集区（图 1-18）。

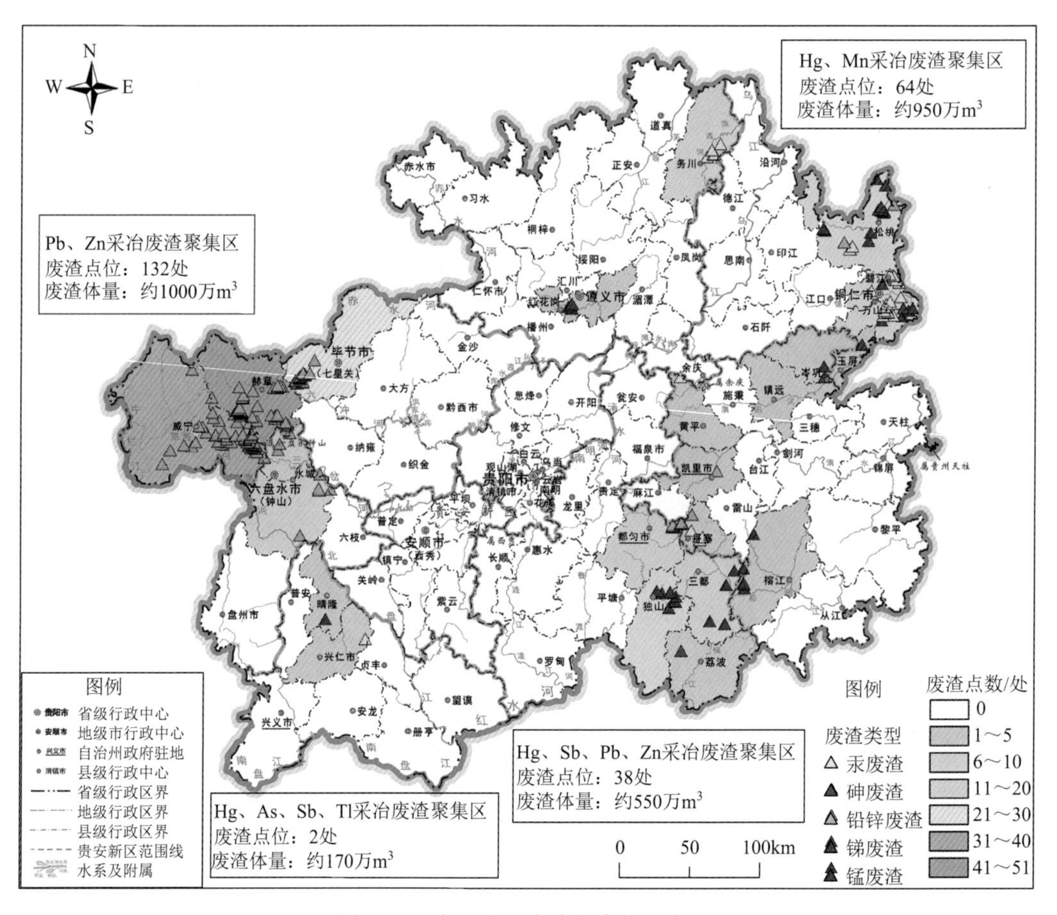

图 1-18　贵州省历史遗留废渣分布图

贵州历史遗留废渣概况见表 1-21。黔西北铅锌冶炼废渣聚集区主要分布于毕节市和六盘水市，其废渣点已查明有 132 处，废渣体量约为 1000 万 m^3。毕节市炼锌废渣主要分布于七星关区、赫章县、威宁县的 35 个乡镇，炼锌废渣总量为 1477.93 万 t，废渣占地面积为 1133.5 万 m^2。六盘水市炼锌废渣主要分布在钟山区和水城区的 18 个乡镇，废渣总量达 757.36 万 t，占地面积达 126.12 万 m^2，其中钟山区大湾镇的炼锌废渣量及占地面积均最大，全镇有炼锌废渣 436.7 万 t，占地面积为 50.26 万 m^2，其次是钟山区汪家寨镇，炼锌废渣量为 134.7 万 t，占地面积达 15.33 万 m^2。

黔西南铊汞锑采冶废渣聚集区主要分布于兴仁市和晴隆县，其废渣点位已查明有 2 处，废渣体量约为 170 万 m^3。黔南锑及铅锌采冶废渣聚集区主要分布于都匀市、独山县、三都县、丹寨县、荔波县、凯里市、黄平县、榕江县，其废渣点已查明有 38 处，废渣体量约为 550 万 m^3。黔东汞锰采冶废渣聚集区主要分布于播州区、务川县、松桃县、万山区、岑巩县、碧江区、玉屏县、镇远县，废渣点已查明有 64 处，废渣体量约为 950 万 m^3。

表 1-21　贵州省历史遗留废渣量估算表

地区	废渣类型	废渣点数/处	废渣量/万 m^3	废渣总量/万 t	占地面积/万 m^2
七星关区、赫章县、威宁县、水城区、钟山区	铅锌	132	～1000	～2235.29	～1259.62
兴仁市、晴隆县	铊、汞、锑、砷	2	～170	～75.15	～14.03
都匀市、独山县、三都县、丹寨县、荔波县、凯里市、黄平县、榕江县	汞、锑、铅锌	38	～550	～861.63	～41.41
播州区、务川县、松桃县、万山区、岑巩县、碧江区、玉屏县、镇远县	汞、锰	64	～950	～2323.8	～185.11

第 2 章 历史遗留冶炼废渣资源属性及开发利用

2.1 历史遗留废渣资源属性

2.1.1 矿山固体废弃物资源属性的定义

矿产资源的开采、冶炼、洗选等活动会产生大量的尾矿或废渣等矿山固体废弃物，矿山固体废弃物具有双重属性，即环境危害性与显著的资源属性。矿山固体废弃物的资源属性主要表现为矿山固体废弃物中含有各种有色、黑色、稀贵、稀土和大量非金属等有用组分，是宝贵的二次资源。当技术、经济条件允许时，可再次进行有效开发，实现将矿山固体废弃物变废为宝、化害为利。

2.1.2 历史遗留冶炼废渣资源属性

贵州具有丰富的矿产资源，粗放型的矿产冶炼活动是贵州早期经济增长的主要方式，金属冶炼活动产生了大量的冶炼废渣，这些废渣主要包括因当时金属冶炼工艺落后、金属回收率低产生的废渣，还有因为无业主的冶炼矿山随意丢弃的废渣，统称为历史遗留冶炼废渣。贵州主要的历史遗留冶炼废渣主要包括铅锌、汞、锑、锰矿等冶炼废渣。

1. *铅锌冶炼废渣*

黔西北地区的土法炼锌工艺虽然具有设备简易、见效快、投资少等优点，但是锌回收率低（锌回收率仅为 40%～85%），致使大量有价金属元素（锌、铅、铟、银、锗等）基本上没有回收，据初步估计，黔西北铅锌冶炼废渣堆存量达 2000 余万 t（林文杰 等，2007）。铅锌冶炼废渣的资源属性主要体现在两个方面，一是可采取相对成熟的提取技术回收铅锌冶炼废渣中大量有价金属元素（锌、铅、铟、银、锗等）；二是铅锌冶炼废渣中含有丰富的 SiO_2、CaO、Fe_2O_3 等成分，可将铅锌冶炼废渣与其他材料混合后用于生产工业材料或者矿井填充材料等。

2. *汞矿冶炼废渣*

贵州在历史时期进行了大规模的汞矿采冶活动，遗留下大量的汞矿冶炼废渣。研究表明，贵州某汞矿冶炼废渣中主要有价元素为金，其平均品位为 1.0～2.0g/t，最高可达 11.24g/t，金储量（C＋D 级）为 3t（傅开彬 等，2013a）。李德鹏等（2019）对贵州丹寨汞金矿矿山固体废弃物“二次资源”评价结果表明，贵州丹寨两个尾矿（渣）堆中金潜在资源量达 800kg。另外，SiO_2 和 CaO 含量较高，分别为 45.13%和 38.20%，而其余元素含量较低，不具有回收价值（傅开彬 等，2013a）。由于汞冶炼废渣中具有较高的 Hg 含量，Hg 具有较强的毒性，Hg 冶炼废渣作为生产矿井填充材料和其他工业材料需谨慎。

3. 锑矿冶炼废渣

我国锑矿大都伴生有 As 元素，在锑冶炼过程中，As 会进入到粗锑中，在粗锑制精锑过程中产生的废物称为砷碱渣，砷碱渣中 Sb 和 As 的含量分别达 20%～40%和 1%～5%，由于砷碱渣中 Sb 的含量较高，需进一步在反射炉中进行处理，并进一步产生二次砷碱渣，Sb、As 含量分别为 10%以下及 4%～10%，通过采用上述方法每生产 1 万 t 精锑会产生 800～1000t 砷碱渣（金哲男 等，1999；仇勇海 等，2005；王建强 等，2006）。由于锑矿冶炼废渣在生产其他工业材料以及矿井填充等方面的应用尚未见报道，因此，目前锑矿废渣的资源属性为 Sb、As 等有价元素的提取。

4. 锰矿冶炼废渣

电解锰渣中 Mn 和硫酸铵的质量浓度分别达到 35～40g·L^{-1} 和 120g·L^{-1}，锰渣中 Mn 含量所占比例可达 3%～4%，回收利用价值较大。目前，已开展了较多关于电解锰渣中 Mn、硫酸铵等资源回收的实验研究。锰渣中 SiO_2 含量最高，其次为 Al_2O_3、CaO 和 Fe_2O_3，并含少量 MnO，电解锰渣归属于 CaO-MgO-Al_2O_3-SiO_2 陶瓷体，锰渣具有较大的资源属性，通过采取相应的技术可实现锰渣的最大资源化利用，锰矿渣可用于生产锰肥、填充材料、微晶玻璃等。

2.2　历史遗留废渣资源量估算

贵州省历史遗留铅锌冶炼废渣主要分布在黔西北的七星关区、赫章县、威宁县、水城区、钟山区以及黔东的松桃县等地区，其中黔西北地区最为集中。铅锌废渣封存总量约为 2261.39 万 t，在铅锌废渣中还含有大量 Pb、Zn、Cu、Cd、As、Cr，其中 Pb 封存量约为 184687.53t，Zn 封存量约为 371410.32t，Cu 封存量约为 7281.67t，Cd 封存量约为 1040.24t，As 封存量约为 16643.81t，Cr 封存量约为 1031.19t；贵州省汞矿废渣主要集中在碧江区、丹寨县和松桃县，其次为三都县、万山区和务川县，汞废渣封存总量约为 2330.15 万 t，汞封存量约为 102526.42t（表 2-1）。

表 2-1　贵州省部分铅锌废渣金属资源封存量估算

区县	封存总量/万 t	Pb 封存/t	Zn 封存量/t	Cu 封存量/t	Cd 封存量/t	As 封存量/t	Cr 封存量/t
威宁县	888.25	72543.38	145886.18	2860.17	408.60	6537.52	405.04
钟山区	701.53	57293.96	115219.29	2258.93	322.70	5163.26	319.90
赫章县	497.21	40607.30	81662.10	1601.02	228.72	3659.48	226.73
七星关区	92.47	7551.67	15186.57	297.74	42.53	680.55	42.16
水城区	55.83	4559.64	9169.52	179.77	25.68	410.91	25.46
松桃县	26.10	2131.59	4286.66	84.04	12.01	192.10	11.90
合计	2261.39	184687.53	371410.32	7281.67	1040.24	16643.81	1031.19

贵州省历史遗留锑废渣主要分布于黔南（都柳江流域）的三都县、独山县和榕江县，废渣封存总量约为 492.85 万 t，锑废渣中锑封存量约为 3.69t，砷封存量约为 19.02t（表 2-2）；贵州省历史遗留砷废渣主要集中在黔南的三都县和荔波县，砷废渣封存总量约为 74.05 万 t，砷封存量约为 66.65t（表 2-2）；贵州省历史遗留锰废渣主要分布于黔东的岑巩县、镇远县和大龙经济开发区，锰废渣封存总量约为 272.32 万 t，其中锰封存量约为 78071.42t，锌封存量约为 435.71t（表 2-3）；贵州省历史遗留铊废渣主要是在黔西南的兴仁市，铊废渣封存总量约为 65.12 万 t，其中铊封存量约为 13.48t，砷封存量约为 93.64t（表 2-3）。

表 2-2　贵州省部分汞、锑、砷废渣资源封存量估算

区县	汞废渣		锑废渣			砷废渣	
	封存总量/万 t	Hg 封存量/t	封存总量/万 t	Sb 封存量/t	As 封存量/t	封存总量/万 t	As 封存量/t
碧江区	1756.28	77276.32	—	—	—	—	—
丹寨县	227.67	10017.30	—	—	—	—	—
松桃县	166.98	7347.12	—	—	—	—	—
三都县	51.00	2244.00	76.19	0.57	2.94	48.45	43.61
万山区	93.38	4108.72	—	—	—	—	—
务川县	34.84	1532.96	—	—	—	—	—
独山县	—	—	257.49	1.93	9.94	—	—
榕江县	—	—	159.16	1.19	6.14	—	—
荔波县	—	—	—	—	—	25.60	23.04
合计	2330.15	102526.42	492.85	3.69	19.02	74.05	66.65

表 2-3　贵州省部分锰、铊废渣资源封存量估算

区县	锰废渣			铊废渣		
	封存总量/万 t	Mn 封存量/t	Zn 封存量/t	封存总量/万 t	Tl 封存量/t	As 封存量/t
岑巩县	63.00	18061.47	100.80	—	—	—
大龙经济开发区	114.32	32774.40	182.91	—	—	—
镇远县	95.00	27235.55	152.00	—	—	—
兴仁市	—	—	—	65.12	13.48	93.64
合计	272.32	78071.42	435.71	65.12	13.48	93.64

2.3　历史遗留废渣资源化利用概述

2.3.1　金属冶炼废渣资源化利用技术

1. 火法冶炼技术

火法冶炼技术是从矿石中提取有价值金属元素的一种通用方法。火法冶炼技术也称作干法冶金技术，是因为从矿石中提取化合物和金属物质的过程为高温状态且加入无水溶液。火法冶炼技术对Ti、Zr、Nb、Ta、Mo等金属的回收效率极高（Ojeda et al.，2009）。含有贵重金属的固体废物通常以氧化物的形式存在，为了回收金属，氧化物的还原是必要的，在超过1000℃的高温下材料经过选择性挥发，然后冷凝。火法冶金技术是一种常规工艺，通常涉及废料的焚烧、烧结和高温熔化。熔炼炉、热反应堆和等离子体工艺是工业实践中常用的方法。加入碳或任何含碳物质，如石灰和焦炭，可促进熔化过程。此外，热加工方法需要高能量输入，排放污染，并在燃烧过程中产生金属损失。然而，在冶炼过程中，使用石灰和焦炭可能会对大气产生负面影响，但它可能比冶炼金属更优。火法冶金技术相对老旧，存在污染大、能耗高的问题。近年来，将火法冶金与湿法冶金两种技术联合使用，具有效果好、经济价值高的优点。因此，将火法冶炼技术及其联合技术应用于有色金属冶炼废渣有价金属元素提取，对提高有色金属冶炼废渣中有价金属元素提取及利用率有重要作用（毛新亚，2017）。

2. *湿法冶炼技术*

湿法冶金是一种金属回收过程，涉及在水溶液或有机溶液中进行的化学反应。湿法冶炼技术具有几个重要的优势，如能够控制杂质水平、投资成本低（非常适合小规模应用）、对环境的影响较小以及金属回收潜力高（Jha et al.，2001；Chmielewski et al.，1997）。此过程涉及的典型步骤是浸出、浓缩/纯化和回收。①浸出，也称为原料浸出过程，主要是将冶炼废渣浸泡于水溶液中；②浓缩/纯化，分离冶炼废渣浸泡后的残渣与水溶液，并分离有效金属与杂质；③回收，浸出液中的有价金属元素可通过电解法进行提取，如果存在有氧酸成分的冶炼废渣，应在氧化物析出的基础上提取有价金属元素。整个金属回收过程包括三个主要步骤：①废物的机械预处理；②适当的金属浸出剂；③浸出液的净化。

从有价金属元素存在形式看，包括许多如硫酸盐、硫化物以及砷化物等，需在浸液溶剂与浸出方法上合理选择。酸浸过程中使用的各种试剂包括硫酸（H_2SO_4）、硝酸（HNO_3）、盐酸（HCl）、过氧化氢（H_2O_2）、硫脲（CH_4N_2S）、氯化铁（$FeCl_2$）、王水（HNO_3+3HCl）、异氰酸钾（KOCN）、碘化钾（KI）、碘（I）、碘-亚硝酸盐混合物、硫代硫酸盐（S_2O_2）和氰化物（CN^-）。在浓缩和纯化阶段，这些溶液要经过各种提取步骤，如胶结、溶剂提取、过滤、沉淀、离子交换和蒸馏，以回收和浓缩所需的金属（Zhang M et al.，2012；Liu et al.，2013）。金属的回收是湿法冶金过程的最后一步，金属回收的方法有电解、气体还原和沉淀。金属废料可以氧化物/氢氧化物、合金和不同程度的杂质的形式存在，这取决于固体废料，包括金属废料、废水净化污泥、烟道灰尘和燃烧灰（Brooks，1986）。为了有效地提取所需的金属，需要一种合适的浸出剂。浸出阶段或溶解过程是固体废物转化为游离金属离子和非金属离子的过程。浸出液的净化涉及固体和液体的分离，使用现有的方法，如常规中和或沉淀、再结晶、溶剂萃取、吸附、膜分离、电化学还原和电极等方法溶解杂质，并在离子交换之前回收所需的金属（Shemi et al.，2014；Shalchian et al.，2019）。金属提纯需考虑的主要特性有选择性、金属负载的可能性、耐王水、有机-水相分离以及与有机萃取剂相关的成本。溶剂萃取技术是从水介质中提取、分离和处理金属元素的最佳技术之一（Love et al.，2019），因为其操作程序和设施简单，有效的酸回收率高，操作成本低和环境友好，它在从不同的浸出液和废水中回收金属方面起着重要的作用。例如，浸出液或水溶液可分为硫酸盐、氯化物、硝酸盐和磷酸盐。在溶剂萃取中，为了有效地提取金属，需要控制影响因素（如pH、萃取动力学、相接触时间）(Jha et al., 2012)。此外，以磷为基础的萃取剂是金属回收过程中常用溶剂萃取工艺。湿法冶金技术比其他方法要好得多，但仍会产生废液，需要进一步处理。Sayilgan等（2009）对金属回收的不同过程进行了讨论，包括物理法、火法冶金和湿法冶金过程。与火法冶金法相比，湿法冶金法正成为从原材料中提取金属更成熟和更可靠的方法。虽然若干回收过程已经被提出或目前已执行，但其中大多数只成功地回收了废旧电池的某些部件，这是由于存在更严格的法规和成本、环境保护、原材料和保存问题。

2.3.2 历史遗留废渣资源化利用研究概况

我国的有色金属矿产资源丰富，有色金属冶炼的规模也较大，有色金属冶炼过程中冶炼废渣的排放量和堆放量均较大，我国每年产生的金属冶炼废渣量达3000万t，超过全球排放量的1/3。目前，我国在有色金属冶炼废渣处理方面是以堆放、回填为主，在提取冶炼废渣中有价金属方面，由于其含量较低，提取工艺流程复杂，操作难度高而导致资源化利用率很低。总体来说，我国有色金属冶炼废渣处理处置主要集于无害化处理方面，而资源化综合利用水平较低，还远达不到20%～30%的水平，与已经建立循环经济体系的发达国家相比，我国有色金属资源化水平极低。针对目前堆放量巨大的历史遗留废渣资源化利用方向进行总结（表2-4），主要包含以下几个方面。

表2-4　不同历史遗留废渣资源化利用途径

历史遗留废渣	提取有价金属	回填井下	生产工业材料	生产建筑材料	道路水稳层	参考文献
铅锌冶炼废渣	铁、铅、锌	—	—	—	—	①
	—	膏体试块	—	—	—	②
	—	—	铝合金 地聚合物 微晶玻璃	—	—	③
	—	—	—	水泥熟料	—	④
	—	—	—	免烧砖、砌块	—	⑤
	—	—	—	混凝土	—	⑥
电解锰渣	锰、硫酸铵	—	—	—	—	⑦
	—	充填体	—	—	—	⑧
	—	—	微晶玻璃、 保温砖、免烧砖、 Mn_3O_4、肥料	—	—	⑨
	—	—	—	水泥混合材料、混凝土掺合材料	—	⑩
	—	—	—	—	路面基材料	⑪

续表

历史遗留废渣	提取有价金属	回填井下	生产工业材料	生产建筑材料	道路水稳层	参考文献
汞矿渣	金	—	—	—	—	⑫
	—	—	—	混凝土实心砖块材料（注意风险）；不适合生产墙体材料	—	⑬
锑矿渣	砷、锑	—	—	—	—	⑭

注：①Li 等（2012）；Wang 等（2014）；Shu 等（2015）；Forte 等（2017）；Golpayegani and Abdollahzadeh（2017）。②李洪伟等（2016）。③Yousef 等（2009）；田万东（2011）；Onisei 等（2012）；Albitar 等（2015）；Pan 等（2019）。④林博（2000）；李文亮等（2004）；Seyed 等（2012）；闫亚楠等（2013）。⑤闫亚楠等（2013）。⑥Atzeni 等（1996）；Angelis and Medici（2012）；Seyed 等（2012）。⑦刘作华等（2009）；赵博超等（2017）；赵侣璇等（2019）。⑧刘胜利（1998）；徐胜等（2017）；徐胜等（2018）；金修齐等（2020）。⑨钱觉时等（2009）；甘四洋等（2010）；兰家泉（2005）；谢超等（2012）。⑩杨惠芬等（2005）；明阳等（2012）；吴建锋等（2014）；Zhou 等（2014）。⑪Zhang 等（2019）。⑫何毓敏（2005）；傅开彬等（2013a）；傅开彬等（2013b）；傅开彬等（2014）。⑬宋美等（2015）；张启凡和朱若君（2018）。⑭金哲男等（1999）；邓卫华等（2014）。

1. 从废渣中提取有价金属

1）铅锌冶炼废渣

由于粗放的土法炼锌工艺的金属回收率低，致使大量有价金属元素残留于炼锌废渣中，因此，炼锌废渣将成为重要的二次资源。可通过酸/碱浸出、熔炼以及浮选等工艺对铅锌废渣中的有价金属元素进行回收。铅锌冶炼废渣中有价金属的回收是实现铅锌冶炼废渣资源化利用、减少废渣中重金属释放迁移污染环境的重要途径，然而，铅锌冶炼废渣中有价金属元素含量低、回收金属单一、回收工艺复杂、对回收设备要求较高以及回收有价金属后仍有废渣产生。

云南省会泽县历史遗留铅锌冶炼过程中产生的水淬渣中含有丰富的铁（22%～30%），李洪伟等（2016）针对水淬渣含铁量较高的特性，开展了水淬渣中铁选矿富集实验研究，结果表明，水淬渣中的铁不是以单质铁或磁铁矿的形式存在，而以玻璃体形式存在的可能性较大，综合利用选铁效果不佳。采用常规选矿方法从铅渣中回收铁是困难的，采用直接还原工艺回收铁是可行的（Guo et al.，2018）。铁主要以铁橄榄石（Fe_2SiO_4）和磁铁矿（Fe_3O_4）的形式存在；因此，可采用直接还原再磁选的方法提取铁（Li et al.，2012）。Wang 等（2014）采用煤基直接还原技术从铅渣中回收铁，将铅渣与煤、氧化钙以 50∶15∶5 的质量比混合，在 1250℃下焙烧 45min，在两段磨矿磁选条件下，获得了铁品位为 92.85%、回收率为 92.85%的铁精矿。Li X（2017）、Li Y（2017）和 Li Y C（2017）等开发了一套新的镀液熔炼还原法回收铅锌渣中的铁，即在还原温度为 1575℃、C/Fe 物质的量之比为 1.6、碱度为 1.2 的条件下，制得含铁 93.58%的生铁。在直接还原过程中，金属化率达到 99.79%，铁回收率达到 99.61%。铁液滴在锌和铅的还原机理中起着至关重要的作用。随着火法冶炼污染物排放标准的日益严格，湿法冶炼技术在回收铅渣（尤其是二次铅渣）方面的应用越来越受到人们的重视。二次铅渣中的主要铅化合物为方铅矿（PbS）和金属铅（Pb）。为了回收二次铅渣中的铅，其主要化合物方铅矿和金属铅的浸出体系已有较多报道，包括氯盐浸出体系（$FeCl_3$-NaCl）、醋酸浸出体系和 HNO_3 浸出体系

（HNO_3-NaCl）（Shu et al.，2015；Forte et al.，2017；Golpayegani and Abdollahzadeh，2017）。生物浸出是一种利用微生物将固体化合物转化为可回收的可溶和可提取元素的技术（Pollmann et al.，2018）。由于生物浸出技术具有反应条件温和、能耗低、工艺简单、对环境影响小等优点，被广泛应用于冶炼废渣。硅酸盐和玻璃基体是铅渣的主要成分（Piatak et al.，2015），硅酸盐和玻璃基体的溶解过程受到多种机制的影响，包括酸侵蚀、有机和热活化的存在（Potysz et al.，2018）。Cheng 等（2009）探究了生物浸出技术回收铅渣中有价金属和去除有毒元素的可行性，在适宜的反应条件下（温度为 65℃、pH 为 1.5、矿浆密度为 5%），铅渣中 Al、As、Cu、Mn、Fe、Zn 的浸出量超过 80%。

2）汞矿冶炼废渣

贵州省丹寨汞矿冶炼活动遗留的冶炼废渣总量超过 100 万 t，由于汞矿中伴生有贵金属元素金，冶炼废渣中元素金的回收利用价值较大，目前进行了许多关于从汞矿冶炼废渣中提取金的尝试，但金的回收率较低，仅为 12%左右，规模化应用不具备经济性。2004 年底以来，随着人们认识到汞矿炉渣中金难于浸出和回收的主要原因，通过改进金回收利用工艺技术，使金的回收率比过去提高 36.88%，通过利用该技术对丹寨汞矿超过 100 万 t 的炉渣进行提取，可回收金的总量在 2t 以上（何毓敏，2005）。傅开彬等（2013b）通过开展浮选实验对某含金 $1.85g{\cdot}t^{-1}$ 的汞冶炼废渣中的金进行回收，结果表明，在磨矿细度小于 0.074mm 占 80%的情况下，可以获得金品位为 $28.65g{\cdot}t^{-1}$、回收率为 68.45%的金精矿。某含金汞冶炼渣硫代硫酸盐常温浸金试验结果表明，当常温、液固比为 3∶1、氨水为 $2.5mL{\cdot}L^{-1}$、硫代硫酸钠为 $50g{\cdot}L^{-1}$、硫酸铜为 $3g{\cdot}L^{-1}$、硫酸铵为 $12g{\cdot}L^{-1}$、浸出时间为 3h 时，金的浸出率为 70.57%，可有效回收汞冶炼渣中的金（傅开彬 等，2014）。

3）电解锰渣

电解锰生产的主要原料是菱锰矿（品位为 14%～20%），经过酸浸—净化—电解沉积后生产金属锰。硫酸浸出锰矿粉过程中产生的滤渣经压滤脱水后的锰渣中仍含有 30%左右的水分，其中锰和硫酸铵的质量浓度分别达到 $35\sim40g{\cdot}L^{-1}$ 和 $120g{\cdot}L^{-1}$，Mn 含量占渣干重的比例为 3%～4%，可进行二次回收利用。目前，已开展了较多关于电解锰渣中锰、硫酸铵等资源回收的实验研究（刘作华 等，2009；赵博超 等，2017；赵侣璇 等，2019）。其中，实用性强的技术较少，由于锰矿废渣中可回收利用的金属元素含量不高，使用传统工艺将导致生产成本过高，产业化应用困难。

4）锑冶炼渣

锑矿石冶炼产生的粗锑碱性精炼除砷过程中，会产生大量的砷碱渣。砷碱渣中砷的平均含量为 1%～15%，主要以剧毒性的可溶性砷酸钠形式存在，同时还富含大量的残碱，对环境及人体健康造成较大的威胁。目前，我国砷碱渣的堆存总量已达到 20 余万 t，且仍以 $5000t{\cdot}a^{-1}$ 左右的增量在增加。这些炼锑砷碱渣已成为重要的重金属污染源，砷碱渣的资源化利用是降低其对环境污染的重要手段。目前，针对锑渣中的砷、锑等有价金属资源的回收已开展了较多的工作（金哲男 等，1999；邓卫华 等，2014），其中，邓卫华等（2014）提出了砷碱渣水热浸出—锑盐氧化—浓缩结晶回收锑、砷、碱的新工艺，该工艺已实现工业化应用，锑、砷回收率分别为 95.27%和 95.21%，为砷碱渣的资源化处理提供了重要新方法。

2. 回填井下

1）铅锌冶炼废渣

废渣作为膏体充填已是一项可行的技术，从世界范围以及长远发展来看，膏体充填技术是充填采矿技术发展的重要发展方向，也是废渣综合利用的有效方法之一。李洪伟等（2016）将尾砂、铅锌冶炼过程中产生的水淬渣、水泥、石灰和水作为充填材料制作膏体试块（膏体密度为 2060～2100kg·m^{-3}，强度为 1～6MPa），通过胶结处理，可将固体废物中有害物质封存于充填体内，且被封存于膏体中的有害物质溶出量较少，不足以对地下水体造成不良影响。尾矿膏体密度高、吸水率小、无沉降，充填能够很好地接顶；充填体致密、坚硬（强度高），接近天然岩体，对于围岩能够起很好的支撑作用；尾矿膏体对破碎岩体具有填充和胶结作用，对围岩具有较强的支撑能力，可防止地质灾害发生和提高生产安全性。

2）电解锰渣

尽管目前针对电解锰渣资源化利用技术的研究已有很多尝试，但电解锰渣的规模化、资源化利用进程较缓慢，其主要的原因是技术成本高、附加值低、市场接受度低、消纳量有限。将电解锰渣用于矿井胶结充填，不仅可大量消纳电解锰渣，还能减少其随意堆放污染环境，也有利于地下岩层的稳定。将电解锰渣充填采空区，符合绿色矿山生产和工业生态学的环保理念。目前，已对电解锰渣作为填充材料的固结性能进行了较多研究（徐胜 等，2017，2018），将废渣用于矿井填充需注意废渣伴随的有毒有害污染物释放对地下水环境质量的影响问题。胶凝固化处理废渣技术通常是使用胶凝材料或惰性材料将有害物质固定封闭在惰性基材中，隔离污染物质与外界环境的联系，减少废渣中的有害成分溶出，进而阻断污染物向周边接触的环境迁移扩散。电解锰渣凝胶固化的凝胶类型有水泥、石灰、粉煤灰、高岭土等（金修齐 等，2020）。目前，电解锰渣胶凝固化面临的问题主要有：①电解锰渣中含有大量惰性成分，掺量高对体系强度有负面影响；②对电解锰渣中 NH_4^+-N 固化效果一般，存在 NH_3 释放的污染风险。因此，若能经济、有效地实现电解锰渣的脱氨和活化，电解锰渣作为主要原料进行胶凝固化充填从原料要求、经济、技术角度是可行的（金修齐 等，2020）。

3. 生产工业材料

1）铅锌冶炼废渣

铅锌冶炼废渣在生产工业材料（如铝合金、地聚合物、微晶玻璃等）领域中也有应用。锌冶炼渣可代替钢屑混合加料生产硅酸钡铝合金（田万东，2011）。铅锌废渣在地聚合物（geopolymer）中也有应用，该地聚合物是一种碱硅酸铝材料，由固体硅酸铝前驱体活化产生，具有比水泥基材料更好的强度、耐久性和耐酸性（Yousef et al.，2009）。地聚合物已被用作固化/稳定各种类型的危险废物，其中有毒元素可被固定在三维网络地聚合物中（Toniolo and Boccaccini，2017）。初级铅渣含有大量的 Si 和少量的 Al，其与粉煤灰联用可补充铅渣中 Al 的不足，铅冶炼渣和粉煤灰、碱混合后可转化为地聚合物（Onisei et al.，2012；Albitar et al.，2015）。

添加陶瓷和玻璃被认为是处理危险废物的可行技术，因为它们将受管制的重金属固定在一个稳定的基质中。此外，它们还可以转化为具有市场潜力的高附加值材料（Pelino，2000）。当玻璃成型剂（SiO_2、Al_2O_3、CaO）的用量适合玻璃成型时，冶炼废渣可作为生产玻璃材料的潜在原料（Kritikaki et al.，2016）。在玻璃熔化过程中，有害元素以化学方式结合在一个持久的非晶网格中。因此，有害冶金渣玻璃化是一种很好的固定有毒元素的方法（Pisciella et al.，2001）。铅冶炼渣的主要成分为 SiO_2、CaO 和 Fe_2O_3，额外添加一定的成分后可作为微晶玻璃的原料。微晶玻璃对铅渣中重金属等元素具有良好的固化效果，且微晶玻璃产品附加值较高。因此，微晶玻璃是铅冶炼渣资源化利用和无害化处理的最佳选择之一。

2）电解锰渣

电解锰渣中 SiO_2、CaO、MgO、Al_2O_3 等主要物质成分可作为生产微晶玻璃的基础成分。以锰渣为主要原料，添加 $CaCO_3$、SiO_2 和 $MgCO_3$ 等辅助成分制备的微晶玻璃中，电解锰渣掺量最高可达 99%，且其具有生产能耗低、可广泛用作建筑装饰材料的优点（钱觉时 等，2009，2010）。将电解锰渣用于制备保温砖、复相陶瓷材料及锰锌氧软磁材料原料等是当前研究的热点。利用泡沫塑料与电解锰渣为原材料制备复合保温砌砖，因其具有成本低廉、产品导热系数小、保温效果显著、电解锰渣掺入量大（达 40%）等优点而具有广阔的应用前景（甘四洋 等，2011）。另外，由于电解锰渣中含有一定量的金属锰，可探索利用其制备 Mn_3O_4，另外可向电解锰渣中加入 SiO_2 制备磁性较佳的 SiO_2 掺杂锰锌铁氧体功能材料（谢超 等，2012）。

4. 生产水泥、混凝土以及免烧砖

1）铅锌冶炼渣

有色金属冶炼废渣用于生产水泥是实现其资源化综合利用的重要途径。铅锌冶炼过程产生的水淬渣含铁量较高，可代替水泥中原有的铁质元素，水淬渣掺量达 3%～5%，对水泥品质影响小。研究报道已证实多种废渣可以作为水泥生产原料。另外，铅锌冶炼过程产生的水淬渣也可以制作免烧砖块用作墙体砌块、步道砌块等。铅锌冶炼废渣经过高温熔融，然后经水淬形成玻璃态粒状物料，在硫酸盐或碱激发下具有一定活性，可作为水泥熟料或者是生产建材（谢超 等，2012）。将铅锌冶炼废渣作为配料代替铁矿石和萤石不仅可提高水泥的质量，同时具有明显的经济效益和环保效益（林博，2000）；闫亚楠等（2013）以毕节赫章炼锌废渣为主要原料制备的免烧普通砖和砌块 28 天抗压强度可达到 15MPa 以上。铅锌冶炼废渣中的铁经磁选分离后的剩余渣可用于生产铸石，且生产的铸石制品的抗压强度与普通铸石相近，耐磨性比普通铸石要好。尽管冶炼废渣作为水泥熟料或生产建材，可有效实现减量化及资源化，但不能保证生产的水泥与建材中的重金属在使用过程中不释放迁移至周边环境，这样造成的污染将是分散性的、不可治理的。因此，在金属冶炼废渣综合利用过程中要确保不再有二次污染产生。

废渣作为骨料可替代混凝土和水泥砂浆的主要成分，故可实现废渣的大量资源化利用（Brito and Saikia，2013；Cardoso et al.，2018，Meng et al.，2018）。一些研究已经调查了使用原生和次生铅渣作为混凝土细骨料和粗骨料对混凝土力学性能的影响（Angelis and Medici，2012；Mosavinezhad and Nabavi，2012）。Atzeni 等（1996）证明了用颗粒状初级铅渣部分或全部替代混凝土中的砂是可行的。在砂浆和混凝土中加入铅渣是一种有效的废物利用方法。此外，铅渣在混凝土生产中的再利用可节省大量初级原材料，进而降低废渣处理成本。由于废渣中的有价金属元素仍存在于混凝土中，并没有实现铅渣最大限度的综合利用。另一方面，含有重金属的混凝土可能对生态环境造成潜在污染，铅渣混凝土的耐化学性能和耐久性有待进一步研究，特别是腐蚀和浸出过程。Atzeni 等（1996）的研究结果表明，铅渣混凝土不能在酸性条件下使用。

原生铅渣因含铁量高可替代铁矿石作为生产水泥熟料的原料。此外，初级铅渣中还会形成一些硅酸铝和硅酸锌，在原料煅烧过程中有助于原料的熔融和矿化（Carvalho et al.，2017）。在水泥熟料的煅烧过程中，铅渣可以降低熔融温度，促进煅烧，加速 $2CaO \cdot SiO_2$ 和 CaO 的作用，形成 $3CaO \cdot SiO_2$；这样，游离氧化钙可以被还原，获得更好的可燃性（兰明章 等，2004）。林博（2000）曾成功地将铅渣作为铁改性材料替代铁矿石用于水泥熟料生产。在另一项研究中，利用铅锌冶炼渣作为铁原料可完全替代铁矿石生产硅酸盐水泥（李文亮 等，2004）。出现在水泥基质中的有毒元素可干扰水化反应，特别是在早期阶段（Angelis and Medici，2012）。铅在水泥的碱性环境中具有很强的流动性，极易释放到环境中，因此，在水泥中只能掺入少量的铅渣。此外，我国颁布了《水泥窑协同处置固体废物污染控制标准》和《水泥窑协同处置固体废物环保技术规范》，对水泥窑中重金属的添加量进行了严格限制。Pb 和 Zn 的最大允许输入量为 $1590mg \cdot kg^{-1}$ 和 $37760mg \cdot kg^{-1}$。因此，铅渣的处置将受到限制，铅渣用量约为 3%～5%，铅渣可以作为水泥中的惰性物质，这需要仔细进行控制或预处理。

2）电解锰渣

与水泥熟料相比，电解锰渣具有较高的 SiO_2、Al_2O_3、MnO 含量和较低的 CaO 含量，且含有大量不稳定的游离 CaO、MgO 和 Fe_2O_3。电解锰渣粉末表面致密、少孔、颗粒较大。电解锰渣主要由镁硅钙石和黄长石等结晶矿物和部分玻璃体所组成，而普通矿渣的主要成分则主要是玻璃体和少量结晶矿物，所以电解锰渣的水硬活性低于普通矿渣。因此，利用电解锰渣配制的水泥性能强度有较大的不同，主要表现为结构致密，化学性质稳定，潜在的水化活性发挥速度非常缓慢，较难与水自然、迅速地发生反应（孙寅斌 等，2013）。杨惠芬等（2005）研究表明，电解锰渣粉是具有潜在活性的材料，其掺入对拌合物有一定的减水作用，可使砂浆的早期强度明显降低，随着龄期的延长，电解锰渣粉的作用逐渐增强，因此电解锰渣粉可作为水泥的混合材料和混凝土的掺合材料。另外，电解锰渣具有一定的潜在胶结活性，可作为水泥的轻骨料、缓凝剂、胶凝料等。锰渣中含有无水硫酸钙，相比于水泥中常用的二水石膏成分，其溶解速度稍低于二水石膏。因此，电解锰渣可替代天然石膏用作水泥的缓凝剂，优化水泥熟料细粉与水作用的凝固时间，这在理论上是可行的（明阳 等，2012）。因电解锰渣含有 SiO_2、CaO、Al_2O_3 等成分，也可成为制砖体、陶瓷的主要材料（Zhou et al.，2014；吴建锋 等，2014）。

3）汞矿废渣

张启凡和朱若君（2018）研究表明，汞矿渣能够作为混凝土实心砖块的材料，但是在使用的过程中要注意不要造成周围环境的污染，因为在进行生产的过程中，会因为毒性产生二次污染。有研究探讨了汞矿渣作为生产墙体材料的可行性，结果表明，用汞矿渣生产的墙体材料的抗压、抗折强度均符合墙体材料的标准，汞矿渣利用率也达 40%以上，但生产的墙体材料中 Hg 的浸出浓度高于地表水环境质量标准（Hg 的含量小于等于 $0.001mg \cdot L^{-1}$），如果产品经过雨水浸泡和机械粉碎后，产生的环境危害较大。因此，不适合掺入≥40%以上的汞矿渣生产墙体材料，如果掺量小于 20%时，生产成本将增加。综上，由于加工和使用过程中存在二次污染，因此汞矿渣不适合生产墙体材料产品（宋美等，2015）。

5. 道路水稳层利用

铅渣由于氧化铁含量高、比重大（$3.6 \sim 3.9g \cdot cm^{-3}$）等特性，可以替代砂石和天然骨料用于道路建设（Buzatu et al.，2015）。铅锌冶炼过程产生的水淬渣作细集料，其掺加量达 15%时，道路水稳层强度可满足普通公路要求，因此铅渣可用作路面基层骨料和底基层骨料（李洪伟 等，2016）。Buzatu 等（2015）研究表明，铅渣粒度均匀，抗剪切性能和排水性能较好，也适合用作防水涂料下的道路基层材料。上述研究表明，铅渣作为建筑材料可行性较高，但极其有必要评价其环境风险。Barna 等（2004）评价了含铅矿渣的道路材料的浸出性能，结果表明，Pb、Zn 的释放受浸出液 pH 的控制，在 pH 为 8～10 时，Pb、Zn 的浸出量最小。而 pH＞12 和 pH＜6 时，Pb、Zn 的释放量显著增加。因此，在酸性和强碱性条件下，铅渣作为筑路材料具有释放 Pb、Zn 的风险。因此，在道路建设中使用铅渣作为部分砂石替代品对环境的影响应进一步考虑。

综上所述，贵州历史遗留废渣（铅锌废渣、汞矿废渣、锰矿废渣、锑矿废渣）的资源属性主要表现为这些废渣中含有丰富的有价金属元素，以及这些废渣还可作为生产其他工业材料的原料。虽然这些废渣具有较强的资源属性，但是关于这些废渣中有价金属元素的提取大部分仍处于试验阶段，已进入规模化应用的较少。另外，利用废渣作为原料生产工业材料及矿井填充材料的许多实验研究已进行工程化应用，虽然一些试验研究表明，一些废渣如锰渣和汞渣可用于生产矿井填充材料和建材材料方面，但是这些废渣中的有害物质的溶出可影响其生产的材料的性能甚至具有潜在的生态及人体健康危害。因此，目前金属冶炼废渣资源化利用仍需要攻克较多的技术瓶颈。

第 3 章　历史遗留采冶废渣堆存及其环境效应

3.1　历史遗留采冶废渣特征

3.1.1　铅锌废渣特征

1. 铅锌冶炼废渣的理化特性

铅锌冶炼废渣完全不同于土壤的基质环境，是一种高度不均匀的复杂集合体，主要由石英、长石、碳酸盐矿物、铁质和铝质的非晶质玻璃体以及少量风化次生矿物相组成，因此供应植物养分的能力极差（刘鸿雁 等，2010）。黔西北不同铅锌冶炼废渣堆场的理化性质存在差异，主要是由于铅锌冶炼废渣是矿渣、煤渣、陶瓷罐等组成的混合物，其具有较大的异质性，铅锌冶炼废渣基本理化特性见表 3-1。

铅锌冶炼废渣的全氮、全磷含量均极低，全氮含量除威宁县猴场镇群发村外仅为 $0.19\sim0.97g\cdot kg^{-1}$（Jia et al.，2018；邱静 等，2019a；李晓涵 等，2020），全磷含量除赫章县妈姑镇新关寨和水塘外仅为 $0.07\sim0.82g\cdot kg^{-1}$，均小于土壤背景值（全氮为 $1.0g\cdot kg^{-1}$，全磷为 $1.0g\cdot kg^{-1}$），其生物有效性也相应很低，有效氮和有效钾含量也偏低，说明铅锌冶炼废渣对植物提供氮、磷能力极差。废渣 pH 为 6.02～8.59，其原因主要是矿石含有大量的碳酸钙，在冶炼过程中碳酸钙转化为氧化钙，与背景土壤（pH = 5.39）相比，污染土壤表现出明显的酸化，这是由于冶炼中所采用的燃煤含硫量高（3%～5%）（林文杰 等，2007）。腐殖土和废渣混合后 pH 略有下降，表明有机质对碱性具有一定的缓冲作用。有机质是衡量土壤养分性状的重要指标，黔西北铅锌冶炼废渣中有机质含量为 11.0～$142g\cdot kg^{-1}$，几乎均大于背景土壤。就土法炼锌废渣来说，新渣中含煤渣，残余较多 C，因此不能按常规方法换算成有机质的量，在堆置过程中这一指标呈下降趋势，但流失的是煤渣中的 C。研究区域属高寒山区，有机质的积累量应大于分解量（刘鸿雁 等，2010）。废渣中电导率明显高于土壤背景值，表明铅锌冶炼废渣中仍含有大量 Cu、Pb、Zn、Cd 等金属离子导致废渣盐分含量较高。

另外，铅锌冶炼废渣的堆存时间也是影响其理化性质的重要因素，随着植被恢复年限的增加，废渣容重显著降低，pH 上升趋势明显，电导率降低（刘鸿雁 等，2010）。铅锌冶炼废渣中高盐碱胁迫、养分贫瘠是限制历史遗留铅锌废渣堆场上植物生长的重要限制因子。

2. 铅锌冶炼废渣堆中重金属的含量

黔西北威宁—水城—赫章一带具有丰富的铅锌矿产资源，历史时期，该区域开展了大规模的土法炼锌活动，由于所采用的冶炼工艺较粗放，锌提取率较低，致使大量金属元素（如 Pb、Zn、Cu、Cd 等）残留在废渣中。据调查，铅锌冶炼废渣中 Cu 含量的变化

表 3-1　黔西北部分铅锌冶炼废渣的理化性质

县（区）	地区	pH	电导率/(mS·cm^{-1})	全氮/(g·kg^{-1})	全磷/(g·kg^{-1})	有效磷/(mg·kg^{-1})	有效氮/(mg·kg^{-1})	有效钾/(mg·kg^{-1})	有机质/(g·kg^{-1})	参考文献
威宁县	群发村	7.96～8.31	0.234	1.30～1.47	0.13～0.31	0.81～2.78	27.65～53.55	14.96～52.71	64.32～86.64	Jia 等（2018）；邱静等（2019a）；李晓涵等（2020）
	冒水井	8.26～8.54	0.23～0.29	0.23～0.31	0.36～0.68	—	27.19～53.91	48.64～62.36	21.46～23.20	刘鸿雁等（2010）
赫章县	龙场坝	6.02～8.20	0.19～1.31	0.19～0.29	0.07～0.41	—	14.38～52.86	18.69～45.87	22.04～23.72	刘鸿雁等（2010）
	新关寨	8.53	2.85	0.5	1	12.5	5.3	73.3	142	林文杰等（2007）；敖子强等（2009）
	水塘	8.37～8.59	0.21～0.25	0.67～0.97	0.82～1.0	—	22.98～53.91	41.50～48.80	11.0～12.84	刘鸿雁等（2010）
水城区	红花岭	6.32～7.86	0.54～2.62	0.20～0.24	0.15～0.37	—	31.76～64.78	16.10～49.66	22.66～25.84	刘鸿雁等（2010）

较大（表3-2），其含量与堆放区域及废渣堆放时间密切相关，相对而言，黔西北威宁县群发村和赫章县妈姑镇历史遗留铅锌冶炼废渣中Cu含量相对较高，其最高含量可达2900mg·kg^{-1}左右（Luo et al.，2018a，2019a），而钟山区大湾镇历史遗留废渣中Cu含量在113.4～454.73mg·kg^{-1}（蒋雪芳等，2014）。Jin等（2014）和Liu等（2018）研究表明，黔西北堆放2年和10年的铅锌冶炼废渣中Cu含量均普遍较低，其含量范围分别为96.6～104.41mg·kg^{-1}和59.4～67.48mg·kg^{-1}。

表3-2 黔西北部分铅锌冶炼废渣中重金属含量 （单位：mg·kg^{-1}）

县（区）	地区	Cu	Pb	Zn	Cd	As	参考文献
赫章县	龙场坝	—	7866±2567	4997±2258	65.53±37.8	—	刘鸿雁等（2010）
	妈姑镇	107.89～2899.77	624～32760	1780～57178	1～312	—	吴攀等（2002b）；林文杰等（2009a）；刘鸿雁等（2010）；彭德海等（2011）；Yang等（2010b）
	珠市乡	—	410～26340	1450～49400	1.30～50.11	61.61～3530.78	彭益书（2018）
	松林坡乡	—	350～55960	2220～36700	2.38～463.83	50.80～3249.80	
	野马川镇	—	220～7110	1400～23400	2.90～48.97	8.8～1748	
	罗州镇		1900～16720	7580～20190	8.22～22.74	78.58～1451.60	彭益书（2018）
威宁县	冒水井	—	7164±509	4020±2006	31.47±8.7	—	刘鸿雁等（2010）
	新发乡	—	1100～15600	3350～53400	1.29～21.31	58.40～2756.0	彭益书（2018）
	盐仓镇	—	1090～20410	2910～26620	1.23～65.98	74.79～2435.10	
	金钟镇	—	2690～33290	6450～24400	14.08～117.71	119.32～2576.10	
	二塘镇	—	1950～31140	4310～27100	11.96～148.78	249.38～3072.18	
	羊街镇	—	7580～11770	9370～22250	3.81～12.99	650.0～1027.9	
	东风镇	—	1620～18330	3260～19510	7.03～207.28	96.90～3057.10	
	炉山镇	—	4230～27480	3590～26640	13.78～141.05	129.39～2653.40	
	群发村	1808.3±132.91	16882.5±1332.3	10327.6±174.14	98.61±0.78	—	Luo et al.（2018a，2019a）
水城区	红花岭	—	8751±6500	5277±1128	67.87±37.8	—	刘鸿雁等（2010）
钟山区	山根脚村	298.5	17850.98	8829.82	42.38	716.91	蒋雪芳等（2014）
	小湾村	454.73	27466	7251	71.89	304.12	
	老农校	113.4	14510	44510	44.39	247.3	
	开化	245	6983	20883	85.72	131	

续表

县（区）	地区	Cu	Pb	Zn	Cd	As	参考文献
黔西北堆放 2 年废渣		96.6～104.41	6500～8900	13850～14150	22.8～26.17	—	Jin 等（2014）；Liu 等（2018）
黔西北堆放 10 年废渣		59.4～67.48	436.0～689.8	1080～1120	9.14～10.43	—	

Pb 和 Zn 分别是历史遗留铅锌冶炼废渣中含量较高的两种金属元素，对于 Pb 而言，其含量的差异较大。黔西北威宁县和赫章县多个历史遗留废渣堆场不同采样点的废渣中 Pb 含量为几百至 55960mg·kg^{-1} 不等，不同区域的铅锌冶炼废渣中 Pb 含量体现出较大的差异性。相对而言，黔西北威宁县、水城区、钟山区、赫章县堆放的历史遗留铅锌冶炼废渣中 Zn 含量普遍高于 Pb 含量，现有的研究数据表明，废渣中 Zn 含量最高可达 57178mg·kg^{-1}，大部分区域的废渣中 Zn 含量为 1000～30000mg·kg^{-1}。刘鸿雁等（2010）的研究结果表明，水城、威宁、赫章部分区域的废渣中 Pb 和 Zn 含量相对较低，主要是由于研究区域的废渣已在自然环境中堆放几十年，废渣已发生不同程度的生物风化作用，且废渣堆场上已发生植物自然演替。

近年来，黔西北农用地土壤重金属污染成因备受关注，大量研究结果表明，高地质背景与土法炼锌活动污染叠加是黔西北农用地土壤重金属污染重要的原因。相关研究表明，黔西北历史遗留铅锌冶炼废渣中 Cd 的含量为每公斤几十到几百毫克，废渣中 Cd 释放具有较大的环境风险。另外，铅锌冶炼废渣中的重金属主要关注 Cu、Pb、Zn、Cd，而 As 含量极少被关注，但废渣中 As 含量也普遍较高，其含量甚至高于 Cu 含量，最高含量可达 3530.78mg·kg^{-1}，其环境风险也不容忽视。综上所述，铅锌冶炼废渣中 Cu、Pb、Zn、Cd、As 等含量较高，环境风险大，但是其含量与不同地区的矿石品位、矿渣与煤渣的混合程度、废渣堆放历史、废渣堆场机械和人为破坏程度、废渣堆场风化程度等因素密切相关。

3. 废渣中重金属的空间分布特征

铅锌冶炼废渣中重金属（Pb、Zn、Cd 和 Cu）在垂向上的分布取决于废渣堆中的废渣类型。彭德海等（2011）在赫章县妈姑镇采取了 3 个堆放时间和位置不同的废渣剖面，分别是何家冲剖面（MGPZ1），堆放时间大于 30 年，为矿渣和煤渣互层堆积，剖面长 640cm；武家湾剖面（MGPZ2），堆放时间大于 20 年，为矿渣和煤渣互层堆积，剖面长 410cm；鬼打湾剖面（MGPZ3），堆放时间大于 60 年，为矿渣和煤渣互层堆积，剖面长 330cm；由于堆放时间较长，矿渣层常形成颜色较深、结构致密的坚硬层，而煤渣层结构较松散。同一废渣剖面的重金属相对含量基本表现为矿渣层＞矿渣＋煤渣层＞煤渣层（图 3-1 和图 3-2），且矿渣＋煤渣层的重金属含量由二者的混合比例确定。若矿渣比例大于煤渣比例，则重金属含量高，反之则低，表明废渣堆中的重金属主要滞留在矿渣层中（彭德海 等，2011）。

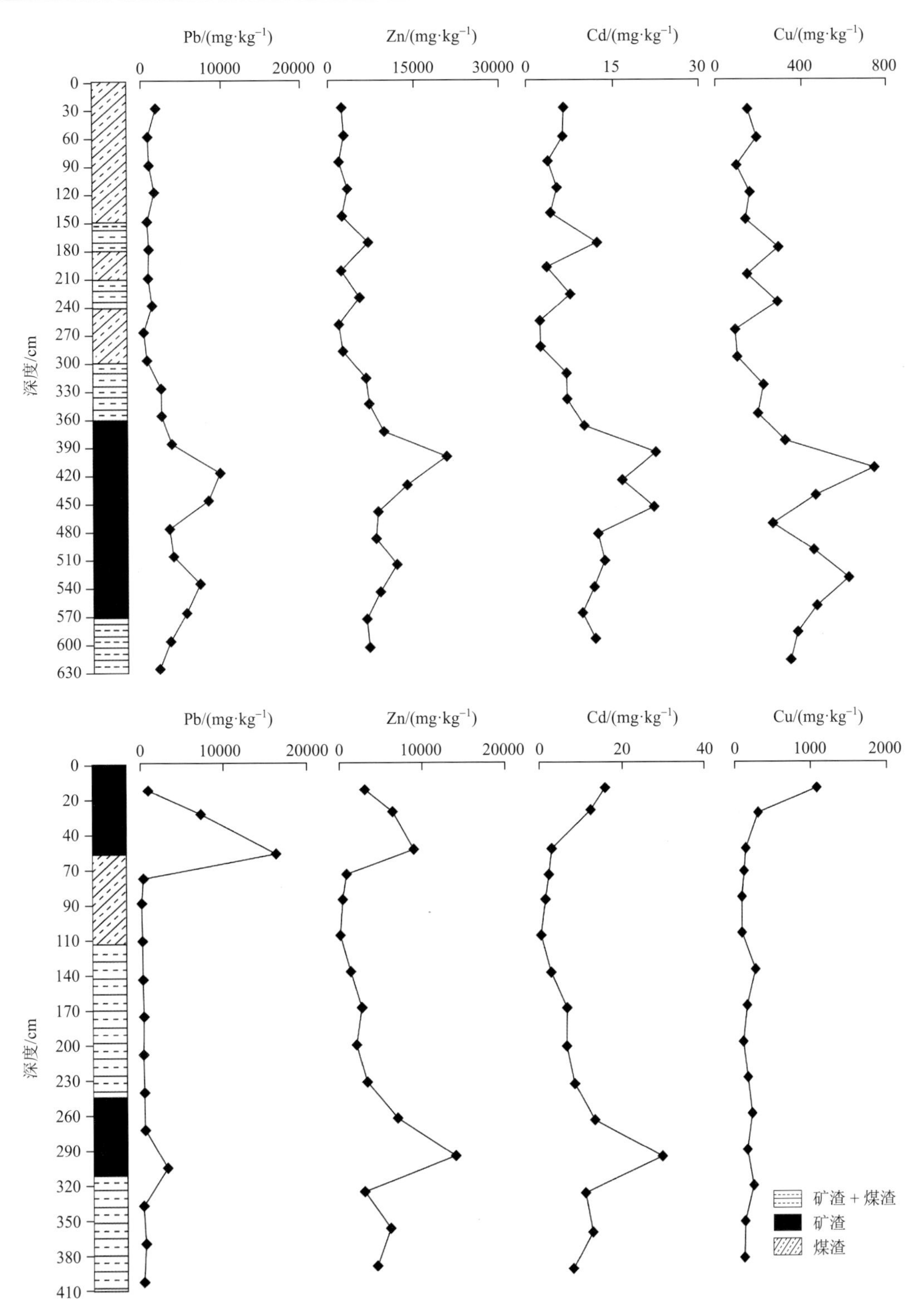

图 3-1　赫章县妈姑镇 MGZP1（上）和 MGZP2（下）铅锌废渣剖面中重金属含量分布特征

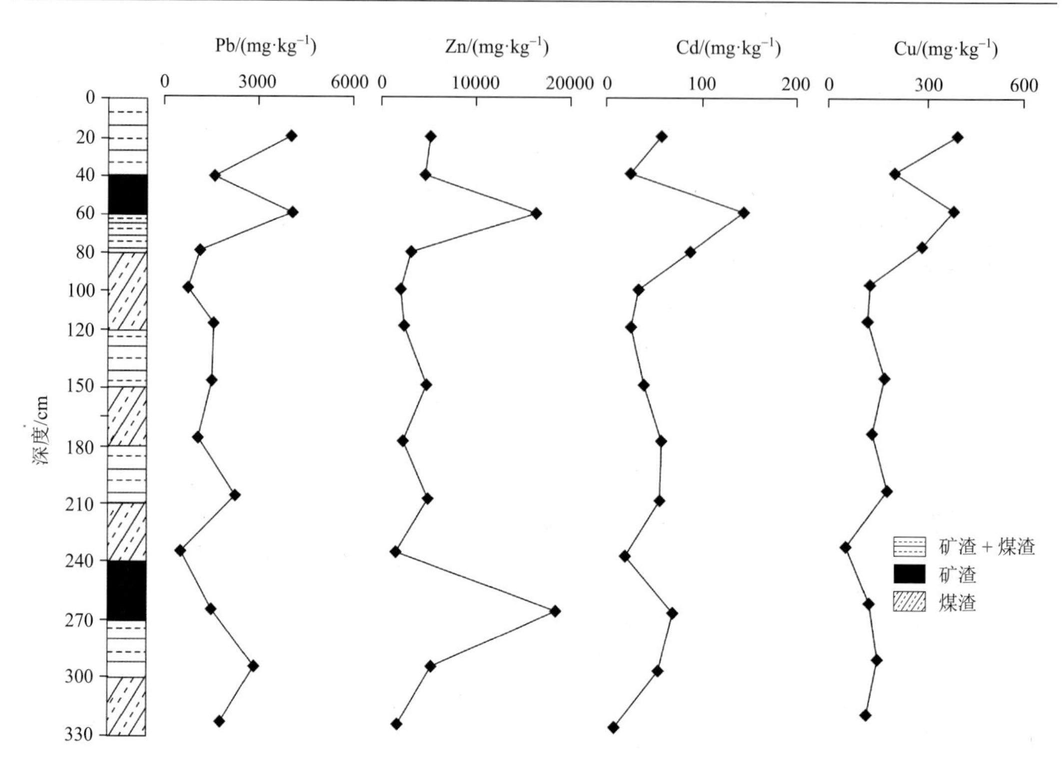

图 3-2　赫章县妈姑镇 MGZP3 铅锌废渣剖面中重金属含量分布特征

受废渣堆中不同废渣类型及堆放时间的影响，导致各剖面废渣重金属含量存在着明显的差异。赫章县堆积时间不同的三个废渣剖面中 Pb、Zn、Cd 和 Cu 含量的变化特征表现为：在堆积时间约为 20 年的废渣剖面 MGZP2 上，Pb 的含量为 32.68～16365.59mg·kg^{-1}，Zn 含量为 135.92～13796.45mg·kg^{-1}，Cd 含量为 0.27～29.56mg·kg^{-1}，Cu 含量为 72.79～1078.35mg·kg^{-1}；堆积时间约为 30 年的废渣剖面 MGZP1 上，Pb 含量为 416.67～9916.75mg·kg^{-1}，Zn 含量为 2058.82～20445.64mg·kg^{-1}，Cd 含量为 1.75～22.37mg·kg^{-1}，Cu 含量为 93.21～736.21mg·kg^{-1}；堆积时间约为 60 年的废渣剖面 MGZP3 上，Pb 含量为 583.99～4045.08mg·kg^{-1}，Zn 含量为 1983.73～18320.61mg·kg^{-1}，Cd 含量为 12.71～143.44mg·kg^{-1}，Cu 含量为 62.13～383.11mg·kg^{-1}。通过对比堆积时间分别约为 20 年（MGZP2）、30 年（MGZP1）和 60 年（MGZP3）的废渣剖面中重金属含量的变化特征可知，Pb、Cu 含量变化特征为：20 年废渣剖面＞30 年废渣剖面＞60 年废渣剖面，Zn 含量变化特征为：30 年废渣剖面＞60 年废渣剖面＞20 年废渣剖面，Cd 含量变化特征为：60 年废渣剖面＞20 年废渣剖面＞30 年废渣剖面。此外，还发现 Pb、Cu 平均含量特征为：30 年废渣剖面＞20 年废渣剖面＞60 年废渣剖面，Zn 平均含量特征为：30 年废渣剖面＞60 年废渣剖面＞20 年废渣剖面，Cd 平均含量特征为：60 年废渣剖面＞30 年废渣剖面＞20 年废渣剖面。不同堆放时间废渣中重金属的含量特征表明废渣风化规律不一致，进而导致废渣中重金属元素发生不同程度的溶解、释放、迁移和富集。

总体上，各剖面废渣层中的重金属含量从上至下呈升高趋势，特别是剖面 MGPZ2 表现得最为明显。这可能是由于废渣堆中的重金属长期遭受风化淋滤释放，从而导致部分重金属向下迁移。然而，由于受矿渣层的影响，各废渣剖面中的重金属含量呈现多峰型变化，基本都在有矿渣层的位置出现峰值。

废渣堆放的时间决定了废渣遭受地表径流冲刷的程度，废渣堆场中重金属的空间分布特征也存在较大差异。吴攀等（2002b）在赫章县妈姑镇选取了 3 个不同堆放历史的铅锌冶炼废渣剖面，分别是：兴关剖面（XGP）：堆放时间大于 10 年，0～160cm 为矿渣和煤渣互层堆积，160cm 以下为土壤层；何家冲剖面（HJCP）：堆放时间大于 20 年，0～220cm 为矿渣和煤渣互层堆积，220cm 以下为河溪沉积物（夹有废渣和卵石）；鬼打湾剖面（GDWP）：堆放时间大于 50 年，由于河水常年对底层的冲刷，矿渣堆半悬空于河床边，剖面长 210cm。不同剖面废渣中重金属的分布特征表现为各重金属在剖面上的分布取决于废渣堆中的废渣类型。同一剖面的重金属相对含量表现为矿渣层＞矿渣＋煤渣层＞煤渣层（表 3-3）。矿渣＋煤渣层的重金属含量由二者之间的混合比例决定。XGP 矿渣层中 Pb＋Zn 的平均含量为 6.052%，最高达 7.114%；HJCP 矿渣层中 Pb＋Zn 的平均含量为 4.81%，最高可达 6.12%；经受 50 多年淋滤作用的 DGWP 矿渣层中 Pb＋Zn 含量也达 1.928%。上述结果说明乡镇企业土法炼锌的回收率低，造成大量金属残留在矿渣堆中。由于受废渣类型的影响，剖面样品间重金属含量的差异较大。但总体上的分布趋势表现为：堆放时间最晚的 XGP 剖面中重金属含量表现为上部相对于下部高；堆放时间较晚的 HJCP 剖面中重金属含量在垂向上的分布较为一致；而堆放时间较早的 GDWP 剖面中重金属有上低下高的趋势（Cu、Cd 不明显），且重金属含量较另外两剖面的含量明显要低（图 3-3）。这是由于堆放时间较长，遭受风化淋滤作用也较长的缘故。上述特征表明，废渣剖面中重金属含量可能经历上高下低到上下均匀，再到上低下高的转化过程。综上所述，尽管废渣堆中的重金属主要滞留在矿渣层，但随着堆放时间增长，仍有部分重金属向下迁移。

表 3-3 赫章县妈姑镇铅锌冶炼废渣堆场不同基质中重金属含量特征

样号	深度/cm	废渣类型	Pb/(mg·kg^{-1})	Zn/(mg·kg^{-1})	Cu/(mg·kg^{-1})	Cd/(mg·kg^{-1})
XGP01	0～20	矿渣	31630.6	18271.1	2367.4	221.0
XGP02	20～40	矿渣＋煤渣	7319.5	26953.5	197.8	311.5
XGP03	40～60	矿渣	13960.4	57178.2	207.9	227.7
XGP04	60～80	煤渣	4360.8	13528.2	341.9	252.7
XGP05	80～100	矿渣＋煤渣	6846.7	12102.2	250.7	24.2
XGP06	100～120	矿渣＋煤渣	7636.2	14348.2	282.1	19.5
XGP07	120～140	矿渣＋煤渣	10029.5	5358.9	226.2	19.7
XGP08	140～160	矿渣＋煤渣	7752.7	14082.4	284.6	19.6
XGP09	160～180	土壤	105.5	312.4	137.2	3.2
XGP10	180～200	土壤	155.7	303.1	130.8	4.2
HJCP11	0～20	矿渣	11817.3	27557.1	297.9	79.4
HJCP10	20～40	矿渣	19238.3	29101.6	253.9	63.5
HJCP09	40～60	煤渣	10128.5	24604.7	222.3	34.6

续表

样号	深度/cm	废渣类型	Pb/(mg·kg^{-1})	Zn/(mg·kg^{-1})	Cu/(mg·kg^{-1})	Cd/(mg·kg^{-1})
HJCP08	60～80	矿渣＋煤渣	8631.1	30406.7	228.2	29.8
HJCP07	80～100	煤渣	5629.8	18272.9	200.4	33.4
HJCP06	100～120	矿渣	15512.2	28048.8	531.7	58.5
HJCP05	120～140	矿渣＋煤渣	10278.6	26032.7	355.4	62.4
HJCP04	140～160	矿渣＋煤渣	12221.1	24199.8	213.4	43.7
HJCP03	160～180	矿渣	21555.1	39616.1	216.5	49.2
HJCP02	180～200	矿渣＋煤渣	11257.3	24610.1	185.2	43.9
HJCP01	200～220	沉积物	11613.8	15625.0	284.5	28.0
GDWP07	0～30	煤渣	1879.3	3066.3	257.2	94.0
GDWP06	30～60	矿渣＋煤渣	4454.0	11877.4	373.6	76.6
GDWP05	60～90	矿渣	10942.1	11481.8	760.5	14.7
GDWP04	90～120	矿渣＋煤渣	4970.8	11208.6	794.3	14.6
GDWP03	120～150	矿渣＋煤渣	5757.9	6446.9	359.3	152.6
GDWP02	150～180	矿渣＋煤渣	7465.5	6581.5	280.0	9.8
GDWP01	180～210	矿渣	8456.2	7669.6	231.1	9.8

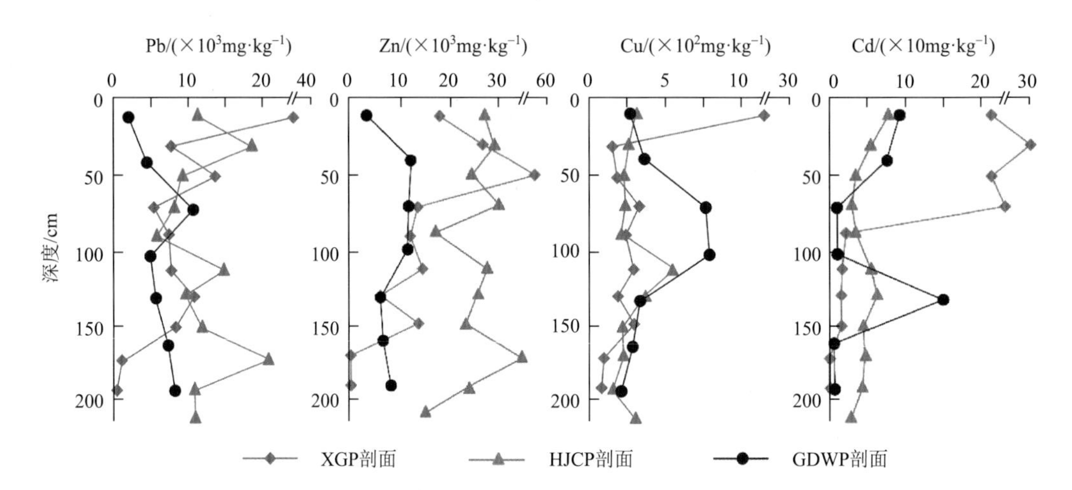

图 3-3　赫章县妈姑镇铅锌废渣剖面中重金属含量分布特征（吴攀 等，2002b）

4. 铅锌冶炼废渣重金属释放规律

废渣堆中重金属元素的释放迁移过程相对复杂，它与冶炼矿石类型、矿石品位、硫化物含量、冶炼工艺、废渣的酸缓冲能力，以及当地的气候条件（温度和降水量）、堆放时间等有关。堆放时间不同的矿渣层中重金属（Pb、Zn、Cd）含量不同，总趋势是随堆放时间的增加而降低，矿渣层中的某些重金属的释放过程能用负指数方程来描述（图 3-4）。由指数方程可以推测矿渣层中 Pb、Zn 和 Cd 降到自然背景值所需时间分别为 320 年、180 年和 109 年。可见废渣中重金属的释放迁移很慢，对环境的危害性大（吴攀 等，2002b）。

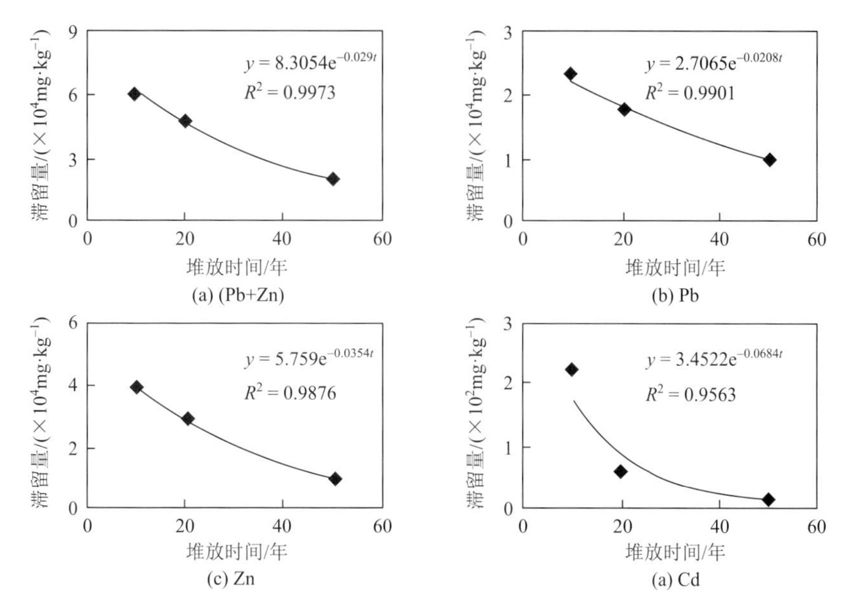

图 3-4　赫章县妈姑镇铅锌冶炼废渣中 Pb、Zn、Cd 自然释放趋势（吴攀等，2002b）

铅锌冶炼废渣堆放在环境中，其重金属释放除了发生自然风化释放外，还受其他因素如酸雨和有机酸的影响（李晓涵 等，2020；刘行 等，2020；阳安迪 等，2021）。铅锌冶炼废渣具有较强的酸缓冲潜力，提高模拟雨水酸度促进废渣中重金属的释放，浸出液中 Cd、Zn 和 Pb 浓度分别超过我国《铅、锌工业污染物排放标准》(GB 25466—2010）限值的 12.8～86.0 倍、0.2～1.3 倍和 12.6～66.5 倍。废渣中重金属的赋存形态决定其释放率，废渣浸出液中 Cd 和 Zn 浓度较高与其活性态比例较高一致，酸雨作用促进残渣态的 Cd 和 Pb 向其活性态转变。强酸雨下 Cd 和 Zn 的赋存矿物相消失，$PbSO_4$ 峰增强，表明废渣矿物相溶解释放出重金属的同时伴有次生矿物形成，从而控制着重金属的释放行为（阳安迪 等，2021）。在不同 pH 酸雨作用下，废渣浸出液中重金属含量还与废渣粒径密切相关，李晓涵等（2020）的研究结果表明，模拟酸雨可提高铅锌冶炼废渣浸出液中 Cu、Zn、Cd 的浓度，相同条件下，浸出液中重金属浓度总体上随废渣粒径减小呈增加趋势。模拟酸雨可促进废渣中残渣态 Cu、Pb、Zn 向其他形态转化而增加铅锌废渣堆存的环境风险。环境中溶解性有机质对铅锌冶炼废渣重金属的释放特征也有重要影响，不同类型有机酸作用下土法炼锌废渣中重金属的释放存在明显差异，不同类型有机酸对铅锌废渣中重金属（Cu、Pb、Zn、Cd）的活化能力表现为酒石酸＞柠檬酸＞草酸（刘行 等，2020）。

5. 废渣中重金属的赋存形态

铅锌冶炼废渣中 Cu、Pb、Zn、Cd 的不同赋存形态占比具有较大差异（表 3-4），其中，对于 Cu 而言，其赋存形态主要表现为残渣态＞可氧化态＞酸溶解态＞可还原态；对于 Pb 而言，贵州威宁县的铅锌冶炼废渣中 Pb 的赋存形态表现为可还原态＞酸溶解态＞残渣态＞可氧化态（Luo et al.，2018b，2019a），而赫章县新、老铅锌冶炼废渣中 Pb 的赋存形态为可还原态＞残渣态＞可氧化态＞酸溶解态（林文杰 等，2009a），可氧化态＞残渣态＞可还原态＞酸溶解态（敖子强 等，2008），湖南、云南等地的铅锌冶炼废渣中 Pb

表 3-4　中国部分铅锌冶炼废渣中重金属的赋存形态占比（%）

地区（样品数）	Cu				Pb				Zn				Cd				参考文献
	F1	F2	F3	F4	F1	F2	F3	F4	F1	F2	F3	F4	F1	F2	F3	F4	
贵州威宁县（$n=5$）	21.3～26.7	0.6～3.0	22.3～27.4	45.5～50.7	23.5～35.0	39.6～44.5	1.1～2.4	24.3～30.6	47.7～52.3	13.8～18.1	2.9～4.3	29.5～32.9	52.0～59.5	15.2～16.7	5.2～7.2	20.0～27.4	Luo 等（2018b; 2019a）
贵州赫章县[①]（$n=10$）	—	—	—	—	9.7	47.4	16.0	27.1	12.3	20.5	39.9	27.3	27.7	10.9	41.4	19.9	林文杰等（2009a）
贵州赫章县[②]（$n=10$）	—	—	—	—	6.2	49.0	17.8	27	9.7	23.7	44.9	21.8	15.6	10.2	56.4	17.9	
湖南株洲市（$n=3$）	3.5	0.3	11.9	81.2	0.3	1.23	7.6	90.9	20.8	8.67	11.9	58.7	18.0	3.6	6.9	71.1	阳安迪等（2021）
湖南	—	—	—	—	8.6	4.3	0	87.1	90.4	2.7	0.6	6.3	88.9	0.2	0.9	10.0	李婷（2014）
云南（$n=6$）	—	—	—	—	22.6～27.6	25.5～29.4	29.7～36.2	6.4～15.7	4.3～10.0	2.3～5.7	24.1～35.8	48.5～68.1	6.5～30.3	2.0～7.1	25.6～42.7	33.3～65.9	朱方志（2010）
中国南方	0	3.6	31.5	64.9	0.48	2.8	2.9	93.82	11.2	11.3	10.5	67.0	15.7	18.3	25.6	40.4	程义（2009）
贵州赫章县	—	—	—	—	3.7	7.9	55.2	33.2	3.0	54.8	20.0	22.2	1.8	72.2	8.9	17.2	敖子强等（2008）

注：F1、F2、F3、F4 分别代表重金属的酸溶解态、可还原态、可氧化态、残渣态；①和②分别代表老废渣和新废渣。

的赋存形态也存在较大差异。对于 Zn 和 Cd 而言，威宁县铅锌冶炼废渣中 Zn 和 Cd 的赋存形态均表现为酸溶解态＞残渣态＞可还原态＞可氧化态（Luo et al.，2018b，2019a）。赫章县具有堆存年限的铅锌废渣中 Zn 的赋存形态表现为可氧化态＞残渣态＞可还原态＞酸溶解态，Cd 的赋存形态表现为可氧化态＞残渣态＞可还原态＞酸溶解态。

彭德海等（2011）研究表明，堆放时间相对较早（30 年）的剖面（MGPZ1）和最早（60 年）的剖面（MGPZ3），Pb、Zn 和 Cd 的各形态含量比例基本没有显著的差异，即均以 Fe-Mn 氧化物结合态、碳酸盐结合态及残渣态为主，且各形态在剖面上的变化也不太明显。而堆放时间相对最晚（20 年）的剖面（MGPZ2），Pb、Zn 和 Cd 除以 Fe-Mn 氧化物结合态、碳酸盐结合态及残渣态为主外，Zn 和 Cd 的可交换态也占有少量的比例，具有较低的生物有效性，对周围环境有潜在影响。这可能是 Zn 和 Cd 具有相似化学性质的原因。而可交换态 Pb 的含量则随风化作用强度增加而降低（Verner et al.，1996）。Pb 和 Zn 的形态分布差异可能是由炼锌工艺中的高温熔融—迅速冷却过程导致重金属元素重新分离结晶以及长期的风化淋滤作用所决定的。不同堆放时间的废渣剖面中 Cu 的各形态的分布以有机质（硫化物）结合态、残渣态为主。在两价金属离子中，Cu^{2+} 与有机质有较强的亲和力，易形成有机络合物，这可能是废渣中 Cu 的有机质（硫化物）结合态含量比例高的主要原因。堆放时间最早的剖面 MGPZ3 中，Cu 的可交换态占有少量的比例，具有较小的生物可利用性。堆放时间最晚的剖面 MGPZ2 中，上部（MGPZ2-2）几乎不含碳酸盐结合态 Cu，而下部（MGPZ2-15）则以 Cu 的碳酸盐结合态为主（图 3-5）。

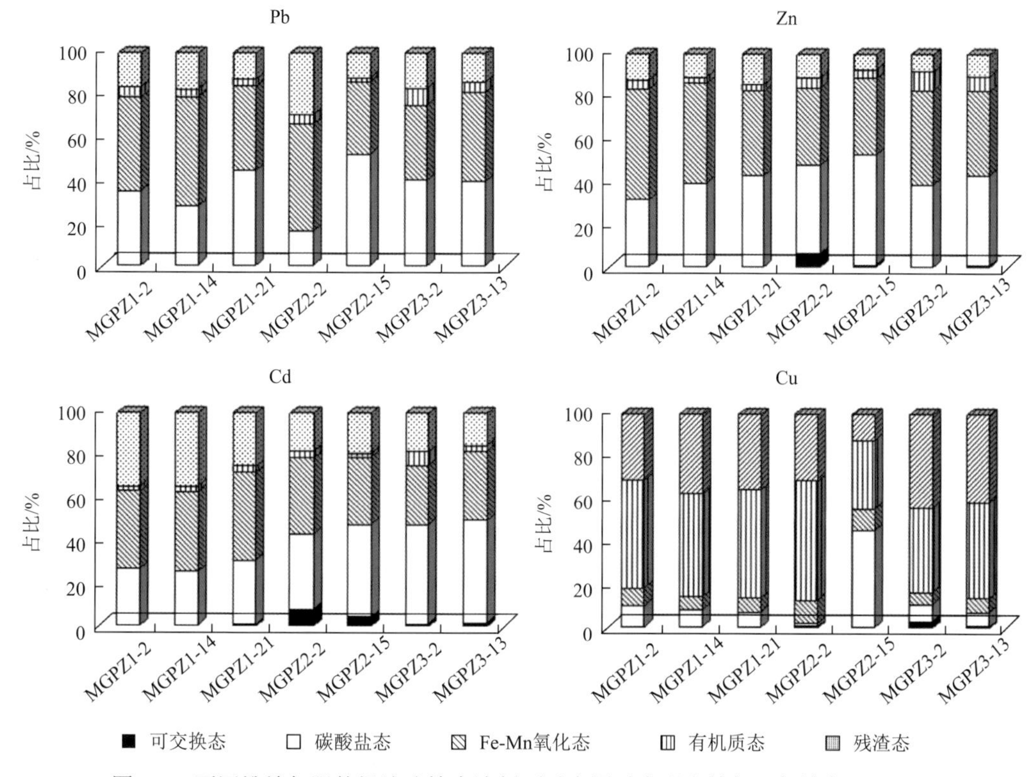

图 3-5　不同堆放年限的铅锌冶炼废渣剖面重金属赋存形态特征（彭德海，2011）

铅锌冶炼过程形成的矿物（或玻璃质）集合体和堆积后的风化过程形成的次生矿物是废渣中重金属存在的主要化学相。残渣态 Pb（0.39%～15.75%）与残渣态 Zn（14.3%～46.2%）存在明显差异，这可能与冶炼工艺所形成较多 Zn 的硅酸盐矿物有关。尽管可交换态 Pb、Zn 在不同相态中的相对比例非常小（Pb 为 0.03%～1.30%；Zn 为 0.03%～3.30%），但其绝对含量却比一般土壤或沉积物要高（Pb 为 1.5～385μg·g^{-1}；Zn 为 3～590μg·g^{-1}）。Pb 在废渣中见有金属 Pb 存在形式或呈纳米金属 Pb 颗粒包裹于其他矿物或铁合金及熔球集合体中。同时不排除有 Pb 的碳酸盐矿物存在的可能。而以硅锌矿 $Zn_2(SiO_4)$、锰硅锌矿$(Zn, Mn)_2(SiO_4)$和纤维状的丝锌铝石 $Zn_8Al_4[(OH)_8(SiO_4)_5]\cdot 7H_2O$ 等矿物形式存在以及 Fe、Mn 等的铝硅酸盐形式存在的 Zn，可能是导致 Zn 的残渣态较高的原因（吴攀 等，2003）。

综上所述，黔西北历史遗留铅锌冶炼废渣中 Cu、Pb、Zn、Cd 的赋存形态特征差异较大，主要体现在不同堆放年限及不同区域的铅锌冶炼废渣的重金属形态差异，云南与湖南等地的铅锌冶炼废渣也有较大的差异，其主要的原因包括以下几方面：①所研究的铅锌冶炼废渣是矿渣、煤渣、陶瓷罐等的混合物，不同区域的铅锌冶炼废渣中矿渣、煤渣、陶瓷罐的混合比例差异大；②不同区域的铅锌矿石和煤炭品位存在差异；③以前所采取的冶炼工艺极其粗放，不能准确控制冶炼工艺参数，进而造成矿石中金属元素的溶出效率也存在较大差异；④堆放不同年限的铅锌冶炼废渣在人为机械破碎及自然风化作用强度方面也存在较大差异。因此，在上述综合作用耦合下，致使铅锌冶炼废渣中重金属的赋存形态差异较大。

6. 铅锌冶炼废渣矿物学特征

土法炼锌废渣是一种高度不均匀的复杂集合体。废渣主要由石英、α-方英石、斜长石和铁矿物及非晶质组成，其成分相对含量与废渣类型有关，废渣矿物学特征是由于土法炼锌特定的工艺形式（在高温物理化学条件下的结晶行为）和后期的风化作用决定的。Pb 在废渣中见有以金属 Pb 形式存在，也有呈纳米级金属 Pb 颗粒包裹或吸附于其他矿物及玻璃体中。而 Zn 在废渣中的存在形式较 Pb 复杂得多，除以金属形式存在外，也有硅锌矿、锰硅锌矿、丝锌铝石等矿物形式，在其他矿物表面或玻璃质集合体中也能见到少量纳米级金属 Zn（吴攀 等，2002c）。

1）X 射线衍射特征

由于土法炼锌废渣中有机质及非结晶质的集合体等复杂物相的存在，使得用 XRD（X-ray diffraction，X 射线衍射）鉴定废渣中的矿物相具有一定的困难，全样 XRD 分析很难得到非常满意的结果。但是在 X 射线谱图上，能清楚地判断出废渣中有石英、α-方英石、斜长石、方解石、白云石、针铁矿、石膏、角闪石、莫来石等矿物相的存在（图 3-6），不同废渣类型中矿物组成的相对含量不同，导致图谱出现微细差异。经过挑选出来的部分样品的 XRD 分析还发现有刚玉、石墨、金属铁及含铁矿物等的存在。

矿石和煤中石英矿物在短暂燃烧过程中未发生相变而得以保留在废渣中。另外，α-方英石为低温型方英石，常温至 200～270℃存在，但不稳定；在 147℃以下可直接转变为低温石英。但这过程是缓慢的，α-方英石在废渣堆放的时间尺度内没有全部转变为石英，使得废渣中仍有 α-方英石矿物相的存在。

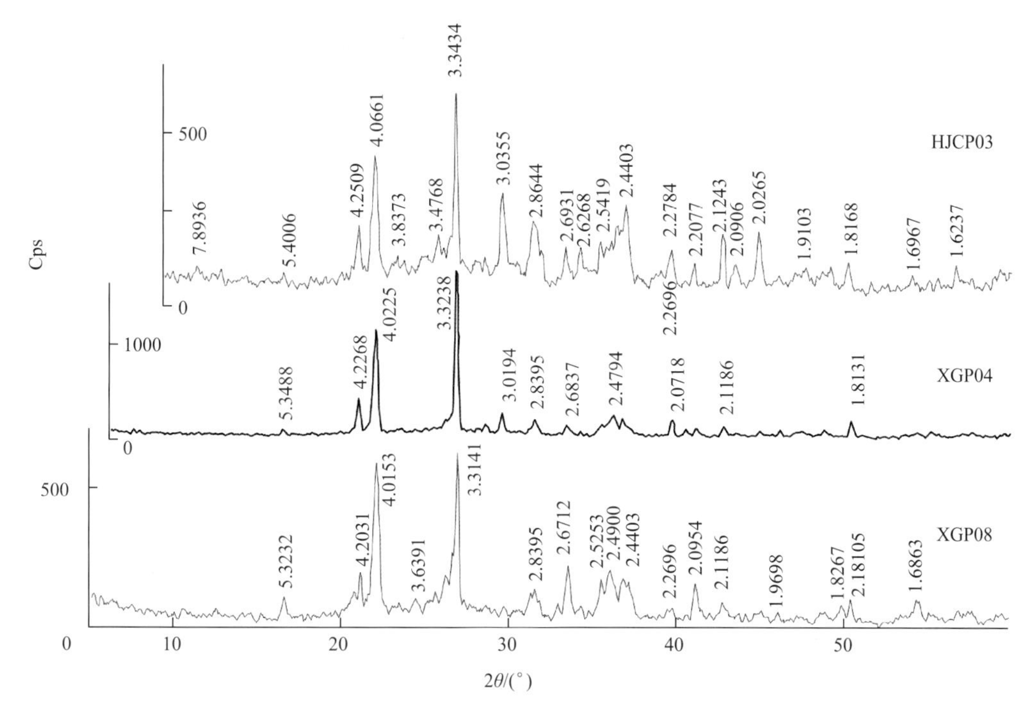

图 3-6 土法炼锌废渣不同基质样品 XRD 图谱

注：HJCP03 为矿渣样品，XGP04 为煤渣样品；XGP08 则为矿渣 + 煤渣层样品。

莫来石是 Al_2O_3-SiO_2 系统高温低压下唯一稳定的晶相（孙俊民，2001）。然而炼锌工艺中处于高温状态时间不是很长，因此并不是以莫来石的晶相为主。沥青质物质在高温低压下分解（即 $C_xH_y \rightarrow xC + yH$；$CH_4 + O_2 \rightarrow C + 2H_2O$）是石墨的成因之一。因此，废渣中的石墨应是冶炼炉中炼锌所用燃煤分解的产物。

尽管在含铁高温熔体中，铁离子有较强的极化能力，易与氧结合形成氧化铁矿物析晶（孙俊民，2001），而在炼锌炉中并没有条件使之与充足的氧接触，即便与氧接触也没有足够的时间结晶。使得炼锌废渣中部分铁以金属铁及铁、硅、铝等组成的复杂集合体形式出现。

2）电子显微镜下矿物学特征

利用带能谱的分析型电子显微镜对炼锌废渣样品中组成矿物进行直接的观察，为研究重金属（特别是 Pb 和 Zn）在其中的赋存状态和正确解释废渣样品中重金属的地球化学形态提供直接证据。然而，正如前面讨论的一样，炼锌废渣中大部分废渣的玻璃质特征、废渣的复杂组分和元素的替代等都不是化学计量化合物（Gee et al.，1997）。因此，目前还没有办法去鉴定所有的废渣矿物相。

土法炼锌废渣是一种特定的快速高温—冷凝过程产生的固体产物。它的矿物组成与燃煤固体产物矿物组成有相似的地方，矿物晶体的形成是由不同成分的硅酸盐熔体多元系统在非平衡条件下结晶行为决定的（孙俊民，2001）。但由于原始矿物组成差异以及所受温度的不同，矿物的析晶仍有较大差别。

冶炼矿石的 Pb 以 Pb 的氧化物（如 PbO_x，$PbO \cdot PbSO_4$）为主（Davis et al.，1992）。

黔西北土法炼锌区所用矿石主要是菱锌矿、水锌矿、白铅矿、铅矾等氧化矿石及少量硫化矿石。而经过炼锌形成的废渣则形成了一些成分复杂的人造矿石集合体。

电子显微镜下，废渣中 Pb 以短柱状的金属 Pb 形式存在[图 3-7（a）]，在堆放时间较长的废渣样品中还见表面坑洼不平溶蚀现象的金属 Pb[图 3-7（b）]。值得注意的是，在这种有溶蚀现象的金属 Pb 的凹陷部位所显示出来的能谱图与突出部分有细微差别（图 3-7），能谱图中 Pb 溶蚀的金属凹陷部位有较高的锑（Sb）元素峰。这可能是炼锌过程中 Pb 和 Sb 同时结晶，而后长期的风化作用 Sb 优先于 Pb 释放迁移的结果。事实上，废渣中的金属 Pb 纯度并不高，常含有其他杂质元素（如 Fe、Sr、Ba 等），可能是炼锌废渣的快速降温过程使得这些元素来不及分离所致。此外，还观察到呈纳米级金属 Pb 颗粒吸附或包裹于其他矿物相表面，如 Pb-Mn（Al，Si）和 Pb-Fe（Al，Si）物相。可能与 Pb 的溶解作用和随后 Fe、Mn 氧化物的吸附作用有关，也可能是 Fe、Mn（Al，Si）物相在冷凝过程中捕获的 Pb 蒸气直接冷凝形成的。

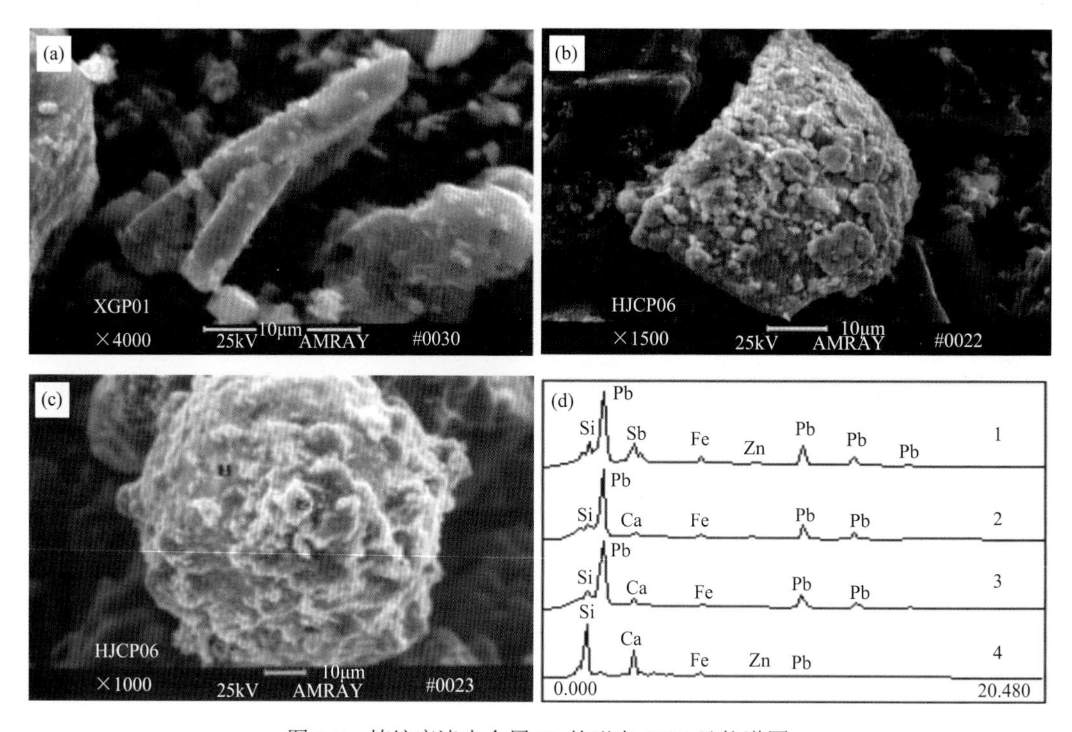

图 3-7　炼锌废渣中金属 Pb 的形态 SEM 及能谱图

通常，含 Pb 矿物相风化形成白铅矿或水白铅矿。Murphy（1992）指出在老的冶炼废渣样品中白铅矿（$PbCO_3$）是一种重要的含 Pb 风化产物。由金属 Pb 表面上分布的白色氧化斑点或膜[图 3-7（a）]推测可能是白铅矿或水白铅矿（有待进一步研究）。

而废渣中 Zn 的存在形式较 Pb 复杂得多，除见有金属 Zn[图 3-8（a）和图 3-8（b）]外，多呈硅锌矿 $Zn_2[SiO_4]$[图 3-8（c）]、锰硅锌矿$(Zn，Mn)_2[SiO_4]$[图 3-8（d）]、纤维状的丝锌铝石 $Zn_8Al_4[(OH)_8(SiO_4)_5]\cdot 7H_2O$（图 3-9）等矿物形式存在以及含锌的 Fe（Al，Si）物相形式存在。其他矿物表面或玻璃体中也可见少量纳米级金属 Zn。

图3-8　炼锌废渣中金属Zn的形态SEM图

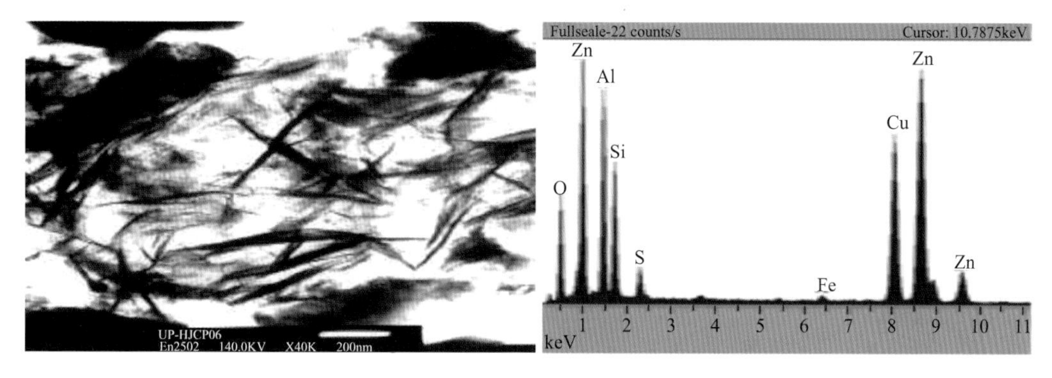

图3-9　纤维状的丝锌铝石TEM及能谱图

金属Zn除了含有较高的Fe外，其他杂质元素含量甚微。Kucha等（1996）在对比利时普隆比埃的Zn-Pb冶炼废渣中的矿物进行研究后发现，金属Zn及其合金Zn_1Fe_{11}和Zn_3Fe_{10}含量虽低，但很常见，这和观察到的结果是一致的。由于长期的氧化作用，金属Zn及其合金周围常形成红锌矿（ZnO），而且其溶解作用受到pH的控制。直至pH<7.5微弱溶解，pH<4时溶解作用才明显。由此推测，金属Zn表面的灰白色斑状物[图3-10（b）]可能是氧化锌矿物。

土法炼锌的特殊生产工艺为重金属在其中分解、转化及晶出提供了条件，而重金属自身所拥有的物理化学特征决定了重金属在其中的矿物学组成和分布。金属Pb有比金属Zn更低的熔点（Pb的熔点为327.5℃，而Zn熔点为419.58℃），而金属Zn有比金属Pb更低的沸点（Zn的沸点为907℃，Pb的沸点高达1740℃）。土法炼锌工艺正是利用了它们的这种差异，从而实现 Zn 的提炼。在回收 Zn 蒸气过程中，由于二者的密度差异（$\rho_{Zn}=7.14$，$\rho_{Pb}=11.34$），Zn 蒸气上升，Pb 蒸气却下沉。在废渣冷却过程中形成金属 Pb 或被其他结晶熔体捕获形成纳米颗粒 Pb，从而导致大量 Pb 金属残留于废渣中。当然不排除部分 Pb 蒸气与 Zn 蒸气一道上升，甚至逸出收集坩埚，进入大气，从而污染空气。冶炼区大气 Pb 最高含量竟超出大气允许值的 28 倍（沈新尹 等，1991），正说明这一点。

图 3-10 炼锌废渣堆中典型次生矿物的 SEM 图

废渣中的 Zn，一方面是部分 Zn 蒸气没有完全回收，致使废渣冷却后金属 Zn 的形成，或被其他结晶熔体捕获，形成少量的纳米级金属 Zn 颗粒残留于废渣外。另一方面是矿物相的直接转化过程，导致相对稳定的、新的含 Zn 矿物相的形成。例如，闪锌矿的氧化矿物之一的异极矿，与菱锌矿、白铅矿、褐铁矿共生，其稳定温度上限为 250℃，超过此温度则转化为硅锌矿，即 $Zn(Si_2O_7)(OH)_2 \cdot H_2O \longrightarrow Zn_2(SiO_4)$。而纤维状的丝锌铝石则是明显的次生风化产物。

石膏（$CaSO_4 \cdot 2H_2O$）[图 3-10（a）]作为典型的次生矿物相，在固定矿渣硫化物氧化形成或雨水带入的SO_4^{2-}中起重要作用。而针铁矿（α-FeOOH）和赤铁矿（Fe_3O_4）[图 3-10（b）]也是废渣表生氧化作用的产物，既控制了 Fe 的释放迁移，同时也是吸持其他重金属元素的主要载体，对废渣堆中重金属的释放迁移有重要影响。通常，当菱锌矿中类质同象混入物 Fe 较多时，即含 $FeCO_3$ 达 50%时称铁菱锌矿。废渣中的铁菱锌矿（图 3-11）反映的可能是长期风化过程中，矿渣释放出来的 Fe^{2+}和 Zn^{2+}不断混入甚至取代正在结晶沉淀的 $CaCO_3$ 中的 Ca^{2+}，形成这种类似方解石晶体的风化矿物类型。

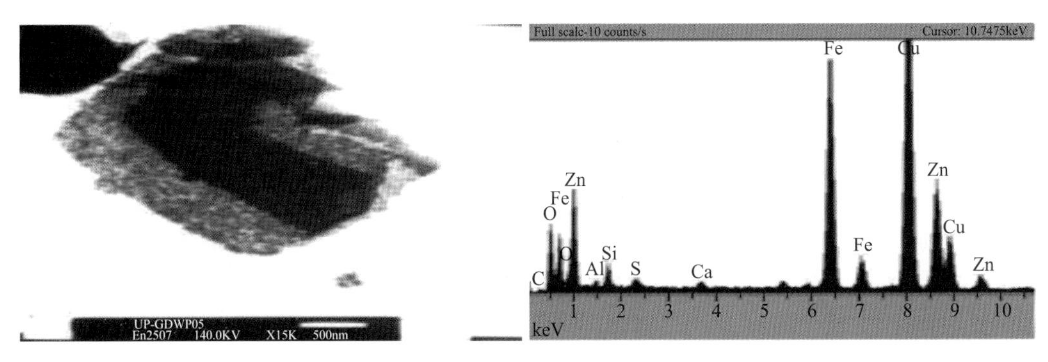

图 3-11 矿渣 GDWP05 样品中的铁菱锌矿 TEM 及能谱图

3.1.2　汞矿废渣特征

1. 汞矿冶炼废渣中 Hg 含量特征

前人对贵州典型汞矿区（万山、丹寨、务川）废渣中特征元素（Hg）进行了分析（表 3-5），结果表明，不同堆积地点的废渣样中 Hg 含量差异较大，其中，万山汞矿区不同区域的 Hg 含量变化最大（张国平 等，2004a；Qiu 等，2005，2009；曾昭婵，2012；娄振东和段红英，2020），范围为 7.00～4450mg·kg^{-1}。现有的研究表明，丹寨汞矿区和务川汞矿区废渣中 Hg 的含量范围分别为 17.7～20.73mg·kg^{-1}、3～809mg·kg^{-1}，务川汞矿区汞矿渣中 Hg 含量差异也较大（孙雪城 等，2014；倪莘然 等，2020）。总体上，汞矿渣中 Hg 的含量表现为万山汞矿区＞务川汞矿区＞丹寨汞矿区。

表 3-5　贵州典型汞矿区废渣 Hg 含量

区域	地名	Hg/(mg·kg^{-1})	参考文献
万山汞矿	四坑	20.23～20.99	曾昭婵（2012）
	杉木洞	88.83	
	梅子溪	27.16	
	岩屋坪	200～1500	娄振东和段红英（2020）
	冲脚	100～1000	
	大坪坑	80～1200	
	张家湾	100～1100	
	大水溪周边坡地	200～1400	
	冷风洞	50～1200	
	梅子溪	200～2000	
	十八坑	200～1500	
	冲脚尾矿库	＜400	
	大水溪尾矿库	＜400	
	万山	7.00～4450	Qiu 等（2005，2009）；张国平等（2004a）
丹寨汞矿	排庭	17.7	倪莘然等（2020）
	丹寨金汞矿区	20.73	孙雪城等（2014）
务川汞矿	银钱沟	3～58	李平（2008）
	罗溪	7～809	
	大坝	3～55	

2. 汞矿冶炼废渣中汞的垂向变化

曾昭婵（2012）在万山汞矿区某大型废渣堆场上选择了 3 个剖面（表 3-6）研究汞矿渣中 Hg 在垂直方向上的迁移规律。由图 3-12 可知，由于废渣中 Hg 能通过多途径迁移、释放于周围环境，加之废渣中 Hg 的分布受冶炼工艺、堆放时间等因素影响较大，使得

Hg 在废渣堆垂直方向上的分布差异较大。废渣剖面样品均采集于大型废渣堆中，堆放规模较大、时间较长。受冶炼工艺、燃烧时间等因素影响，各时期产生的废渣在颗粒大小、颜色等物理性质上存在差异，使得废渣堆有明显分层现象。而研究表明，不同时期的冶炼工艺还会造成废渣中 Hg 含量的不同（Biester et al.，1999），这就使得 Hg 在废渣堆垂直方向上呈差异性分布。而废渣在长期的堆放过程中，Hg 会以多种途径向周围环境释放，包括：废渣中残存的部分尚未完全挥发的单质汞会随时间不断向周围大气环境释放，以及废渣中的富 Hg 次生矿物在雨水淋滤、地表水侵蚀等过程中溶解于水体而迁出废渣，这在一定程度上影响着 Hg 在废渣堆垂直方向上的分布。此外，温度、光照、降水等环境条件及废渣产生时期、堆放时间等也能影响 Hg 在废渣中的迁移与分布。综上可知，万山汞矿区废渣中 Hg 随时间不断向周围水体、大气环境迁移，致使废渣中 Hg 含量较以往研究呈明显降低趋势。研究区内大量废渣成为周围大气、水体环境的重要 Hg 污染源，影响 Hg 在水、气环境中的迁移转化，进而影响其在土壤中的分布。

表 3-6　贵州万山汞矿区废渣堆剖面样品特征及汞含量采样点描述

采样位置	样品描述	汞含量/(mg·kg^{-1})
冷风硐 1	位于冷风硐路边大型渣堆，下游修建渗滤液收集池	1.759～14.833
冷风硐 2	位于冷风硐路边大型渣堆，上覆盖土壤，种植水稻	0.026～45.536
汞矿四坑	位于四坑大型渣堆，每层界限清晰	4.542～9.875

注：参考曾昭婵（2012）。

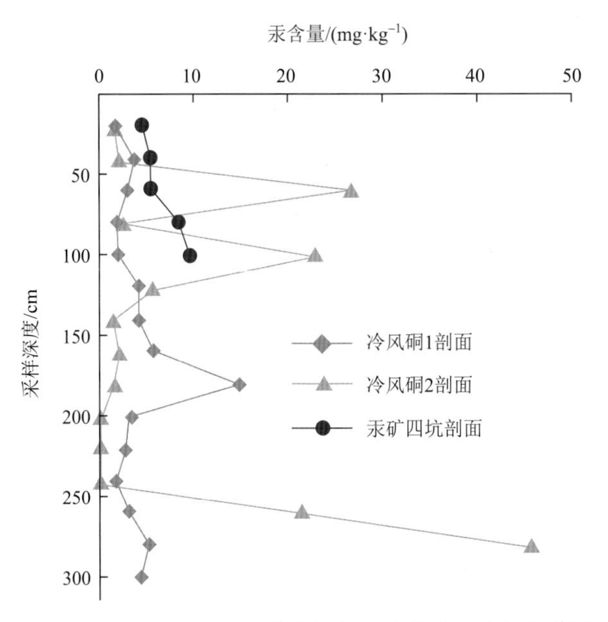

图 3-12　贵州万山汞矿区废渣堆剖面渣样中汞含量分布图

3. *汞矿废渣重金属的释放特征*

孙雪城等（2014）研究了不同淋洗剂对丹寨汞矿废渣重金属释放特征的影响（表 3-7），

结果表明，利用 0.1mol·L^{-1} NaH_2PO_4 和 0.1mol·L^{-1} Na_2HPO_4（3∶2，*V/V*）的混合溶液淋洗尾渣，淋滤出的 As 含量达到 9929.85μg·L^{-1}；利用 0.1mol·L^{-1} CH_3COONH_4 溶液淋洗尾渣，淋滤液 Hg 含量达到 12.12μg·L^{-1}；使用 H_2O（去离子水）、CH_3COONH_4（0.1mol·L^{-1}）、$CaCl_2$（0.1mol·L^{-1}）3 种淋洗剂淋洗尾渣，淋洗液中总汞含量均超过了《地表水环境质量标准》（GB 3838—2002）V 类水标准；用 H_2O（离子水）、CH_3COONa（0.1mol·L^{-1}）、NaH_2PO_4（0.1mol·L^{-1}）与 Na_2HPO_4（0.1mol·L^{-1}）（3∶2，*V/V*）的 3 种混合溶液淋洗剂淋洗尾渣，淋洗液中总砷含量均超过了《地表水环境质量标准》（GB 3838—2002）V 类水标准。其中使用 0.1mol·L^{-1} CH_3COONH_4 淋洗尾渣，淋滤液中 Hg 浓度最高（12.12μg·L^{-1}），是国家地表水安全质量标准 Hg 含量的 12 倍；使用 0.1mol·$L^{-1}$$NaH_2PO_4$∶0.1mol·$L^{-1}$ Na_2HPO_4 为 3∶2 的混合溶液淋洗尾渣，淋滤出的 As 浓度最高（9929.85μg·L^{-1}），是国家地表水安全质量标准 As 含量的 99 倍。因此，露天堆放的尾渣，经过雨水淋溶，Hg 和 As 等元素在自然淋滤、降水浸泡过程中迁移从而进入水体和土壤，具有一定的环境风险。

表 3-7　贵州丹寨汞矿区废渣中汞、砷淋滤液浓度　（单位：μg·L^{-1}）

淋洗剂	Hg	标准 Hg	As	标准 As
H_2O	11.27±1.33		140.96±15.88	
0.1mol·L^{-1} CH_3COONH_4	12.12±1.44		—	
0.1 mol·L^{-1} $CaCl_2$	3.46±0.39	≤1	—	≤100
0.1 mol·L^{-1} CH_3COONa	—		221.82±41.74	
NaH_2PO_4∶Na_2HPO_4（3∶2）	—		9929.85±79.09	

注：标准 Hg、As 浓度参考《地表水环境质量标准》（GB 3838—2002）V 类水标准。参考孙雪城等（2014）。

娄振东和段红英（2020）研究表明，采用水浸方法连续 5 天监测万山汞矿区不同区域的汞矿废渣 Hg 的溶出特征（表 3-8），结果表明，随着浸出时间的增加，汞矿废渣中 Hg 的溶出量越高，其溶出浓度均高于地表水环境质量标准中 Hg 浓度（≤1μg·L^{-1}），因此，堆放在环境中的汞矿废渣具有严重的生态环境风险。

表 3-8　贵州万山汞矿区废渣汞溶出特征　（单位：μg·L^{-1}）

采样地点	水浸时间			
	1 天		5 天	
	pH	总汞	pH	总汞
四坑	9.54	15.8	7.54	20.6
冶炼厂	10.43	7.8	7.80	13.4
六坑	11.24	26.9	7.61	30.4
五坑	12.15	24.7	8.03	27.8
二坑	10.41	19.9	7.77	24.5
一坑	10.78	20.5	7.91	28.7
岩屋坪	11.32	24.6	7.94	32.1

4. 汞矿废渣矿物学特征

汞矿废渣的主要成分为 CaO、MgO、SiO_2、Fe_2O_3、Al_2O_3，贵州万山汞矿区不同位置的汞矿废渣主要成分差异较大（表 3-9），其 CaO、MgO、SiO_2、Fe_2O_3、Al_2O_3 的含量范围分别为 21.14%～45.13%、5.66%～17.32%、10.35%～45.32%、0.45%～3.02%、0.21%～1.23%（娄振东和段红英，2020）。

表 3-9　贵州万山汞矿区废渣主要矿物组成

研究区	样品数/个	CaO/%	MgO/%	SiO_2/%	Fe_2O_3/%	Al_2O_3/%
上坪周边	3	21.14	17.32	36.65	1.1	0.45
岩屋坪	5	22.56	15.65	28.67	0.45	0.52
冲脚	4	21.66	8.56	36.94	1.34	0.3
大坪坑	3	23.24	8.74	32.56	2.13	0.21
七坑	2	37.21	14.55	26.71	3.02	0.41
张家湾	3	21.35	14.24	45.32	1.7	0.27
大水溪周边坡地	3	22.45	13.47	36.12	1.44	0.35
冷风硐	3	43.25	5.76	16.72	1.61	0.55
梅子溪	2	45.13	6.34	10.35	0.82	1.23
十八坑	3	37.44	5.66	19.96	2.13	0.56
其他	3	24.3	13.69	30.83	1.3	0.43

万山汞矿区的废渣主要堆放于尾矿库中，部分废渣堆放于山谷低洼处。由于长期的风化作用，堆放于山谷低洼地的废渣在温度和水的作用下常被白色的胶结层固结成块状[即 CaO、MgO→$Ca(OH)_2$、$Mg(OH)_2$→$CaCO_3$、$MgCO_3$]，使废渣体稳定性增强，对避免雨水和地表径流的冲刷起到一定的作用（娄振东和段红英，2020）。X 射线衍射（XRD）图谱研究表明，这种白色胶结物的主要成分是方解石及少量钾长石和石英（图 3-13）。因此，当冲刷的水体呈酸性（如酸沉降）时，这种固结物实际上是非常脆弱的。

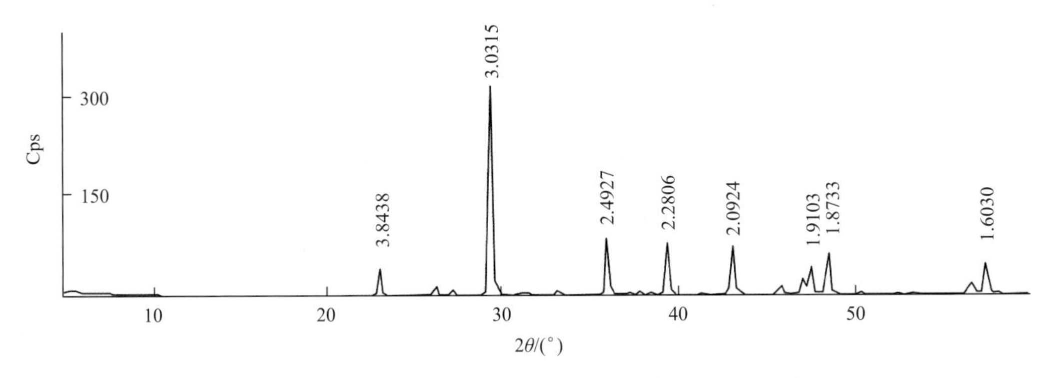

图 3-13　万山汞矿废渣中白色胶结物 XRD 图谱（娄振东和段红英，2020）

然而，废渣堆表现出强大的酸缓冲能力，而且废渣堆本身含有的大量碱性物质使得这种胶结层不断加厚，甚至废渣堆渗滤出来的是极强的碱性水体。这可能主要与下面的三个地球化学过程有关（式3-1～式3-3）。即：

$$CaCO_3 \xrightarrow{\Delta} CaO + CO_2\uparrow \text{（受热分解）} \tag{3-1}$$

$$CaO + H_2O \longrightarrow Ca(OH)_2 \text{（水解作用）} \tag{3-2}$$

$$Ca(OH)_2 + CO_2 \longrightarrow CaCO_3 + H_2O \text{（结晶沉淀作用）} \tag{3-3}$$

从图3-13还可看出，万山汞矿废弃物中风化作用形成的次生矿物非常简单，而且XRD图谱中没有见到明显的含重金属元素矿物的峰。实际上，从前面章节的讨论中知道这些废渣中除了Hg含量较高外，其他微量重金属含量是非常低的。

3.1.3 电解锰废渣特征

1. 电解锰废渣的理化特征

贵州松桃县和遵义的电解锰渣的pH差异较大，其范围为4.89～8.03，电解锰渣中N、P、K元素的含量也有较大差异，其中有效磷、速效钾、碱解氮、有机质、NH_3-N含量最高的可达49.24mg·kg^{-1}、269.85mg·kg^{-1}、1876mg·kg^{-1}、70.50g·kg^{-1}、119.20mg·kg^{-1}，说明电解锰渣中含有丰富的营养物质（表3-10）。但矿石品位、锰渣堆放时间、地表径流冲刷与淋滤程度是造成不同地区电解锰渣中氮、磷、钾差异的重要原因。

表3-10 贵州典型电解锰废渣的理化特征

地区	pH	全氮/(g·kg^{-1})	有效磷/(mg·kg^{-1})	速效钾/(mg·kg^{-1})	碱解氮/(mg·kg^{-1})	有机质/(g·kg^{-1})	NH_3-N/(mg·kg^{-1})	参考文献
松桃某电解锰渣	4.89	—	49.24	269.85	1876	70.50	119.20	敖慧等（2020）
松桃郊区某锰渣堆	6.71	0.91	5.82	165	183	62.30	—	杨曦等（2020）
遵义锰矿长沟矿段	8.03	—	6.14	107.42	14.70	23.61	—	罗洋等（2020）

2. 电解锰废渣重金属含量

通过对比贵州、湖南、重庆、广西等地的典型电解锰渣中重金属含量可知（表3-11），电解锰渣中仍残留有大量的Mn，其含量为11900～63980mg·kg^{-1}，另外电解锰渣中还伴生有As、Hg、Cd、Cr、Pb、Zn、Cu、Ni等重金属元素，但是相比电解锰渣中残留的Mn含量，这些重金属含量相对较低，其中，湖南电解锰渣中的Zn含量均高于贵州、广西、重庆等地的电解锰渣，其含量可达1400～3000mg·kg^{-1}。另外，对于Cd元素而言，湖南和广西的电解锰渣中的Cd含量相对较高，其含量可达30mg·kg^{-1}。另外，通过对比重庆某电解锰厂的新鲜电解锰渣及堆存较长时间的电解锰渣可知，堆存的电解锰渣中的Mn含量相对新鲜电解锰渣中的Mn含量较低，说明堆存在环境中且未采取任何处理措施的电解锰渣，在地表径流等作用下，电解锰渣中的Mn具有渗滤的风险。

综上所述，电解锰渣中主要的污染物为 Mn，还伴生有少量的其他重金属元素，若没有及时采取相关治理措施，电解锰渣中污染物的溶解释放将对渣场周边及下游的生态环境造成威胁。

表 3-11　中国典型电解锰渣重金属含量　　（单位：$mg\cdot kg^{-1}$）

区域	As	Hg	Cd	Cr	Pb	Zn	Cu	Ni	Mn	参考文献
贵州 12 家电解锰企业锰渣	14.3～65.4	0.18～3.16	0.51～4.06	27.7～239.3	29.6～462	68～124	19.5～81.3	26～173	11900～57900	陆凤（2018）
贵州松桃某电解锰渣	46.8	—	1.65	197.3	71.7	197.3	75.6	58.8	19555	敖慧等（2020）
贵州遵义锰矿长沟矿段	—	—	2.34	214.56	52.65	223.91	79.74	96.38	63980	罗洋等（2020）
贵州铜仁某锰业电解锰渣	—	—	—	42.41	9.48	125.4	—	26.31	25054	杨爱江等（2012）
湖南吉首某电解锰厂	—	—	30	410	—	3000	250	—	41700	曹建兵等（2007）
湖南花垣县某遗弃废渣堆	—	—	5.20	—	1.50	1400	75.6	—	35450	黄玉霞等（2011）
广西某电解锰渣场	40	30	30	70	10	150	—	470	—	蓝际荣等（2017）
重庆某电解锰厂新鲜渣	—	—	—	—	—	130	—	—	23500	陈红亮等（2016）
重庆某电解锰厂堆存渣	—	—	—	—	—	210	—	—	16800	

3. 电解锰渣中 Mn 的赋存形态

由于电解锰渣中 Mn 的含量最高，污染风险最大，Mn 污染风险与其赋存形态密切相关。不同地区的电解锰渣中 Mn 的赋存形态存在较大差异，陆凤（2018）研究表明，贵州铜仁 10 家电解锰厂电解锰渣中的 Mn 形态以可交换态为主，遵义 2 家电解锰厂电解锰渣中的 Mn 形态以有机结合态为主，其次是可交换态。其中，铜仁 10 家电解锰厂电解锰渣中的 Mn 可交换态所占的比例为 37.1%～69.1%；遵义 2 家电解锰厂电解锰渣中的 Mn 有机结合态所占比例为 36.3%～55.1%，可交换态所占比例为 12.4%～27.5%。杜兵等（2015）研究表明，宁夏某电解锰厂的电解锰渣中 Mn 的赋存形态主要是水溶态 Mn 和酸溶态 Mn，两者占了总锰的 80%以上，还原态 Mn 占 11%左右。

4. 电解锰渣重金属释放特征

前人分别探讨了去离子水和模拟酸雨对电解锰渣中重金属释放特征的影响。由于电解锰渣中 Mn 的含量最高，其他重金属含量相对较低。因此，电解锰渣 Mn 的溶出量最大，其他重金属的溶出能力较低。贵州省遵义市长沟锰矿区不同类型废渣（矿井废石、冶炼渣、电解锰渣、新尾矿、旧尾矿）浸出液中主要污染物是 Mn、Zn，浓度范围分别为 0.1172～82.99$mg\cdot L^{-1}$、0.2232～23.85$mg\cdot L^{-1}$，其次为 Cd、Hg（刘荣 等，2011）。陆凤等（2018）研究表明，铜仁电解锰渣浸出液中 Mn 的浓度可达 264.5～451.6$mg\cdot L^{-1}$，其他重金属的浓度极低。在模拟酸雨淋溶条件下，电解锰渣中 As、Cd、Cu、Pb 浸出量随淋溶量增大逐渐减小；Cr 和 Zn 浸出量呈先增加后降低的趋势，淋溶量大于 1680mL 后，溶出率保持稳定（罗乐 等，2019）。杨爱江等（2012）研究表明，当模拟酸雨的 pH 为 4.5 和 5.6 时，电解锰渣浸出液的浓度为 $1103mg·L^{-1}$、$1075mg·L^{-1}$，当 pH 为 6.8 的去离子水浸滤时，电解锰渣浸出液中 Mn 的浓度为 $958mg·L^{-1}$。综上，无论是采用去离子水还是模拟酸雨，电解锰渣中 Mn 的溶出量均较大。

5. 电解锰废渣矿物学特征

电解锰渣主成分以 SiO_2 为主，其次为 Al_2O_3、CaO 和 Fe_2O_3，并含少量 MnO，电解锰渣归属于 CaO-MgO-Al_2O_3-SiO_2 陶瓷体，对锰渣做一定的处理和添加其他混料，完全可以实现锰渣的最大资源化综合利用（表 3-12）。

表 3-12　中国典型电解锰渣中主要矿物组成（%）

区域	SiO_2	CaO	Al_2O_3	Fe_2O_3	MnO	MgO	K_2O	参考文献
重庆	32.15	12.56	7.68	5.36	2.93	3.00	2.42	陈红亮等（2014）
遵义	42.62	9.45	10.77	6.09	1.18	1.33	2.79	郑禄林等（2016）
铜仁	34.24	10.8	9.07	3.9	2.87	2.33	1.95	
宁夏	27.93	15.39	5.78	5.29	5.08	—	—	杜兵等（2015）

3.1.4　锑矿废渣特征

1. 锑矿废渣理化特征

晴隆大厂锑矿在近 60 年的采冶生产过程中，产生了大量的尾矿渣，这些大量的尾矿渣全部堆放于尾矿库中（南北长 383m，东西长 377m），尾矿库中堆放的尾矿废渣包括冶炼废渣、手选尾矿渣、浮选尾矿渣。熊佳（2020）在晴隆大厂锑矿尾矿库上选择 2 个剖面研究锑矿废渣的理化性质，结果表明，1 号剖面与 2 号剖面 pH 分别为 6.8～7.3、6.6～7.2，在 0～10cm 时 pH 最大，分别为 7.3 和 7.2，大部分层位 pH 主要集中在 6.9 左右，少数为弱酸性，整体为中性环境。两个尾砂剖面含水率变化幅度较大，为 1.9%～25.7%。总体上，1 号剖面与 2 号剖面含水率结果相差不大，但 1 号剖面含水率平均值为 15.0%，大于 2 号剖面的 11.9%。2 号剖面尾砂粒径大小差异较大，各尾砂样品最小粒径为 20μm，最大粒径为 800μm。在 2 号剖面，尾砂粒度分布是不规则的，总体上粒度较小的尾砂与粒度较大的尾砂交替出现。在 430～440cm，尾砂主要为砂土级别，而 500～540cm 尾砂粒度最小，成分为黏土和粉砂的混合。

2. 锑矿废渣重金属特征

前人对贵州典型锑矿区（独山、晴隆）的锑矿废渣重金属特征进行了研究（表 3-13），结果表明，锑矿废渣主要包括采矿废石、浮选尾渣、鼓风炉炉渣、鼓风炉燃烧残渣、尾砂等，在锑矿废渣中 Sb 的含量最高，且不同类型的废渣中 Sb 的含量差异较大，采矿废石中的 Sb 含量相对较低，冶炼渣中 Sb 的含量最高。锑矿废渣中其他重金属的含量相对较低，但值得注意的是，鼓风炉炉渣中的 Mn 含量较高。另外，晴隆大厂锑矿的废渣中还具有较高含量的 As，其含量范围为 117～462mg·kg^{-1}。独山锑矿废渣中的 Hg 含量高于晴隆大厂锑矿废渣（王素娟 等，2012；熊佳 等，2020）。贵州晴隆大厂锑矿冶炼炉渣的堆放具有时间特性，老炉渣中 Sb 含量明显高于新炉渣，原因是老炉渣的冶炼原矿为高品位的块状原矿，主要是以硫化矿为主，通过人字炉焙烧回收，由于冶炼技术水平较低等问题使得冶炼不彻底；而新炉渣冶炼原矿是微细粒径的粉末状精矿，其主要成分是硫化矿和氧化矿，采用工艺为平炉焙烧，能更好地回收 Sb（汤睿 等，2009）。炉渣的倾倒呈锥体状，以扇面向下自然滚落堆积，炉渣倾倒点深部炉渣为最老炉渣，推测其品位也最高。

表 3-13　贵州典型锑矿区锑矿废渣重金属含量　（单位：mg·kg^{-1}）

区域	废渣类型	Sb	Cr	Cu	Mn	Ni	Pb	Zn	As	Hg	Cd	参考文献
独山锑矿	采矿废石	300	100	12	74	14	30	34	16	2	—	王素娟等（2012）
	浮选尾矿渣	800	200	18	75	21	22	32	24	1	—	
	鼓风炉炉渣	1200	200	27	3908	34	22	215	2	—	—	
	鼓风炉燃烧残渣	500	200	132	949	215	3	212	40	1	—	
晴隆大厂锑矿	浮选渣	1203	56.8	32.9	—	16.1	76	23.7	462	0.16	0.24	贾真真等（2021）
	冶炼渣	5643	60.2	56.2	—	8.8	14	43.3	237	0.16	0.25	
	块状尾矿	190	54.34	9.41	—	9.1	6.8	6.93	117	0.368	0.10	
	尾砂（混合物）	2033	68.2	47.9	—	—	—	65.9	410	—	0.79	熊佳等（2020）

3. 锑矿废渣重金属释放特征

堆放在环境中的锑矿废渣中重金属的溶出是造成矿区周边及下游土壤及水环境污染的重要原因。环境因子（如酸雨、降水等）是影响锑矿废渣重金属溶出的重要影响因素。王素娟等（2012）模拟了不同 pH 酸雨对贵州独山锑矿区的采矿废石、浮选尾矿渣、鼓风炉炉渣及鼓风炉残渣中重金属浸出特征的影响，结果表明，锑矿区废渣和冶炼固废中的重金属释放与固废中重金属的含量不成正比，鼓风炉炉渣 Sb 含量最高，达 1.22g·kg^{-1}，溶出率为 0.355%；采矿废石中 Sb 的含量最低，为 0.34g·kg^{-1}，溶出率最高达到 10.391%。浸出实验表明，锑矿采矿废石浸出液 Sb 浓度达到 3.55mg·L^{-1}，是贵州省环境污染物 Sb 的排放标准（0.5mg·L^{-1}）的 7.10 倍；鼓风炉燃烧残渣浸出液 Sb 浓度为 3.11mg·L^{-1}，超过标准 5.22 倍。Zhou 等（2019）研究了锑矿尾矿中重金属的渗滤特征，结果表明，在模拟降水条件下，500g 锑矿废渣浸出液中重金属总量增加顺序为 Sb＞As＞Hg，增加幅度分别为 42.508mg、52.940μg 和 0.876μg。在不同降水强度模拟下，渗滤液中 Sb、As 和 Hg 最大含量分别为 93.894mg、255.451μg 和 1.690μg，增加的顺序为：中度＞强雨＞暴雨。最后，Sb 在 pH 为 6.0 时的累计浸出量为 42.025mg·L^{-1}，As 和 Hg 在 pH 为 4.0 时的累计浸出量分别为 107.097μg·L^{-1} 和 0.989μg·L^{-1}。因此，锑矿区露天堆放的固体废物，经酸雨及不同强度降水淋溶浸泡产生的废液会污染周边水体，可能对周边生态和居民健康造成危害。Hu 等（2016）采用 pH 静态浸出试验研究了我国板溪锑矿、木里锑矿和铜坑锑矿三种典型含锑矿山石 Sb、As 的 pH 依赖浸出规律。结果表明，碱性条件比中性和酸性条件更有利于板溪锑矿石和木里锑矿石中 Sb 的释放，而 As 的释放规律则相反。然而，酸性条件比中性和碱性条件更有利于铜坑 Sb 矿石中锑的释放。Sb、As 含量较低的矿石在浸出 16d 后，Sb、As 的释放率较高，是最大的潜在污染源。

4. *锑矿废渣重金属形态*

锑矿废渣中重金属的赋存形态特征决定废渣重金属的迁移性。贵州晴隆大厂锑矿冶炼炉渣中 Sb 主要以黄锑华等锑酸盐和锑华等氧化锑的形式赋存于炉渣中，矿物-化学赋存状态为黄锑华等锑酸盐占比为 5.71%，锑华等氧化锑为 24.01%，硫化锑为 20.28%。炉渣中 Sb 的赋存状态也应与其所堆放的时间和空间存在一定规律。物相分析结果表明，锑华等氧化物中 Sb 为 0.87%，辉锑矿中的 Sb 为 1.03%，黄锑华等锑酸盐中的 Sb 为 2.39%（汤睿 等，2010）。熊佳（2020）以晴隆大厂锑矿尾矿库为研究区域，选取了尾矿库中心位置为 1 号剖面（深度为 3.3m），每 10cm 采集一个样品，共 33 个样品。以自然坍塌形成的断壁为 2 号剖面（深度为 7.9m），每 10cm 为一个样品，共采集 79 个样品（表 3-14）。2 个锑矿废渣剖面中 Sb 和 As 的赋存形态表明，2 个剖面废渣 Sb 和 As 的形态特征均分别表现为残渣态＞可还原态＞酸溶解态＞可氧化态，残渣态＞可还原态＞可氧化态＞酸溶解态。2 个剖面废渣中 Sb 和 As 均以残渣态为主，说明废渣中 Sb 和 As 相对稳定。

表 3-14　贵州晴隆大厂锑矿区锑矿渣堆场剖面 Sb 和 As 的赋存形态（%）

剖面	参数	Sb 形态百分比				As 形态百分比			
		F1	F2	F3	F4	F1	F2	F3	F4
1 号	平均值	3.98	9.77	3.12	83.13	1.29	17.50	10.68	70.53
	变异系数	0.26	0.36	0.41	0.06	0.29	0.29	0.42	0.09
	最大值	6.42	22.01	7.71	90.61	2.31	32.37	24.87	84.02
	最小值	2.37	4.48	0.71	68.09	0.63	6.87	0.53	52.15
2 号	平均值	3.86	15.88	3.85	76.41	1.96	25.79	10.77	61.48
	变异系数	0.36	0.28	0.76	0.08	0.80	0.22	0.62	0.13
	最大值	7.87	27.74	22.88	91.50	6.70	41.56	36.93	83.08
	最小值	0.36	11.10	0.32	31.56	0.36	11.10	0.32	31.56

注：F1、F2、F3、F4 分别代表酸溶解态、可还原态、可氧化态、残渣态重金属。

5. *锑矿废渣矿物学特征*

贵州独山锑矿废渣（采矿废石、浮选尾矿渣、鼓风炉炉渣、鼓风炉燃烧残渣）中的

主要矿物成分均为 SiO_2、Fe_2O_3、Al_2O_3，但不同废渣中的主要矿物成分存在差异。采矿废石、浮选尾矿渣、鼓风炉燃烧炉渣的主要矿物成分均表现为 SiO_2＞Al_2O_3＞Fe_2O_3，而鼓风炉炉渣中的矿物成分为 SiO_2＞Fe_2O_3＞CaO＞Al_2O_3。总体而言，采矿废石和浮选尾矿渣中 SiO_2 占 70%以上，高于鼓风炉炉渣（36.89%）和鼓风炉燃烧残渣（22.15%）（表 3-15）。另外，鼓风炉炉渣中 Fe_2O_3 和 CaO 的占比为分别 33.30%和 16.20%，明显高于其他几种废渣（王素娟 等，2012）。

表 3-15　贵州独山锑矿废渣主要矿物组成（%）

废渣类型	SiO_2	Fe_2O_3	Al_2O_3	TiO_2	K_2O	Na_2O	CaO	MgO	参考文献
采矿废石	78.68	3.09	9.79	0.42	1.15	0.02	0.02	0.33	王素娟等（2012）
浮选尾矿渣	71.03	4.42	10.84	0.19	1.33	0.02	0.10	0.76	
鼓风炉炉渣	36.89	33.30	6.76	0.50	0.45	1.35	16.20	1.03	
鼓风炉燃烧残渣	22.15	9.55	14.00	0.18	0.50	1.02	0.10	0.70	

3.2　历史遗留采冶废渣堆场优势植物及其重金属富集特征

3.2.1　铅锌废渣堆场优势植物及其重金属富集特征

高盐碱胁迫、有机质含量低、养分贫瘠、重金属含量高是限制历史遗留铅锌废渣堆场上植物生长的主要限制因子（林文杰 等，2007；Luo et al.，2018a）。因此，堆弃于环境中的大面积历史遗留铅锌废渣堆场上鲜见有植物存活，裸露的铅锌废渣堆场重金属极易在风蚀及水蚀作用下持续向周边环境释放、迁移和扩散，严重影响周边及下游地区的水-土环境质量（Bi et al.，2006；Yang et al.，2010a）。尽管废渣恶劣的生境条件制约下鲜有植物生长于历史遗留废渣堆场上，但仍有部分耐性较强的先锋植物自然定居于废渣堆场上。邢丹等（2012）对黔西北 4 个不同自然恢复年限的铅锌废渣堆场进行调查发现，4 个矿区存在的高等植物 22 种，分属 13 科 21 属，其中有 9 种重金属耐性植物优势种，转运系数大于 1 的植物有黄花蒿（Cu）、珠光香青（Zn）、大叶醉鱼草（Zn/Pb/Cd）、野艾蒿（Cu/Zn/Pb/Cd），其中大叶醉鱼草优势度最高，为 28.35%，是土法炼锌区植物群落优势种。在重金属胁迫下，大叶醉鱼草形态特征会发生显著的适应性变化，鉴于大叶醉鱼草重金属累积量高，转运能力强，不影响正常生长，耐贫瘠、耐旱、生物量大等优势，可将其作为铅锌矿区废弃地修复的优势植物（邢丹 等，2010；邢丹 等，2012）。另外有学者通过对黔西北某铅锌冶炼废渣堆场优势植物的调查还发现，鬼针草（*Bidens pilosa* L.）和土荆芥（*Dysphania ambrosioides* L.）对 Cd、Pb、Zn 的吸收量大、运输能力强，且覆盖率高、生物量较大，对复合重金属具有一定的耐性，可以作为该地区生态恢复的先锋物种（朱光旭 等，2016）。

通过对铅锌废渣堆场自然恢复植被的物种调查发现，野艾蒿可以作为铅锌废渣堆场修复的优势植物（谢永 等，2008）。接骨草（*Sambucus chinensis*）和细叶小苦荬（*Ixeridium gracile*）体内富集、运输重金属元素的能力很强，是对铅锌废渣堆场生态重建非常有前景的植物（孙力 等，2006）。青城子铅锌尾矿废弃地上生长的烟管头草（*Carpesium cernuum*）对 Cd、地榆（*Sanguisorba officinalis*）对 Cd 和 Cu、苦荬菜（*Ixeris polycephala*）对 Cd、Zn 的地上部富集系数和转运系数均大于 1，日本毛连菜（*Picris japonica*）、万寿菊（*Tagetes erecta*）、攀倒甑（*Patrinia villosa*）的地上部 Pb 含量超过 $1000mg \cdot kg^{-1}$，达到 Pb 超富集植物临界含量标准，同时这些植物对重金属污染有很强的耐性（孙约兵 等，2008）。

四川甘洛铅锌矿区的凤尾蕨、细风轮菜、大火草、蔗茅、小飞蓬等对 Zn 具有较高的富集能力，小飞蓬和紫茎泽兰对 Cd 的吸收较一般植物高出 17～61 倍（刘月莉 等，2009）。孙庆业等（2001）研究表明，不同植物的不同组织部位对铅锌废渣中的重金属吸收、转运和富集能力不同，如杜虹花（*Callicarpa pedunculata*）体内的 Pb、Zn、Cu 和 Cd 含量大小顺序为：叶＞根＞茎，盐肤木（*Rhus chinensis*）和美丽胡枝子（*Lespedeza formosa*）体内的 Pb、Zn 含量则为：根＞叶＞茎，4 种重金属在植物体内的含量则表现为：Zn＞Pb＞Cu＞Cd。广西泗顶铅锌矿区废弃地上蜈蚣蕨和密蒙花地上部分 Pb 含量较高，转移系数＞1，具备超富集植物的某些特征，且扩散和适应能力强，可作为铅锌矿区生态修复的先锋物种（王英辉 等，2007）。湖南湘西铅锌矿区矿业废弃地上的天胡荽（*Hydrocotyle sibthorpioides*）、加拿大杨（*Populus canadensis*）和地果（*Ficus tikoua*）对 Cd 的富集程度较高，醴肠（*Eclipta prostrata*）、鬼针草（*Bidens bipinnata*）、苦蘵（*Physalis angulate*）、半边莲（*Lobelia chinensis*），苍耳（*Xanthium strumarium*）和野艾蒿（*Artemisia lavandulifolia*）体内重金属的含量也极高（刘益贵 等，2008）。

表 3-16　典型铅锌废渣堆场上的优势植物种类

研究区	区域	特征污染物	植物	参考文献
贵州西北地区	废渣场	Pb、Zn、Cu、Cd	黄花蒿、珠光香青、大叶醉鱼草、野艾蒿等	邢丹等（2012）
贵州赫章县	废渣场	Pb、Zn、Cd	接骨草、细叶小苦荬、大叶醉鱼草、千里光等	孙力等（2006）
贵州威宁县	废渣场	Cd、Pb、Zn	鬼针草、马刺蓟、蒲公英、土荆芥等	朱光旭等（2016）
四川甘洛县	矿区	Pb、Zn、Cd、Cr、Cu	凤尾蕨、细风轮菜、大火草、蔗茅、小飞蓬等	刘月莉等（2009）
湖南湘西	废弃地	Cd、Pb、Zn、Cu	天胡荽、加拿大杨、地果、鬼针草、苍耳等	刘益贵等（2008）
广东仁化县	尾矿	Pb、Zn、Cu、Cd	蕨、白茅、水蜡烛、高杆珍珠茅、类芦等	孙庆业等（2001）
广西泗顶镇	废弃地	Pb、Zn、Cr、Cu	白茅、芦苇、蜈蚣蕨、金樱子、节节草等	王英辉等（2007）
辽宁青城子	废弃地	Pb、Zn、Cu、Cd	烟管头草、地榆、苦荬菜、日本毛连菜等	孙约兵等（2008）
甘肃省徽县	废渣场	Pb、Zn	野艾蒿、铁杆蒿、菊蒿、臭蒿、苦荬菜等	谢永等（2008）

3.2.2　汞矿废渣堆场优势植物及其重金属富集特征

汞矿区废弃地 Hg 含量高、物理结构差、养分贫瘠，致使植物较难在汞矿废弃地上生长，尤其是 Hg 对植物生长、植物光合作用系统、膜透性、细胞可溶性蛋白及抗氧化系统等方面具有重要的影响（Zhou et al.，2007）。然而通过野外调查发现，汞矿废弃地上有少量 Hg 富集能力较强的耐性植物自然定居，如贵州万山汞矿区苔藓含 Hg 量为 980～

95000μg·kg^{-1}（仇广乐，2005）；甲基汞含量高达 260μg·kg^{-1}，局部区域超过 33μg·kg^{-1}（曹阿翔等，2016）；处于同一矿区的野生植物灰绿藜和蕨类等植物体内总汞含量分别高达 183mg·kg^{-1} 和 39mg·kg^{-1}（王建旭，2012）。刘荣相等（2011）研究表明，丹寨汞矿区苔藓植物共 20 个科 34 属 85 种；真藓科和丛藓科占优势。真藓（*Bryum argenteum*）、丛生真藓（*Bryum caespiticium*）和狭叶小羽藓（*Haplocladium angustifolium*）体内的 Hg 含量与其生境基质（土壤）的 Hg 含量呈显著正相关；物种丰富度与 Hg 污染程度呈负相关。

前人也对汞矿区耐性优势植物进行了调查及筛选，万山汞矿区乳浆大戟和蜈蚣草能在 Hg 含量极高的环境中生长，其地上部分 Hg 平均含量分别可达 71.65mg·kg^{-1} 和 38.25mg·kg^{-1}（徐小蓉，2008），蔷薇科植物悬钩子（*Rubus* L.）和野蒿植株体内 Hg 含量分别为 20mg·kg^{-1} 和 10mg·kg^{-1}，具有较强的耐汞毒性能力（赵甲亭 等，2014）；王明勇等（2010）在万山汞矿区废弃地上也发现乳浆大戟对 Hg 污染土壤适应性较强，乳浆大戟根部与地上部 Hg 含量为 8.6～13.3mg·kg^{-1} 和 15.1mg·kg^{-1}，最大富集量为 35.1mg·kg^{-1}，转运系数为 2.5，表现出很强的 Hg 富集能力。贵州万山汞矿区废弃地自然定居植物主要包括蕨类植物、单子叶植物和双子叶植物，其中双子叶植物的菊科种类最多，物种间优势度变化范围较大；其中，蜈蚣草、节节草、酸模和白茅呈现较高的优势度，被确定为 Hg 耐性植物优势种，通过对比不同植物对总汞的富集和转移能力，甄别出“潜在汞超富集植物”为蜈蚣草（钱晓莉 等，2019）。其他学者在贵州万山、务川、开阳主要汞矿废弃地上调查发现，蜈蚣草数量较大、地上部生物量较多且 Hg 含量较高，对于 Hg 污染土壤的适应和富集具有一定的优势（刘雅妮 等，2014；Wang et al.，2011）。

汞矿区自然定居的植物除对 Hg 具有富集能力外，还对其他重金属具有一定的富集能力，陈肖鹏和张朝辉（2010）研究发现，在贵州省务川县木油厂汞矿区，地钱中 Pb 的富集系数最高，可用于治理该汞矿区 Pb 污染；地钱对 Cu 和 Cd 的富集处于同一水平，可指示其基质 Cu 和 Cd 含量；地钱对 Hg 和 As 的富集系数多为贫化，对 Hg 和 As 具有抵抗作用（表 3-17）。

表 3-17　贵州典型汞矿区特征重金属污染物及优势植物

研究区	区域	特征污染物	植物	参考文献
铜仁市	万山汞矿区	Hg	苔藓、卷心菜、稻米	仇广乐（2005）
	万山镇涉汞矿化工厂和附近汞矿的矿坑渣堆积区	Hg	大灰藓、短肋羽藓、尖叶绢藓、多褶青藓等	曹阿翔等（2016）
	万山汞矿区	Hg	灰绿藜、蕨类等	王建旭等（2012）
	万山矿区矿渣堆和炉渣堆	Hg	蜈蚣草、乳浆大戟、水麻等	徐小蓉（2008）
	万山废弃汞矿区	Hg	小飞蓬、蜈蚣草、芒萁、构树、悬钩子等	赵甲亭等（2014）
	万山汞矿区	Hg	灰绿藜、蜈蚣草	Wang 等（2011）
	万山汞矿废弃矿区	Hg	蜈蚣草、乳浆大戟、金鸡草、苍耳、白茅草等	王明勇等（2010）
	万山汞矿废弃地	Hg	菊科小飞蓬、罂粟科博落回、菊科苣荬菜等	钱晓莉等（2019）

续表

研究区	区域	特征污染物	植物	参考文献
铜仁市	汞矿区废弃地	Hg	蜈蚣草、鳞毛蕨、苍耳、狗尾草、莩草等	刘雅妮等（2014）
务川县	木油厂汞矿区	Cu、Zn、Cd、Pb、Hg	地钱	陈肖鹏和张朝晖（2010）
兴仁市	滥木长汞矿区	Hg	苔藓、卷心菜、稻米	仇广乐（2005）
丹寨县	废渣区、废石区、高排区、金钟区	Hg	从生真藓、真藓、狭叶小羽藓等	刘荣相等（2011）

3.2.3　锰矿废渣堆场优势植物及其重金属富集特征

锰矿开采会产生大量的固体废弃物，包括矿井废渣、尾矿渣、电解锰渣、旧尾矿等废渣，会对环境造成严重危害，锰矿废渣堆放区土壤中重金属含量大都严重超标，其中Mn污染最为严重，其次为Pb、Cd、Zn、Cu。锰渣库的生长环境恶劣，存在重金属含量高、结构差、营养物质贫乏等不利因素，限制了植物的生长，严重的会造成矿区荒漠化。然而，由于长期的自然选择作用，某些特殊类型的植物能在重金属污染严重的环境中生长，进而对重金属产生耐性。目前针对锰矿冶炼废渣堆场上优势植物及其重金属富集特征已有较多研究（表3-18），任军等（2020）采用经典形态分类法对贵州东部锰矿区3个不同类型的废渣堆场（矿井废渣、尾矿渣、电解锰渣）自然生长的苔藓进行调查分析，结果表明，丛藓科（Pottiaceae）为优势科，毛口藓（*Trichostomum brachydontium*）为矿井废渣堆场优势种，扭叶牛毛藓原变种（*Ditrichum gracile*）为尾矿渣堆场优势种，而南亚丝瓜藓（*Pohlia gedeana*）为电解锰渣堆场优势种。硬叶净口藓（*Gymnostomum subrigidulum*）对Mn、Cr、Pb、Cu的累积性较强，体内重金属含量的变化与其生长基质中重金属含量有密切的关联性，硬叶净口藓可作为锰矿区监测土壤重度污染的指示植物。通过对湖南省湘潭锰矿污染区的植物进行调查，发现商陆科植物商陆对Mn具有明显的富集特性，叶片内Mn含量最高达19299mg·kg^{-1}，为探讨Mn在植物体中的超累积机理和Mn污染土壤的植物修复提供了一种新的种质资源（薛生国 等，2003）。通过对广西全州、板苏、下雷等3个锰矿区20种主要优势植物调查发现，商陆、油茶表现出很强的Mn累积特征（唐文杰和李明顺，2008）。湖南湘潭锰矿矿区内受尾渣污染的土壤上生长的早熟禾、鼠曲草、蕨、商陆对Mn有较强富集能力；早熟禾、鼠曲草以及蕨对Pb的吸收和富集能力较强；小飞蓬、早熟禾和鼠曲草对Cd的富集能力较强，但这些植物对Mn、Pb、Cd的富集能力均未达到超富集植物的要求（张慧智 等，2004）。

有学者在湘潭锰矿区废弃地上调查发现，有40种本土先锋植物都能在Mn污染土壤环境中生长，但这些植物对Mn的转移和累积能力因植物种类而异。其中，长冬草、蓼、葛藤、黄荆、空心莲子草、剪股颖和狗牙根中Mn含量高，累积系数与迁移系数大，可作为锰矿废弃地植被与景观恢复的本土先锋植物（李韵诗 等，2015）。易心钰等（2014）研究发现，蓖麻是锰矿区优势植物，可作为锰矿区土壤修复植物，但蓖麻对重金属的吸收和转运能力与蓖麻品种密切相关（表3-18）。

表 3-18　典型锰矿区重金属特征污染物及优势植物种类

研究区	区域	特征污染物	植物	参考文献
贵州镇远、松桃	矿井废渣、尾矿渣、电解锰渣堆放区	Mn、Cr、Ni、Cu、Zn、Cd、Pb、	毛口藓、扭叶牛毛藓原变种、南亚丝瓜藓	任军等（2020）
湖南湘潭	尾矿坝、打靶场、公路边	Mn、Pb、Cd	鼠曲草、早熟禾、威陵菜、小飞蓬、盐肤木、蕨、商陆、芦苇	张慧智等（2004）
	尾矿区	Mn、Pb、Zn、Cu、Cr	蓖麻	易心钰等（2014）
	废弃地	Mn、Pb、Zn、Cu、Cd	长冬草、蓼、葛藤、黄荆、空心莲子草、构树	李韵诗等（2015）
	矿区	Mn	商陆	薛生国等（2003）
湖南花垣	锰渣库	Mn、Cd、Pb、Zn	空心莲子草、鬼针草、野菊、鸭跖草、商陆、加拿大飞蓬、狗牙根、魁蒿、日本看麦娘、马唐	李凤梅等（2017）
广西全州、板苏、下雷	矿区废弃地	Mn、Cd	商陆、油茶、芦竹、五节芒、飞蓬	唐文杰和李明顺（2008）

3.2.4　锑矿废渣堆场优势植物及其重金属富集特征

尽管锑矿废渣的生境较恶劣，但随着锑矿废渣堆放时间的增加，废渣堆场上仍可见到耐性较强的优势植物生长。在贵州独山锑矿区生长的优势植物有香蒲、芒萁、牛尾蒿、苎麻、凹叶景天、佛甲草、头花蓼、凤尾蕨、斑茅、苣荬菜、鬼针草等（陈俊峰 等，2015；Ning et al.，2015；王丽 等，2017；Xiao et al.，2019；龙健 等，2020）。香蒲根部 Sb 和 As 平均含量分别为 617.64mg·kg^{-1} 和 19.87mg·kg^{-1}，叶中 Sb 和 As 含量平均值为 183.63mg·kg^{-1} 和 0.41mg·kg^{-1}，茎中 Sb 平均含量为 97.63mg·kg^{-1}，香蒲对矿渣中 Sb 和 As 有较强的耐受性，经估算，香蒲对 Sb 的年转移量为 1278mg·m^{-2}（地上、地下部分分别为 342.71mg·m^{-2}、935.29mg·m^{-2}）；香蒲对 As 年转移量为 31.46mg·m^{-2}（地上、地下部分分别为 0.75mg·m^{-2}、30.71mg·m^{-2}）。香蒲可作为锑矿区废渣堆场生态修复的功能植物（陈俊峰 等，2015）。藜科藜属植物、凹叶景天、佛甲草可高吸收 Sb，含量达 1000mg·kg^{-1} 以上，可作为修复 Sb 污染土壤的重要植物（Ning et al.，2015）。锑矿区生长的头花蓼具有较强的耐受性，且 Sb、Mn 在头花蓼各部位的含量分布分别为根＞叶＞茎＞花、叶＞花＞根＞茎（王丽 等，2017）。锑矿区苎麻、凤尾蕨、斑茅、苣荬菜、水稻、香蒲等 6 种植物均具有耐受性，As 在凤尾蕨的根、茎、叶中的含量均为最大，且其生物累积系数（BCF）＞0.5；香蒲从根转移到茎、叶中 As 的生物转移系数（TF）分别为 6.38、6.60，凤尾蕨和香蒲中的 Sb 从根转移叶中的 TF 分别为 1.38、1.10。凤尾蕨可作为 As 的稳定植物，也可用于 Sb 的提取植物，香蒲可作为 Sb 的提取植物（龙健 等，2020）。本土植物鬼针草在锑矿废渣堆场上长势较好，对锑矿废渣堆场恶劣环境具有较强耐性（Xiao et al.，2019）。

许多研究发现湖南锑矿区优势植物有龙葵、石荠苎、蜈蚣草、藿香蓟、南艾蒿、千里光、水蓼、土荆芥、小飞蓬、小蓟、水麻、鬼针草、白茅、巴天酸模、紫花灯盏、苎麻、金荞麦、红盖鳞毛蕨（袁程 等，2015；Wei et al.，2015；Qi et al.，2011）。优势植物中 Sb 的富集迁移特征表明，水麻对 Sb 有较强的积累和转移能力，是修复 Sb 污染土壤的潜在植物（袁程 等，2015）。通过采用 X 射线吸收近边结构（X-ray absorption near edge structure，XANES）等表征手段发现，土壤和植物中普遍存在无机 Sb，而三甲基 Sb（TMSb）仅在少数根际土壤及植物叶片中存在，较少存在于茎中。As 主要以无机形式存在土壤中，而二甲胂酸（DMA）在所有植物组织的比例均很高，土生植物中 Sb 的甲基化程度远低于 As（Wei et al.，2015）。Qi 等（2011）研究了湖南锡矿山锑矿区内 34 种植物中 Sb 的分布和富集规律，结果表明，Sb 在 34 种植物中广泛存在，含量范围为 3.92～143.69mg·kg^{-1}，木贼科植物的 Sb 含量最高（98.23mg·kg^{-1}），而鳞毛蕨科植物中 Sb 含量最低（6.43mg·kg^{-1}）。木贼科中节节草的 Sb 平均含量最高达 98.23mg·kg^{-1}，和凤尾蕨科的蜈蚣草具有明显的累积 Sb 的优势（BCF 为 0.08）。几乎所有植物的茎、叶、花中均富集 Sb（TF＞1），三裂叶葛藤和野菊的 TF 分别为 6.65 和 5.47。这些植物可作为锑矿区生态修复的优势植物（表 3-19）。

表 3-19　典型锑矿废弃地重金属特征污染物及优势植物种类

研究区	区域	特征污染物	植物	参考文献
贵州独山	尾矿库	Sb、As	香蒲、芒萁、蕨菜、牛尾蒿、苎麻	陈俊峰等（2015）
	矿区	Sb	凹叶景天、佛甲草等	Ning 等（2015）
	矿区周边污染土壤	Sb、As、Cd、Zn、Pb、Mn	头花蓼	王丽等（2017）
	矿区周边污染土壤	Sb、As	苎麻、凤尾蕨、斑茅、苣荬菜、水稻、香蒲	龙健等（2020）
	废渣堆场	Sb、As	鬼针草	Xiao 等（2019）
湖南中部	矿区及周边污染土壤	Sb、As、Cd、Zn、Pb	龙葵、石荠苎、蜈蚣草、藿香蓟、南艾蒿、千里光、水蓼、土荆芥、小飞蓬、水麻、小蓟、鬼针草、白茅、巴天酸模、紫花灯盏	袁程等（2015）
湖南冷水江	废弃地	As、Sb	苎麻、金荞麦、蜈蚣草、红盖鳞毛蕨	Wei 等（2015）
	堆场	Sb	菊科、禾本科、马钱科、荨麻科、藜科、蓼科、凤尾蕨科、蔷薇科、桑科、木贼科等	Qi 等（2011）

3.3　历史遗留采冶废渣堆存及环境效应

贵州具有悠久的土法冶炼历史，经过几百年的不断累积遗留下大量的金属冶炼废渣，由于土法冶炼工艺水平落后，对金属的回收率低，并缺乏环保治理设施，金属冶炼废渣未经处理露天堆存，废渣中含有 Hg、Pb、Zn、Cu、Cd 等有毒重金属，在雨水的冲刷下释放出重金属离子，使附近的土壤、溪流沉积物及水体受到严重污染（吴攀 等，2002a；杨元根 等，2003；张国平 等，2004b）。土法炼锌历史遗留问题突出，其产生的重金属污染具有毒性大、持久性及生物累积性等特点（李仲根 等，2011）。因此，历史遗留废渣堆存对水-土环境质量的影响一直备受环境科学、土壤学、环境生态学等领域的科学家的关注。其中，冶炼活动过程中烟尘的干湿沉降、废渣堆场污染物随地表径流的迁移及下渗是造成冶炼区水-土环境质量遭受潜在威胁的重要途径。

3.3.1　历史遗留废渣堆存对大气环境的影响

金属冶炼活动对矿区周边的大气环境具有重要影响，其中弃置在自然环境中的废渣中的污染物扩散是矿区周边大气环境污染的重要源。废渣堆放过程中对大气环境的影响主要表现为废渣堆场中细粒径废渣在风力扩散的作用下进入大气，增加大气中富含重金属的颗粒物含量。有研究表明，风力扩散是矿区居民最重要的暴露途径之一（Csavina et al.，2012）。尾矿颗粒的大小从胶体到粗颗粒不等（Csavina et al.，2012）。粒径和风速对颗粒和污染物的扩散都起着重要作用（Csavina et al.，2012）。粗颗粒（60～2000μm）主要通过跳跃搬运，通常占局部尺度质量运动的大部分（Stout and Zobeck，1996）。跃移是指粗颗粒沿土壤表面反弹，导致细颗粒脱落，并产生雪崩效应，即随侵蚀面下风距离的增加，扬尘排放增加（Zobeck et al.，2003）。这一机制主要是粉砂和黏土大小的颗粒（＜60μm）从表面脱落的原因，而更细的颗粒可以被风带到其他区域。以黔西北的历史遗留铅锌冶炼废渣为例，黔西北地处贵州高原西北，昼夜温差大、干湿交替明显，大量露天堆存的铅锌冶炼废渣存在显著的自然风化崩解现象并产生了大量自然崩解碎粒。同时，由于冶炼废渣中存在少量尚未烧尽的煤，周边居民也常对冶炼废渣进行人工破碎，加之机械碾压和后续治理过程中的机械翻挖，形成了数量较多的人工碎粒（麻占威 等，2014）。自然崩解与机械破碎得到的不同粒径废渣颗粒水溶态及酸溶态 Zn、Pb、Cu、As、Cd、Cr 含量均随粒径减小而升高，不同粒径级间差异显著，且在粒径相近范围内，自然崩解颗粒数值高于机械破碎颗粒。铅锌冶炼废渣中污染物主要扩散途径为风力侵蚀与水力侵蚀，且粒径越小其污染物越容易迁移释放，因此不同来源不同粒径的废渣，污染释放能力不同，自然崩解条件下，粒径越小，污染越容易释放且易迁移，环境危害越大，建议加以区别控制。吴攀等（2002b）研究表明，在长期的风化淋滤作用下，废渣中的重金属随着时间的增加而递减，其自然释放过程可用负指数方程描述，但废渣堆中金属总量高，自然释放时间长，废渣风化形成的富含重金属的细粒径废渣易迁移至大气环境，影响大气环境质量。

3.3.2　历史遗留废渣堆存对水环境的影响

大量的历史遗留废渣堆存对周边水体环境质量存在重大的隐患，其对水环境质量的影响主要是由于未采取任何环境保护措施的大面积废渣堆场因水土流失致使大量的富含重金属的细颗粒废渣搬运迁移至水体，以及露天堆放的废渣经过长期风化作用及雨水淋滤后废渣中溶解释放的重金属以离子态形式随地表径流汇入周边水体，致使水体悬浮物和沉积物的重金属含量远远高于水体（吴攀 等，2002a，2003）。另外，废渣堆场重金属释放、迁移也对周边地下水环境质量造成一定程度的污染（顾蒙等，2016）。前人研究表明，赫章县土法炼锌厂附近溪流中 Pb、Zn 和 Cd 污染严重，且溪流中重金属含量升高主要发生在土壤和炉渣的侵蚀产生的悬浮物中（Lin et al.，2015）。相关研究表明，土法炼锌活动及其遗留废渣重金属释放是土法炼锌区地下水和地表水沉积物中重金属的主要来源（Bi et al.，2007；Yin et al.，2016）。孙雪城等（2014）的研究结果也表明，汞矿废渣中重金属的溶解、释放是影响废渣堆场周边地表水环境质量的潜在污染源。另外，汞矿区废渣风化过程释放进入大气环境的 Hg 的干湿沉降以及汞矿废渣的地表径流冲刷是导致矿区地表水中 Hg 污染的重要途径（仇广乐等，2004）。

3.3.3　历史遗留废渣堆存对土壤环境的影响

未经任何处理的历史遗留废渣无序堆存对周边土壤环境质量具有重要威胁，废渣堆存过程中对周边土壤污染途径主要包括：①废渣堆场中富含重金属的细粒径废渣随风力扩散进入矿区周边大气环境，并在干湿沉降作用下进入周边土壤；②废渣堆场中富含重金属的细粒径废渣在地表径流的冲刷作用下随地表径流迁移至周边土壤；③废渣中的原生矿物随着环境条件（如温度、微生物、氧化还原电位等）改变发生生物化学风化，促使废渣中的重金属释放进入周边土壤环境。

贵州历史遗留废渣堆场周边土壤及农作物中重金属超标问题备受关注，尤其是贵州区域元素地球化学高背景与金属冶炼活动污染叠加使该区域土壤污染问题异常复杂。迄今，针对历史遗留废渣堆存造成的土壤重金属污染已有大量研究报道，通过收集整理 2001～2021 年发表的 173 篇相关研究文献数据，这些文献的主要内容包括贵州省铅锌矿、汞矿、锰矿、锑矿的主要开采和冶炼区历史遗留废渣和周边土壤、高地质背景区域土壤，以及一些农用地和林地土壤（作为背景对照）重金属含量特征，共涉及相关样品 5684 件，数据点位 628 个，其中含 Cd 数据点位 547 个，含 Hg 数据点位 373 个，含 As 数据点位 342 个，含 Pb 数据点位 464 个，含 Cr 数据点位 234 个，含 Cu 数据点位 295 个，含 Zn 数据点位 321 个，含 Ni 数据点位 130 个，含 Sb 数据点位 46 个，含 Mn 数据点位 88 个，具体重金属含量统计特征见表 3-20。

表 3-20　典型金属采冶废渣污染场地土壤重金属含量统计

元素	点位数/个	最大值/($mg \cdot kg^{-1}$)	最小值/($mg \cdot kg^{-1}$)	中值/($mg \cdot kg^{-1}$)	平均值/($mg \cdot kg^{-1}$)	贵州省土壤背景值（A 层）①
Cd	547	580	0.01	0.88	10.86	0.66
Hg	373	242	0.01	0.23	6.36	0.11
As	342	1600	0.24	19.4	85.24	20
Pb	464	27466	2.23	45.33	1027.18	35.2
Cr	234	355.6	0.53	80	90.38	95.9
Cu	295	6402	0.37	41.25	87.81	32
Zn	321	234000	1.74	160.1	4097.59	99.5
Ni	130	443	0.78	38.5	48.55	39.1
Sb	46	2647.44	0.35	20.91	205.57	2.24
Mn	88	69700	2.7	808.39	7868.15	794

注：①参考何邵麟（1998）。

由于样品类型不同导致各元素的含量差异较大，其含量关系为：废渣＞污染土壤＞未受污染土壤，如 Zn 含量可相差 5 个数量级，Cd、Hg、As、Pb、Cu、Sb 和 Mn 的含量相差 4 个数量级，Cr 的含量相差 3 个数量级。所有数据的中值除 As 和 Sb 明显大于贵州省土壤背景值外，其余元素的中值均接近贵州省土壤背景值。除 Cr 的平均值低于背景值外，其余元素均明显超过背景值。

图 3-14（a）～图 3-14（j）反映了各区域的重金属空间分布特征，铅锌采冶聚集区（黔西北地区）主要污染特征元素为 Cd、As、Pb、Cu、Zn、Ni、Sb，大多超贵州省土壤背景值 1～100 倍，局部点位的 Pb、Zn、Sb 超标 1000 倍以上；汞砷锑铊采冶聚集区（黔西南地区）主要污染特征元素为 Cd、Hg、As、Pb、Cu、Sb，多为超贵州省土壤背景值 1～10 倍，其中个别点位的 As、Sb 可达 10～100 倍；汞锑铅锌采冶聚集区（黔南和黔东南地区）主要污染特征元素为 Cd、Hg、As、Pb、Zn、Sb，其富集程度多为贵州省土壤背景值的 1～10 倍，其中少许点位的 Cd、As、Sb 可达 10～100 倍；汞锰采冶聚集区（铜仁市和务川汞矿区地区）主要污染特征元素为 Cd、Hg、Pb、Cu、Zn、Mn，其中 Hg 的含量超标最为严重，最高可超贵州省土壤背景值的 2200 倍，其次是 Mn 的含量为贵州省土壤背景值的 10～93 倍，其余 Cd、Pb、Cu、Zn 元素含量为贵州省土壤背景值的 0～10 倍。

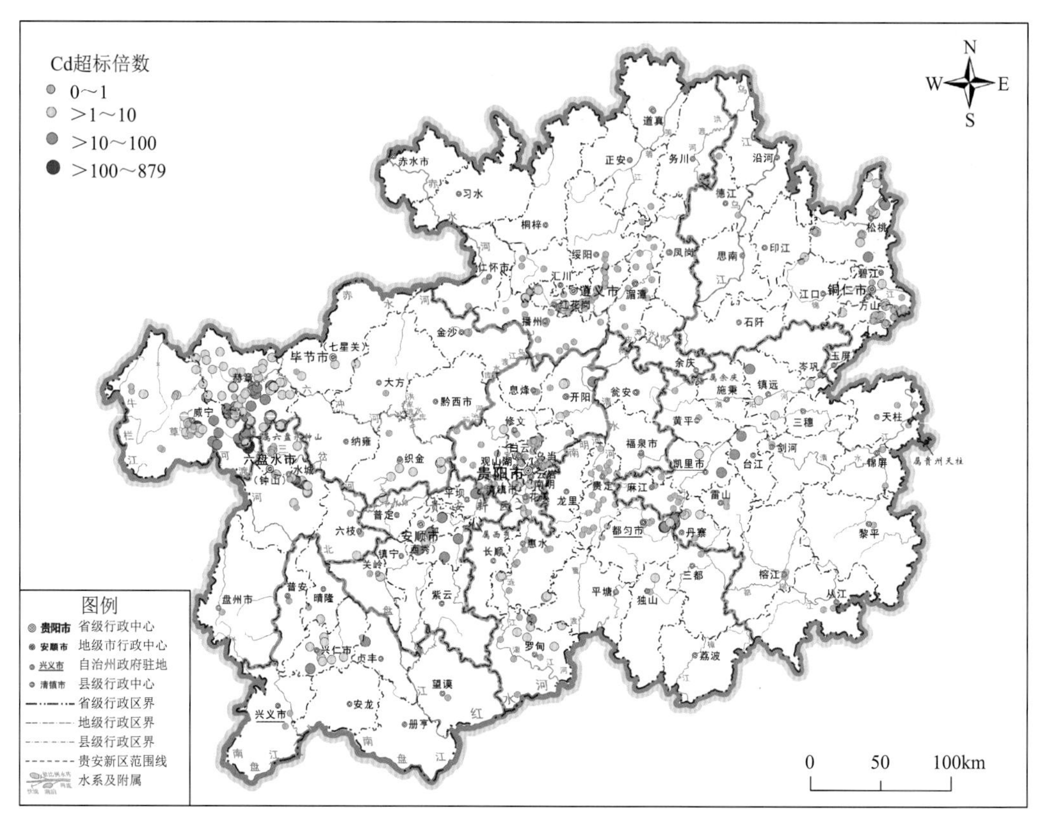

(a)

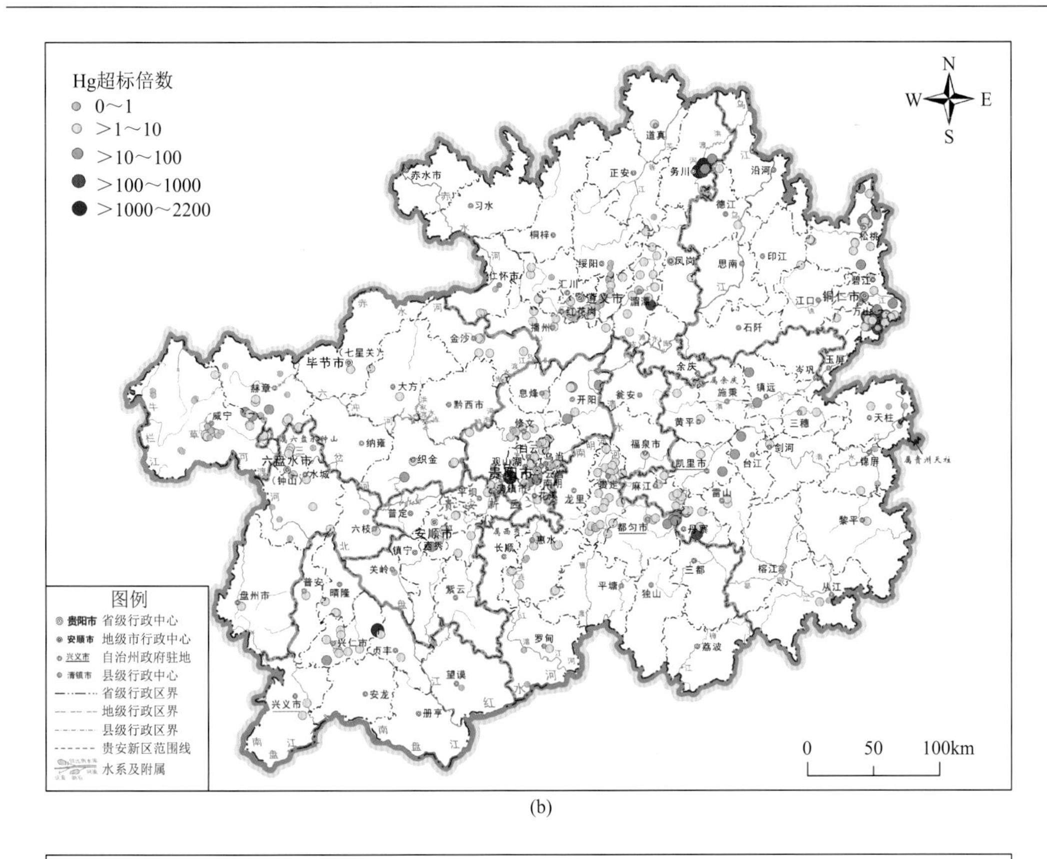
Hg超标倍数
0～1
>1～10
>10～100
>100～1000
>1000～2200
N
W
E
S
图例
贵阳市 省级行政中心
安顺市 地级市行政中心
兴义市 自治州政府驻地
清镇市 县级行政中心
省级行政区界
地级行政区界
县级行政区界
贵安新区范围线
水系及附属
0 50 100km
道真
务川
正安
沿河
赤水市
习水
德江
松桃
桐梓
印江
凤冈
思南
仁怀市
绥阳
碧江
汇川
遵义市
湄潭
江口
铜仁市
红花岗
万山
播州
石阡
金沙
七星关
毕节市
余庆
玉屏
岑巩
赫章
大方
镇远
黔西市
息烽
开阳
瓮安
施秉
天柱
威宁
黄平
三穗
修文
纳雍
福泉市
剑河
六盘水市
织金
凯里市
锦屏
台江
水城
(钟山)
贵阳市
清镇市
平坝
贵定
麻江
雷山
龙里
普定
黎平
六枝
安顺市
(西秀)
长顺
惠水
都匀市
丹寨
镇宁
关岭
三都
榕江
普安
晴隆
紫云
平塘
从江
盘州市
独山
兴仁市
贞丰
罗甸
荔波
望谟
安龙
兴义市
册亨
南
盘
江
红
水
河
(b)

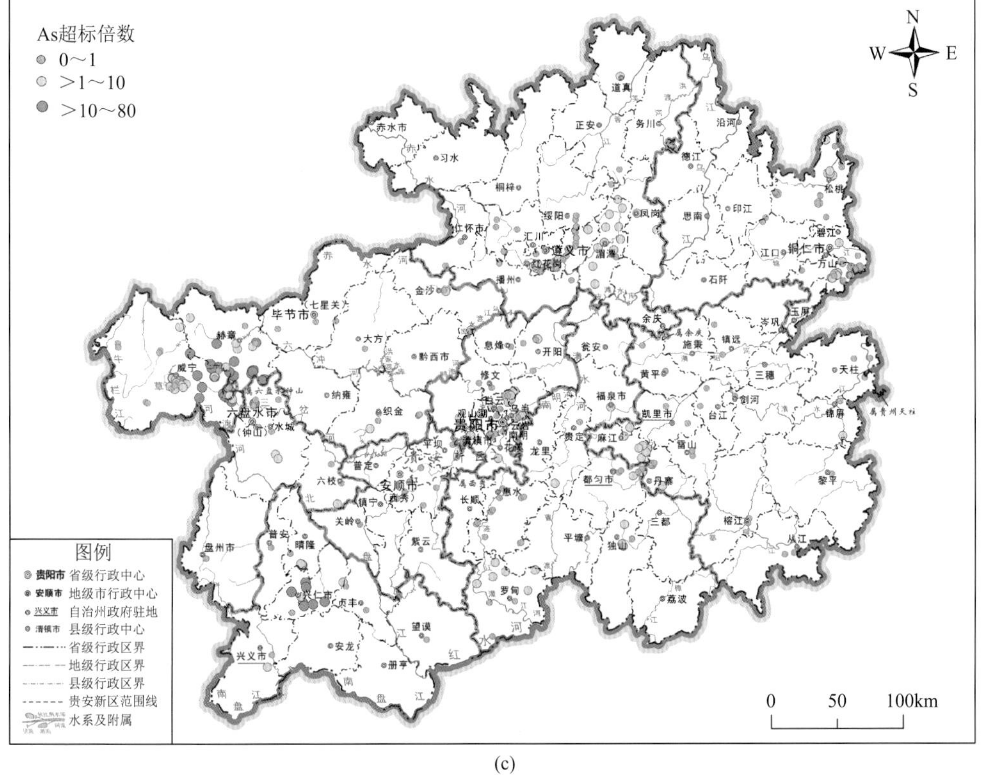
As超标倍数
0～1
>1～10
>10～80
N
W
E
S
图例
贵阳市 省级行政中心
安顺市 地级市行政中心
兴义市 自治州政府驻地
清镇市 县级行政中心
省级行政区界
地级行政区界
县级行政区界
贵安新区范围线
水系及附属
0 50 100km
道真
务川
正安
沿河
赤水市
习水
德江
松桃
桐梓
印江
凤冈
思南
仁怀市
绥阳
碧江
汇川
遵义市
湄潭
江口
铜仁市
红花岗
万山
播州
石阡
金沙
七星关
毕节市
余庆
玉屏
岑巩
赫章
大方
镇远
黔西市
息烽
开阳
瓮安
施秉
天柱
威宁
黄平
三穗
修文
纳雍
福泉市
剑河
六盘水市
织金
凯里市
锦屏
台江
水城
(钟山)
贵阳市
清镇市
平坝
贵定
麻江
雷山
龙里
普定
黎平
六枝
安顺市
(西秀)
长顺
惠水
都匀市
丹寨
镇宁
关岭
三都
榕江
普安
晴隆
紫云
平塘
从江
盘州市
独山
兴仁市
贞丰
罗甸
荔波
望谟
安龙
兴义市
册亨
南
盘
江
红
水
河
(c)

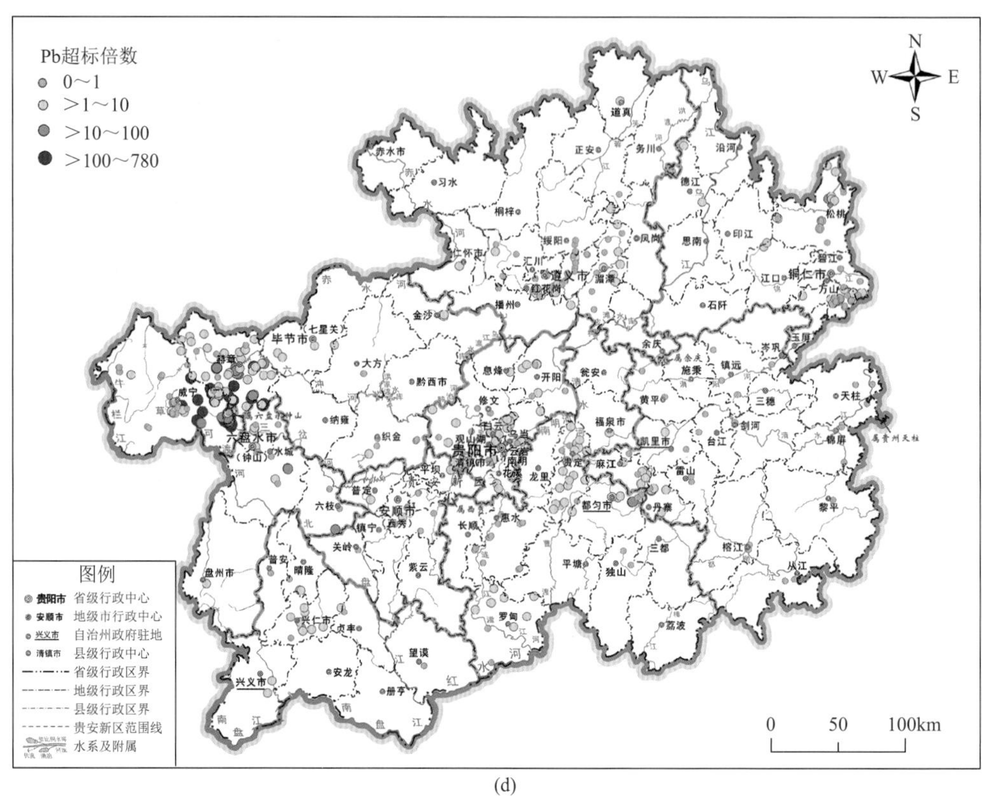
Pb超标倍数
0～1
＞1～10
＞10～100
＞100～780
N
W
E
S
图例
贵阳市 省级行政中心
安顺市 地级市行政中心
兴义市 自治州政府驻地
清镇市 县级行政中心
省级行政区界
地级行政区界
县级行政区界
贵安新区范围线
水系及附属
0
50
100km

(d)

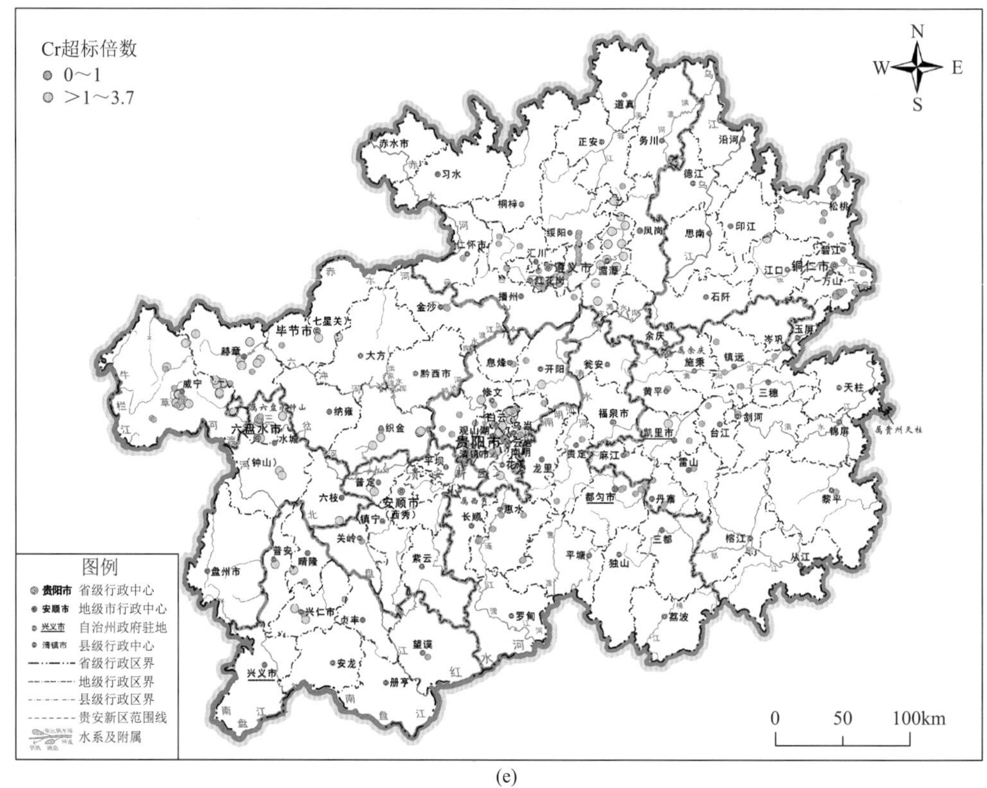
Cr超标倍数
0～1
＞1～3.7
N
W
E
S
图例
贵阳市 省级行政中心
安顺市 地级市行政中心
兴义市 自治州政府驻地
清镇市 县级行政中心
省级行政区界
地级行政区界
县级行政区界
贵安新区范围线
水系及附属
0
50
100km

(e)

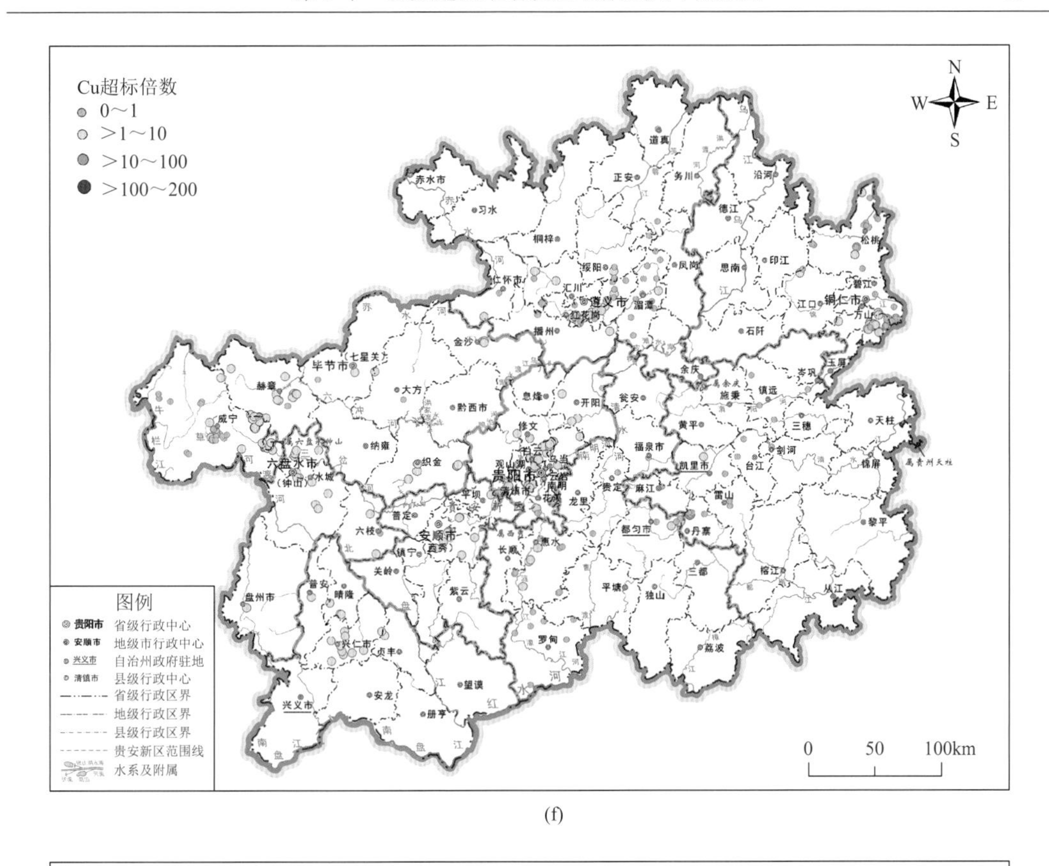
Cu超标倍数
0～1
>1～10
>10～100
>100～200
图例
贵阳市 省级行政中心
安顺市 地级市行政中心
兴义市 自治州政府驻地
清镇市 县级行政中心
省级行政区界
地级行政区界
县级行政区界
贵安新区范围线
水系及附属
0 50 100km

(f)

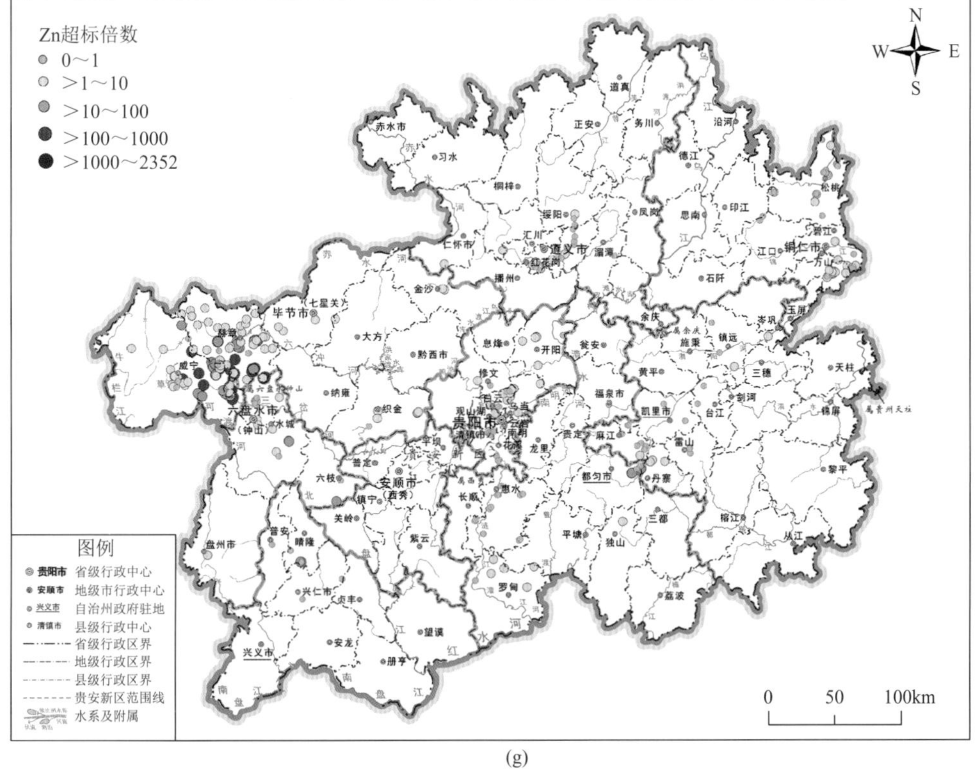
Zn超标倍数
0～1
>1～10
>10～100
>100～1000
>1000～2352
图例
贵阳市 省级行政中心
安顺市 地级市行政中心
兴义市 自治州政府驻地
清镇市 县级行政中心
省级行政区界
地级行政区界
县级行政区界
贵安新区范围线
水系及附属
0 50 100km

(g)

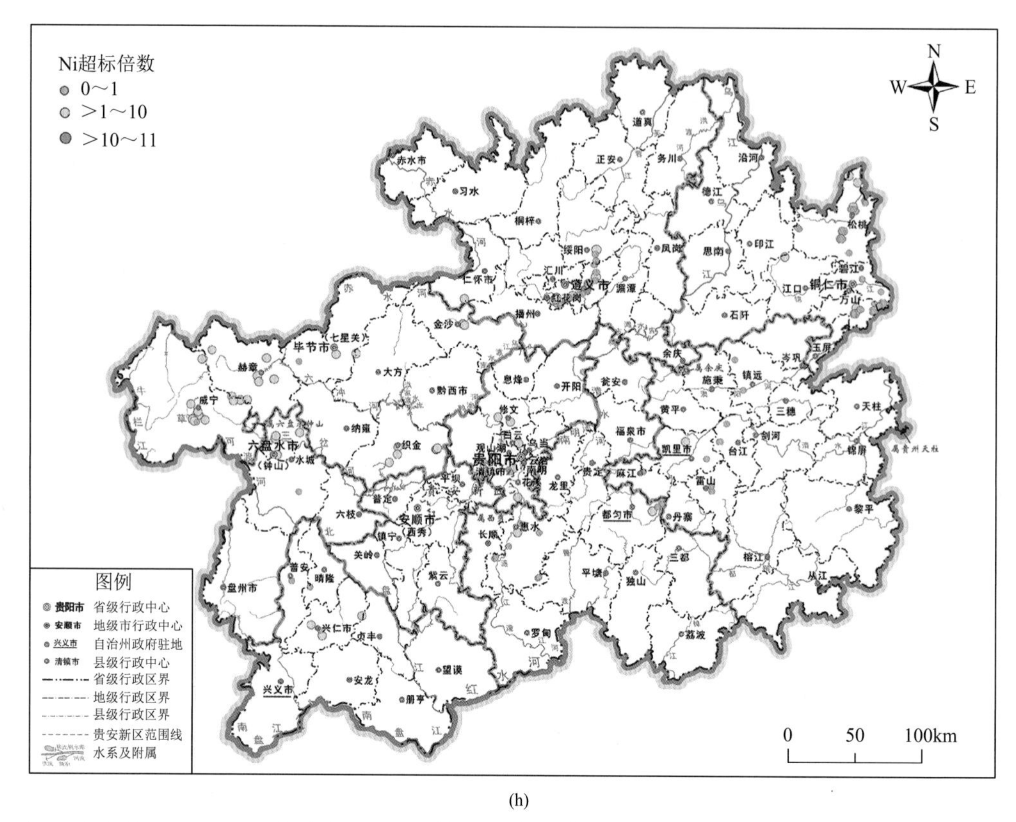
Ni超标倍数
0～1
>1～10
>10～11
N
W
E
S
图例
贵阳市 省级行政中心
安顺市 地级市行政中心
兴义市 自治州政府驻地
清镇市 县级行政中心
省级行政区界
地级行政区界
县级行政区界
贵安新区范围线
水系及附属
0
50
100km

(h)

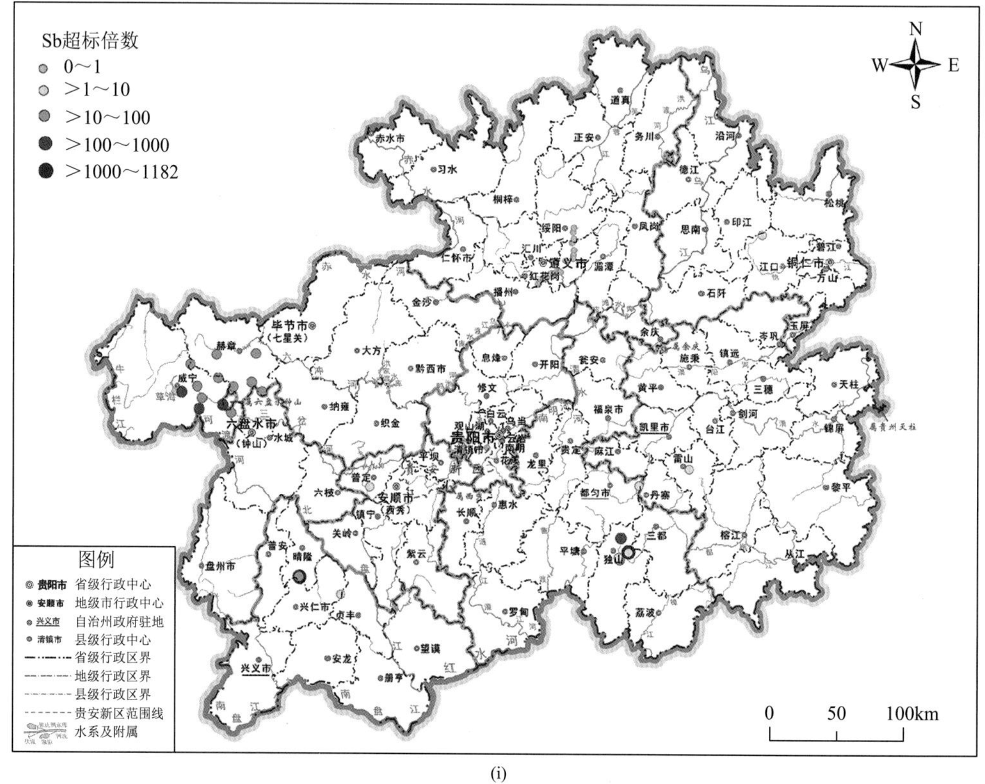
Sb超标倍数
0～1
>1～10
>10～100
>100～1000
>1000～1182
N
W
E
S
图例
贵阳市 省级行政中心
安顺市 地级市行政中心
兴义市 自治州政府驻地
清镇市 县级行政中心
省级行政区界
地级行政区界
县级行政区界
贵安新区范围线
水系及附属
0
50
100km

(i)

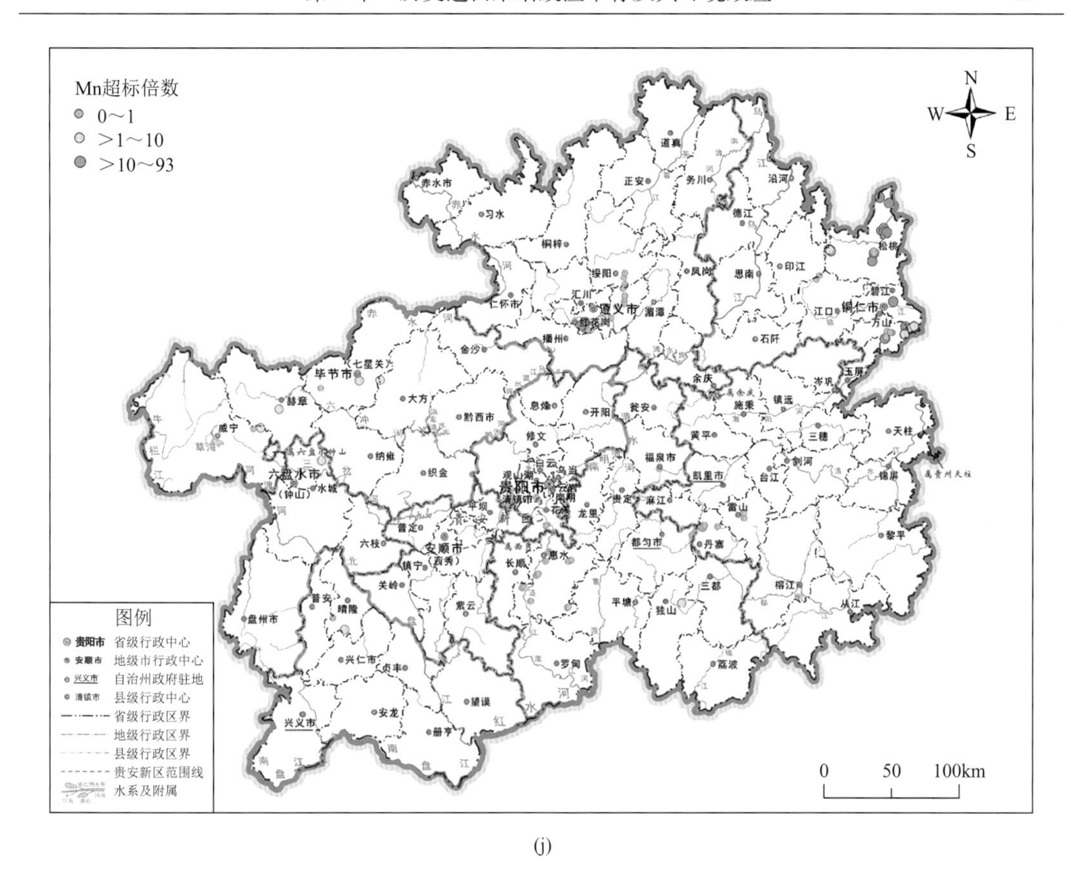

(j)

图 3-14　贵州省历史遗留废渣污染场地土壤重金属分布图

综上，在历史时期，贵州典型矿产（铅锌、汞、锰、锑）开采和冶炼活动产生的大气沉降、尾矿及废渣堆存对周边土壤造成重金属污染，特别是尾矿渣和废渣长时间堆存过程中，在雨水的淋滤、浸泡和浸出作用下会持续向周边土壤环境释放重金属。

3.3.4　历史遗留废渣堆场周边农作物的重金属富集特征

1. 铅锌冶炼废渣堆场周边农作物的重金属富集特征

长期以来，矿山开采、金属冶炼过程中废水、废渣的排放是造成矿区周边土壤和农作物重金属污染的主要因素（Li et al.，2018；王洋洋 等，2019）。重金属污染具有隐蔽性、长期性和不可逆性的特点，进入土壤的重金属因不能降解会长期存在并不断累积，最终通过农作物富集进入食物链，危害人体健康（Kwon et al.，2017；Wang et al.，2017）。已有研究表明，食物摄入是危害矿区居民健康的最主要途径，食物摄入的风险高于呼吸吸入和皮肤接触的暴露途径（陈洁宜 等，2019）。因此，研究矿区周边农作物的污染风险，对保障矿区粮食安全和环境保护具有积极的意义。

前人研究表明，铅锌矿区土壤中种植的玉米籽粒中重金属（如 Pb、Zn、Cd）富集程度较高，重金属含量大都超过我国食品卫生标准限值，重金属通过玉米籽粒摄入引起的复合重金属污染对成人和儿童均存在健康风险，且对儿童造成的健康风险高于成人（闭

向阳 等，2006b；向发云 等，2009；周艳 等，2020）。黔西北盛产马铃薯，铅锌废渣区马铃薯各器官 Cd 含量总体表现为根、叶、茎大于果实，且以氯化钠提取态和去离子水提取态为主；马铃薯除果实外，根、茎、叶中 Cd 含量几乎全部超出国家食品安全限值，存在较高的生态风险（付海波 等，2014）。另外，闭向阳等（2006b）研究表明，铅锌冶炼活动污染的土壤中种植的土豆和大豆可食部分 Cd 含量分别为 4.8mg·kg^{-1} 和 2.0mg·kg^{-1}，分别是国家粮食卫生标准的 48 倍和 10 倍。

黔西北某典型锌冶炼区菜地土壤已受到重金属的重度污染，蔬菜污染主要以 Cd 为主，超过国家食品卫生标准 54 倍；矿区周围其他植物如土豆、玉米和绿肥等中的重金属亦严重超标，主要以 Pb 污染为主，超过国家食品卫生标准 366.75 倍（李海英 等，2009）。黔西北某典型锌冶炼区菜地土壤 Cd 存在极强生态风险，研究区处于轻微、中等、强和很强的生态风险程度的采样点比例分别为 2.0%、14.3%、35.7%和 48.0%；土豆处于重度污染水平，芸豆处于中度污染水平；复合重金属健康风险指数评价结果表明，食用研究区域蔬菜对成人和青少年儿童健康产生负面影响的可能性很大（余志 等，2019）。吴迪等（2013）研究表明，贵州某典型铅锌矿区水稻土壤重金属污染严重，其中 Pb、Cd、Zn、Ni、Hg、As 污染尤为突出，以 Cd 污染最为严重。矿区稻米存在高重金属污染风险，尤以 Pb、Hg 和 As 最为明显，食用当地稻米对人体造成的健康风险极大。Wei 等（2020）研究表明，黔西北赫章县遭受较长历史炼锌活动影响的不同区域土壤严重受 Pb、Zn、Cd 等重金属污染，其含量分别为 40～14280mg·kg^{-1}、150～47020mg·kg^{-1} 和 1.28～61.7mg·kg^{-1}。对于居民，特别是对儿童来说，玉米籽粒中 Pb、Cd 和 Cr 摄入食物的危险商数非常高。铅同位素指纹图谱和二元混合模型显示，玉米籽粒中有 80%以上的铅来源为人为活动贡献。综上表明，矿区土壤中种植作物的生长及食用安全已经受到重金属污染的严重影响，对居民健康构成潜在威胁。Yang 等（2010b）研究表明，在土法炼锌区，成年人对 Pb、Zn、Cd 的日摄入量分别达 3646μg·d^{-1}、59295μg·d^{-1}、186μg·d^{-1}，其中，食用莴苣菜和卷心菜对成年人摄食 Pb、Zn、Cd 的贡献量分别达 75%、50%和 70%。

Zhang M 等（2012）对中国铅锌矿开采和冶炼活动造成的农作物污染问题进行了总结（表 3-21）。研究表明，在铅/锌冶炼区附近生长的农作物几乎都积累了 Cd、Pb 和 Zn。大气沉降、废水灌溉和土壤污染是这些农作物暴露于污染物的主要途径。铅锌矿区的水稻中积累了大量的 Cd，而蔬菜中积累了 Cd 和 Pb。重金属污染物在叶类蔬菜中积累最多，其次是鳞茎类蔬菜和块根类蔬菜。此外，重度污染地区的农作物重金属含量比对照地区高约 50 倍，并且大大超过了《食品中污染物限量》的最高限量。在某些污染地区，蔬菜或大米中重金属摄入量超过了 WHO 的标准。受污染的农作物通常出现在水和土壤被污染的地区，包括云南、贵州、四川、广西北部、湖南中西部、辽宁北部、浙江中北部的交界处。露天堆放的矿渣是重金属进入食物链的主要途径之一（Ikem and Nyavor，2003）。铅锌矿区基岩中 Pb、Zn、As、Cd 含量高，当地居民不了解其毒害性，或迫于生计使用这些重金属含量高的废渣农耕，导致农业用地重金属含量超标（吴志强 等，2009），对环境、社会及当地居民构成潜在威胁。长期食用 Cd、Pb 超标食物，会致使记忆力减退、智力障碍、神经痛及骨质疏松（Oyarzun et al.，2011）。铅锌矿采冶活动对人体的危害已有较多报道，如表 3-22 所示。

表 3-21　中国典型铅锌矿采冶污染区主要农作物重金属特征污染物

地点	污染类型	农作物	特征污染物	参考文献
贵州赫章	冶炼	玉米	Pb、Cd	Bi 等（2006）
贵州西北地区	冶炼	玉米和蔬菜	Pb、Cd	Li 等（2009）
湖南郴州	选矿	大米、谷类和豆类	Cd	Liu 等（2005）
湖南凤凰	矿业	白饭	Pb、As	姬艳芳等（2008）
湖南凤凰	矿业	大米、玉米和大豆	Pb	李永华等（2008）
湖南株洲	冶炼	蔬菜	Cd、Pb、Zn	许中坚等（2008）
广西南坪	采矿和冶炼	玉米、蔬菜和花生	Pb、Cd	王英辉等（2007）
广西	矿业	米饭和蔬菜	Pb	Liu 和 Tang（2009）
广东乐昌	矿业	稻米和蔬菜	Cd、Pb	Yang 等（2006）
广东韶关	矿业	稻米和蔬菜	Cd、Pb、Zn	Zhuang（2009）
浙江绍兴	矿业	蔬菜	Cd、Pb、Zn	Li 等（2006）
江苏南京	采矿和冶炼	蔬菜	Pb、Cd	Hu 和 Ding（2009），王晓芳和罗立强（2009）
广东乐昌	矿业	芦笋豆	Pb、Cd	朱云和杨中艺（2007）
辽宁葫芦岛	冶炼	蔬菜	Pb、Cd	Zheng 等（2007）
辽宁铁岭	矿业	玉米和大米	Pb、Cd	乌爱军等（2008）

表 3-22　中国典型铅锌矿区重金属暴露途径及人体健康状况部分调查结果

地点	暴露途径	污染物	症状	文献
贵州	水和食物	Cd	居民由于食物中的 Cd 含量高而承受了高 Cd 负荷；有些人患了骨软化症、腿部弯曲和髋关节外翻	叶霖等（2006）
贵州赫章	水、土、作物	Cd	尿液中的 Cd 浓度达到 28.16μg·g^{-1}，是正常水平的 8 倍	Li 等，2007
甘肃徽县	土、水、空气、作物	Pb	在 300 名接受研究的儿童中，超过 90%的人血铅呈不安全水平；最高浓度为 619μg·L^{-1}；大约 2000 名居民铅中毒	www.hsw.cn（2006-09-05）
湖南株洲	水、土、作物	Cd	1 例死亡归因 Cd 毒性。在 1000 多个村民中发现尿中 Cd 的不安全水平，且在大约 200 个村民中发现严重不安全	财经杂志，2007，24
广西河池	地下水	As	136 个村民的尿液中 As 呈不安全水平	www.chinanews.com（2008-10-08）
广东韶关曲江县	水、土、作物	Pb、Cd	每年大约有 10 位村民死于与采矿有关的各种癌症	南方都市报（2009-7-22）
陕西凤县	水、土、空气、作物	Pb	615～715 名儿童的血液 Pb 含量超过了 WHO 的标准，163 名儿童中度 Pb 中毒和 3 名儿童重度中毒	南方都市报（2009-7-22）
河南济源	水、土、空气	Pb	10 多个村庄中低于 14 岁的儿童的血 Pb 水平超过 250μg·L^{-1}，1008 名儿童（32.4%）需要紧急治疗	经济信息日报（2009-08-14）；南方都市报（2009-11-30）

2. 汞矿废渣堆场周边农作物的重金属富集特征

近年来，汞矿区周边土壤中种植的典型农作物（水稻、玉米）及蔬菜中总汞和甲基汞的富集特征备受关注。大量研究表明，贵州典型汞矿区水稻籽粒的总汞含量为 0.14～0.71mg·kg^{-1}，甲基汞含量为 4.85～16.85μg·kg^{-1}；玉米籽粒中的总汞含量为 0.13～0.17mg·kg^{-1}，甲基汞含量为 2.31～3.67μg·kg^{-1}：总汞含量均高于国家食品安全中的 Hg 限量卫生标准（总汞≤0.02mg·kg^{-1}），水稻籽粒中的总汞和甲基汞含量普遍高于玉米（于萍萍 等，2012）。汞矿区稻米呈现较高甲基汞含量特征，其籽粒中累积甲基汞高达 174μg·kg^{-1}（Qiu et al.，2008），稻米甲基汞占总汞比率为 91%，水稻籽实对土壤甲基汞的生物富集系数普遍大于 1（Zhang et al.，2010），表现为“吸收—运移—富集”的动态过程（Meng et al.，2012），水稻是迄今发现的汞矿区甲基汞的唯一超富集植物（Qiu et al.，2009；Zhang et al.，2010）。

在高 Hg 背景下矿区生产的蔬菜和稻米等体内 Hg 含量明显升高（Qiu et al.，2008；Meng et al.，2011），不同农作物中无机汞和甲基汞含量分别为：卷心菜为 120～18000μg·kg^{-1} 和 0.65～5.5μg·kg^{-1}；稻米为 8.8～550μg·kg^{-1} 和 1.2～18μg·kg^{-1}（Qiu et al.，2006；Feng and Qiu，2008），远超过我国食品卫生标准规定的 0.01～0.02mg·kg^{-1}［《食品安全国家标准食品中污染物限量》（GB 2762—2017）］。稻米总汞和甲基汞含量均随着远离汞矿开采区的方向表现出不同的降低趋势。稻田土壤总硫、总氮、有机质、pH、SiO_2、Se 等是影响稻米总汞和甲基汞富集的重要因素。

3. 电解锰渣堆场周边农作物的重金属富集特征

矿产资源及其开发对中国经济高速发展起重要的作用，但同时也产生了大量的矿业废弃地，导致严重的生态破坏及环境污染。矿区及周边严重的重金属污染将直接或间接导致重金属通过食物链进入人体，对人体健康存在高度的风险。在矿区恢复过程中，出于经济效益选择了农业利用的恢复模式进行矿区废弃地的恢复。种植作物可能会使重金属通过“土壤—植物—人体”途径进入人体，给食品安全带来重大隐患。分析矿区恢复区可食用农作物的重金属污染状况，及食用当地农作物重金属摄入风险，为锰矿区废弃地的生态恢复及确保人体安全健康提供科学依据（表 3-23）。

表 3-23　中国典型锰矿冶炼区主要农作物及其重金属特征污染物

年份	地点	污染类型	农作物	特征污染物	参考文献
2018	贵州锰矿区	冶炼	辣椒、南瓜、茄子、豇豆、白菜	Mn、Fe、Pb、Cd、Cr、As、Zn	陆凤等（2018）
2015	广西锰矿区	冶炼	花生、芋头、柑橘、姜、萝卜、莴苣、荔枝、革命菜、豇豆、黄瓜	Cu、Cr、Cd、Pb、Zn、Mn	唐文杰等（2015）
2007	广西锰矿区	冶炼	花生、大豆、柑桔、姜、葱、蒜、蕹菜、萝卜、柿、桃、豇豆等	Zn、Pb、Cr、Cr、Cd	赖燕平等（2007）
2017	广西锰矿区	冶炼	黄豆、芝麻、红薯、柑橘、花生、芋头、菜豆、豇豆、辣椒、萝卜等	Cu、Cr、Cd、Pb、Zn	陈春强等（2017）

锰矿区周围土壤 Mn、Cr、Cd、Pb、As、Zn 等元素含量通常较高，因此常被用作分析重金属的特征污染物。同时，花生、辣椒、豇豆等常被作为代表性农作物，并分析其

重金属的富集程度。对于贵州来说，目前对农作物的品种考虑得较少。陆凤（2018）研究结果表明，贵州典型锰矿区蔬菜中重金属 Pb、Cd、As、Cr 含量均未超过《食品中污染物限量》（GB 2762—2017）。

4. 锑矿废渣堆场周边农作物的重金属富集特征

贵州半坡、晴隆锑矿冶炼活动对矿区周边土壤环境具有严重的影响，同时在土壤上种植的农作物也受到一定程度污染。曾祥颖（2019）对贵州半坡锑矿老冶炼厂（小河冶炼厂）和新冶炼厂（大河冶炼厂）周边常规种植的农作物（玉米）的重金属富集特征进行了研究，结果表明，在老冶炼厂周边种植的玉米中 As、Sb 的含量分别为 0.03～0.72$mg \cdot kg^{-1}$（均值为 0.17$mg \cdot kg^{-1}$）、0.004～0.16$mg \cdot kg^{-1}$（均值为 0.07$mg \cdot kg^{-1}$）；新冶炼厂周边种植的玉米中As、Sb的含量分别为0.03～4.39$mg \cdot kg^{-1}$（均值为0.66$mg \cdot kg^{-1}$）、0.01～0.19$mg \cdot kg^{-1}$（均值为 0.08$mg \cdot kg^{-1}$）。厂区周边的常规农作物玉米中的 As、Sb 生物富集程度主要受到 0～10cm 土壤层中 As、Sb 含量的影响。针对贵州晴隆县大厂镇废弃锑冶炼厂周边农用地中玉米的重金属富集特征的研究结果表明，Sb 在玉米植株体内表现为根＞茎＞叶＞籽粒。其中，根、茎、叶、籽粒中 Sb 的含量范围分别为 2.41～19.96$mg \cdot kg^{-1}$（均值为 6.93$mg \cdot kg^{-1}$）、1.05～7.22$mg \cdot kg^{-1}$（均值为 3.25$mg \cdot kg^{-1}$）、0.91～6.65$mg \cdot kg^{-1}$（均值为 3.13$mg \cdot kg^{-1}$）、0.03～0.39$mg \cdot kg^{-1}$（均值为 0.15$mg \cdot kg^{-1}$）。玉米不同器官中 Sb 的生物累积系数表现为根＞茎＝叶＞籽粒；根、茎、叶、籽粒中 Sb 的平均生物累积系数分别为 0.11、0.04、0.04、0.002（刘灵飞，2014）。以往的研究主要是通过农作物体内 Sb 含量来判断其对人体健康的风险，然而，陈洁薇等（2014）通过体外模拟试验获得晴隆大厂锑矿区玉米的重金属生物可给量，以此为依据对当地人畜食用健康风险进行初步评价。结果显示，区域样品 As、Sb 全量与每人每日容许摄入量比值范围分别为 0～82.16%、0～2205.67%。Sb 对人体健康具有相当大的风险，As 对于人体健康风险较小。

3.3.5 黔西北土法冶炼活动对人体健康的影响

贵州赫章县是我国著名的土法冶炼区，该区域的土法炼锌历史悠久，土法炼锌活动造成该区域土壤 Cd 污染超标严重。当地居民自出生之日起便持续暴露于 Cd 污染的环境中。为弄清赫章县 Cd 污染区人群健康风险，2010 年，中国疾病预防控制中心环境与健康相关产品安全所、贵州省环境科学研究设计院等单位首次按照《环境镉污染健康危害区判定标准》（GB/T 17221—1998）技术要求对赫章县 Cd 污染区人群健康进行系统性评价，该调查以赫章县 27 个乡镇作为污染区，毕节市撒拉溪镇作为对照区，调查结果如下。

1. 土壤 Cd 污染是污染区人群镉暴露的主要来源

调查显示，大气 Cd 对人群健康的影响可以忽略，人群饮水 Cd 暴露风险较低。赫章 Cd 污染最严重的农田土壤主要集中于妈姑镇，土壤 Cd 含量为 0.973～30.325$mg \cdot kg^{-1}$，均值为 7.173$mg \cdot kg^{-1}$，超出《土壤环境质量农用地土壤污染风险管控标准（试行）》（GB 15618—2018）中风险管控值（0.3$mg \cdot kg^{-1}$）的 23.8 倍，是对照区均值的 11.9 倍。其他乡镇土壤 Cd 含量为 0.172～29.750$mg \cdot kg^{-1}$，均值为 2.170$mg \cdot kg^{-1}$，是对照区均值的 3.6

倍，其污染程度与日本神通川“痛痛病”病区的土壤（Cd 含量为 1.0～7.5mg·kg^{-1}，均值为 2.27mg·kg^{-1}）相当。污染区主要粮食、蔬菜 Cd 含量高于《食品中污染物限量》（GB 2762—2017）中相关标准限值。农田土壤 Cd 污染最严重的妈姑镇，玉米 Cd 含量均值为 0.137mg·kg^{-1}，超标率为 55.06%；根茎类蔬菜 Cd 含量均值为 0.21mg·kg^{-1}，超标率为 82.33%；叶菜类蔬菜 Cd 含量均值为 0.386mg·kg^{-1}，超标率为 51.40%。

2. 污染区人群 Cd 暴露量超过 WHO 建议最大允许值

由于无法估算当地人群大气 Cd 暴露和职业暴露史，目前仅能从膳食 Cd 摄入情况来估算当地人群的 Cd 暴露量。当地不生产大米和小麦，且人群食用较少。对人群 Cd 暴露水平影响较大的农产品为玉米、土豆、青菜和红芸豆，占人均每日膳食量的 65%。污染区各年龄组人群日均 Cd 摄入量大于对照区成人日均 Cd 摄入量（25μg）和 FAO（Food and Agriculture Organization of the United Nations，联合国粮食及农业组织）/WHO 建议的每日可耐受摄入量（70μg），低于日本神通川“痛痛病”病区人群日均 Cd 摄入量（600μg）。剔除 15 岁以下和 75 岁以上人群，污染区男性成人日均 Cd 摄入量为 100μg 左右、女性为 90μg 左右；污染区男性和女性一生累计 Cd 摄入量（75 岁）分别为 2435.75mg 和 2138.9mg，略高于 WHO 建议的最大允许累计摄入量（2000mg）。

3. 基本可以排除赫章县出现 Cd 污染致公害病风险的可能

污染区 951 人中仅 15 人出现三项指标（尿 Cd、尿 NAG、尿 β2-M）联合反应率为 1.58%；对照区的 401 人中 2 人出现上述三项指标联合反应率为 0.50%。《环境镉污染健康危害区判定标准》规定三项指标联合反应率达到 10%时，方能确认该地区环境 Cd 污染已构成对当地人群的慢性早期健康危害。因此，尽管赫章县人群环境 Cd 暴露水平超出 WHO 建议的阈值，但 Cd 污染对人群健康并未产生明显健康危害效应，故不能判定赫章县为环境 Cd 污染所致健康危害区。另外，结合污染区和对照区体检人群临床表现未发现明显差异，接受体检的常住居民最大年龄在 75 岁（我国人群的期望寿命）和当地土法炼锌活动已于 2006 年彻底取缔等因素，基本可排除赫章县存在发生 Cd 污染致公害病的风险。

关于黔西北典型土法炼锌区（赫章县）Cd 污染区人群健康评价结果对揭示该区域环境风险具有重要意义，然而，该调查研究存在以下局限性：①该调查仅对了解我国类似旱地农业 Cd 污染区的人群健康危害情况具有借鉴作用，不能反映以水稻种植为主 Cd 污染区人群健康状况；②赫章县人群 Cd 暴露水平高于 WHO 推荐阈值，但人群损害程度轻，未出现类似日本“痛痛病”症状，无法用现有的认知理论来解释，需要通过更多的科学调查研究来丰富现有的理论。

第4章　历史遗留采冶废渣堆场原位修复工程及其机理

4.1　矿山固体废弃物综合治理技术概述

矿产资源的开发利用对国民经济社会发展具有重要支撑作用，但是与此同时，矿山采冶活动遗留下大量的矿山固体废弃物。当前，由于经济技术水平还不成熟，全球的矿山固体废弃物资源化利用水平仍然不高，大量矿山固体废弃物主要以堆存方式为主。矿山固体废弃物未经处理直接露天堆存，经降水和地表水的冲刷及风扬扩散，导致重金属迁移至周围土壤和地下水，严重威胁周边自然生态环境和人体健康。因此，矿业开采活动所导致的环境污染和生态破坏是科学界和社会都广泛关注的问题。开发矿山固体废弃物堆场污染控制技术对保护矿区周边及下游的生态环境具有重要意义。矿业废弃地修复技术主要有物理、化学、生物技术。Xu 等（2021）从物理、化学、生物等方面综述了不同技术的优缺点（表 4-1），常规的物理化学修复技术成效快，但价格昂贵，对环境扰动大，容易造成二次污染，不适用于大面积的尾矿废弃地修复。然而，植物修复或重建则适合大面积污染土壤修复，该技术具有成本低、后期不需要维护，且可增加基质肥力等优点（Mench et al.，2009；Mendez and Maier，2008；Ali et al.，2013）。植被修复是最经济有效、应用最广的矿业废弃地修复技术（Bradshaw，1997；Conesa et al.，2007；Yang et al.，2010b）。

植物稳定技术通过植被覆盖阻止或减少水力、风蚀引起的重金属污染物的扩散，并且通过根际螯合、吸附等过程固定重金属，降低废弃地中重金属的有效性（Wong，2003；Clemente et al.，2005）。植被的建立能够改善矿山废弃地的物理结构（Jordan et al.，2008），促进土壤团聚体形成（Asensio et al.，2013），加速尾矿有机质和养分的积累（Yang et al.，2010；Moreno-Jiménez et al.，2012），提高土壤酶活性和微生物代谢（Moreno-Jiménez et al.，2012）。尾矿和植物根系之间形成了一个特殊的微环境（Nye，1981；Burckhard et al.，1995；Wang et al.，2002），植物通过一系列的生物化学过程作用于根际微环境从而影响矿山废弃物中重金属的迁移转化过程。一般而言，矿山固体废弃物堆场极端 pH、高盐、高重金属含量、养分贫瘠、微生物活性低、物理结构差等极端立地条件致使矿山固体废弃物堆场上鲜见有植物正常健康生长。在自然条件下，矿山固体废弃物堆场的植被恢复极其缓慢，因而需要采取人工措施，以加速植被重建。人工促进植被重建的主要途径是耐性植物筛选和基质改良。

表 4-1　重金属污染场地不同修复技术优缺点

修复技术		优点	缺点	修复机理	参考文献
物理修复	换土	操作简单，可用于少量污染严重的表层土壤	昂贵、费力，需要处置清除的土壤	利用未受污染的土壤更换部分受污染的土壤	Khalid 等（2017）；Gong 等（2018）
	电动修复	效率高，不破坏土壤原有的性质	尤其适合低渗透性的细粒径土壤且需要维持土壤 pH	在电场作用下诱导重金属从土壤迁移到电极	Bahemmat 等（2016）
	玻璃化	适用于大多数重金属污染的土壤	不能应用于干燥的土壤，因为它们不能提供足够的电导率从而玻璃化	采用高温处理降低污染土壤中重金属的迁移性和活性	Khalid 等（2017）；Gong 等（2018）
	热处理	相对简单，且具有有效回收挥发性金属的装置	适用范围窄，适用于土壤中 Hg 等挥发性金属的去除	使用流体注入或加热元件加热受污染的土壤，并通过地面处理单元回收挥发性金属	Li J 等（2019）
化学修复	原位固定	修复材料通常成本低、可获得量大，且能增加土壤养分和有机质含量	不能完全去除土壤重金属，引起二次污染，影响土壤理化性质	在污染土壤中加入化学改良剂，通过吸附、共沉淀、离子交换和络合等方式固定重金属	Li and Poon（2017）
	土壤冲洗	更适用于重金属污染严重的大面积场地	洗涤萃取剂的应用可能造成二次环境污染	使用不同的化学物质从大块土壤中分离污染物	Li J 等（2019）；Hasegawa 等（2019）
	固化/稳定化	适用于污染土壤中各种重金属的修复，可应用于混凝土工程	没有减少土壤中重金属污染物的总量	在污染土壤中添加黏结材料，将有害元素固定在固化土壤中，同时改善土壤结构	Xia 等（2019）
生物修复	微生物修复	高效、低成本、环保	修复周期长，修复效果不稳定，对中、低重金属污染土壤尤其有效	利用微生物通过吸收、沉淀、氧化和还原反应改变土壤中金属的流动性和生物有效性	Yin 等（2019）
	植物修复	经济效益高，环境友好的战略得到了广大公众的认可	植物生长缓慢，生物量低，适合大面积低污染或中度污染土壤	使用绿色植物去除、稳定或解毒受污染场地的重金属	Asad 等（2019）
	微生物辅助修复	植物伴生菌明显促进植物生长，增强植物对污染土壤中重金属的吸收	植物修复效果受植物、微生物、土壤和金属类型等多种因素的影响	利用植物及其相关微生物的联合作用去除污染土壤中的重金属污染物	Mishra 等（2021）
	化学辅助修复	土壤改良剂不仅能改善土壤质量，还能有效提高植物修复效率	一些改良措施可能导致重金属生物有效性增加，甚至对土壤环境和植物产生不利影响	化学改良剂能促进植物对生物可利用金属的吸收和积累	Liu 等（2020）

4.1.1 耐性植物筛选

1. 矿业废弃地耐性植物筛选

矿业废弃地具有物理结构差、养分贫瘠、有机质含量低、重金属含量高、极端 pH 等极端立地条件，矿业废弃地上鲜见有植物能够生长。因此，基质改良 + 耐性植物是实现矿业废弃地上植被重建的必要措施。选择适宜的植物物种是植物修复过程中最重要的考虑因素之一。适宜的植物物种应该能够承受高重金属含量和极端土壤条件，如高酸度、高盐度或高碱度（Wu et al.，2013）。此外，用于植被恢复的植物还应具有其他有利的属性，如浓密的生根系统、相对较快的生长速度和较高的生物量（Marques et al.，2009）。此外，在半干旱矿区，植物物种也应能适应干旱。重金属耐性植物的筛选、鉴定和驯化是植物修复技术研究与发展的关键。

云南铜矿废弃地发现小头蓼（*Polygonum microcephalum*）和戟叶酸模（*Rumex hastatus*）有较强的稳定重金属污染土壤的潜力（Tang and Fang，2001）；西班牙 Cartagena-La Union Mountain 矿业废弃地的乡土植物 *Sporobolus pungens*、*Brassica fruticulosa*、*Lygenum spartum* 有极强的铅耐性（Conesa et al.，2007）；湖南湘潭锰矿发现的 *Pteridium aquilinum* var. *latiusculum*、*Imperata cylindrica* var. *major*、狗牙根（*Cynodon dactylon*）、商陆（*Phytolacca acinosa*）、土荆芥（*Dysphania ambrosioides*）和喜旱莲子草（*Alternanthera philoxeroides*）等在锰平均含量高达 80000mg·kg^{-1} 的尾矿废弃地上可正常生长（Xue et al.，2004）；意大利矿业废弃地的黑麦草（*Lolium perenne*）和苇状羊茅（*Festuca arundinacea*），热带地区铅矿废弃地的香根草（*Vetiveria zizanioides*）和粽叶芦（*Thysanolaena maxima*）、*Chenopodium dactylon*、*Gentiana pennelliana* 等能固定重金属、加速植被恢复，是污染区域植物稳定的理想植物（Rizzi et al.，2004；Del Río-Celestino et al.，2006）。尾矿上生长的 *Hyparrhenia hirta* 和 *Zygophyllum fabago* 的重金属累积量较低，有利于减轻食品安全风险（Conesa et al.，2007）。因此，筛选适生于高含量重金属生境，但是重金属富集能力低、生长快、生物量大的耐性物种是尾矿废弃地植物稳定的重要环节。

近年来，国内外学者在利用耐性植物开展矿业废弃地生态修复方面做了大量的工作，在木本植物筛选方面，柳杉、构树、刺槐在铅锌冶炼废渣堆场上生长良好，且重金属主要积累在植物根部，植物对重金属的富集系数极低，对铅锌冶炼废渣堆场具有较好的稳定效果（Luo et al.，2019b）；Sikdar 等（2020）研究表明，在铅锌尾矿上重建紫穗槐后废渣堆场得到较好的稳定；泡桐和栾树被用于锰矿废弃地植被重建（欧阳林男 等，2016）。在草本植物筛选方面，黑麦草、三叶草、芦竹可以作为先锋植物改良铅锌废渣堆场的基质环境（林文杰 等，2009b；林文杰和肖唐付，2013；Luo et al.，2018b，2019b；邱静 等，2019b）。紫花苜蓿、黑麦草、三叶草、杂交狼尾草、甜象草、皇竹草、苏丹草在改良电解锰渣特性方面具有较好的效果（罗洋 等，2020；敖慧 等，2020；杨曦 等，2020）。

2. *矿业废弃地耐性植物筛选方法*

由于矿业废弃地的异质性，不存在通用的植被恢复策略。对于具有独特性的特定场地，应根据矿业废弃地的特性、类型、重金属含量，设计具体的策略。因此，为了避免失败的情况，温室筛选研究可以确定候选植物和进行适当的修正，以帮助建立植被覆盖，然后扩大到场地实验。随着认识和实践的深入，温室研究的评估往往涉及破坏性的取样、耗时和昂贵的化学分析，因此不可能筛选出广泛的植物稳定方案。因此，开发具有成本效益和高通量的评估技术将大大有利于有效地筛选和全面应用。

非生物和生物环境胁迫通常会引起生物化学和生理紊乱，并对植物的代谢产生不利影响（Nagajyoti et al.，2010）。因此，导致较长期的可见伤害和植物毒性反应，如生长速率降低、生物量减少、组织变形、叶片褪绿/坏死，最终植物死亡（Yadav，2010）。植物的表型、形态和生理特征可以揭示其对环境胁迫反应的具体信息。基于图像的高通量表型分析，可以通过快速和非破坏性的测量极大地促进表型分析工作（Fahlgren et al.，2015）。根据目标性状，各种成像技术已被用于植物表型分析。可见光成像已用于测量植物的形态特征，如面积、高度、宽度、叶数和颜色。然而，高光谱、热红外、近红外和荧光成像已被用于评估非生物和生物胁迫（Armoniené et al.，2018；Li et al.，2020）。基于图像的表型分析是测量植物性状的一种有价值的方法；然而，由于叶片重叠、叶片卷曲和扭曲等因素的影响，出现了一些问题，如从背景中分割植物材料或基于面积测量的植物生长估计不准确，尤其是在单视图成像中。虽然商业表型分析平台是收集相关数据的强大工具，但对于广泛应用而言，它们的成本通常过高。

植物计算机视觉（plant computer vision）是一个开源的图像处理软件，可通过对植物表型进行量化，统计植物对环境因素的响应存在的显著差异，对非生物胁迫的瞬时反应也是有效的。该方法具有测量速度快、无损等优点（Fahlgren et al.，2015）。基于此，Al-Lami等（2021）试图开发一种快速、非破坏性、低成本、高通量的生物监测和筛选方法，利用计算机可视化和基于图像的表型技术来量化植物对非生物胁迫的响应（如金属毒性和营养缺乏），通过形态和颜色来分析环境胁迫。并首次应用计算机可视化技术对尾矿处理进行生物监测，并利用多种植物进行尾矿生态修复。结果表明，该方法可通过促进筛选更广泛的植物和改良策略来提高尾矿的稳定效果，有助于针对某特定场地制定对应的生态修复策略，以确保在扩大生态修复规模之前进行成功的植被恢复。

4.1.2 表土覆盖技术

地表物质是植物生长的介质，植物生长立地条件的好坏在很大程度上取决于地表物质。一般认为，回填表土是一种常用且最为有效的措施。Bell（2001）认为表土是当地物种的重要种子库，它为植被恢复提供了重要种源，同时也保证了根区土壤的高质量，包括良好的土壤结构、较高的养分与水分含量等，还包含有较多的微生物与微小动物群落。覆盖所需的表土主要来源有矿区剥离的表土以及矿区周边土壤。表土覆盖技术主要包括表土保护利用技术及客土覆盖技术。

1. 表土保护利用技术

表土保护是针对露天采场、堆浸场、排土场、尾矿库等建设场地的表土，通过采取表土剥离、运输、存放和利用，实现有效保持表层土壤养分和原位土壤再利用。一般情况下，采矿前先将表土移除（约 0～30cm 或 30～60cm），并堆存起来，采矿结束后回填，再结合本地特点，播种植物进行生态恢复，保证植物能够得到与周边生境相近的生长环境，包括水分、养分、微生物群落等（莫爱 等，2014）。研究发现，当回填表土厚度保持在 10cm 时，生态恢复后植被盖度大约为 50%；当回填 30cm 表土时，植物盖度可达 70%（Holmes and Richardson，1999）。

2. 客土覆盖技术

客土覆盖主要是矿区开采后废弃地土层厚度不足时，利用异地熟土覆盖的方式，固定在矿区开采后废弃地表土层，在改良矿区废弃地土壤理化性质的同时，也可以通过在客土中添加氮、磷、钾、有机质、微生物、植物种子等，为矿区废弃地植被重建提供良好条件。客土修复，应尽量利用周边距离较近的土壤，或其他项目剥离的土壤，以降低修复成本、减少对其他土层的破坏（王志宏和李爱国，2005；李若愚 等，2007）。一般认为，覆土越厚越好，这样可以避免根系穿透浅薄的表土层而伸展至有毒的矿业废弃地中。但是，覆土越厚，工作量越大，费用越高，而且在超过覆土厚度一定范围后，修复效果增加反而不显著。

表土保护利用和客土覆盖法所产生的修复效果比较显著，但二者也存在较大的局限性，主要是因为此项工程涉及表土的采集、存放、二次倒土等大量工程，所需费用很高、管理不便，而且我国大部分矿区在山区，土源较少，多年采矿后取土也越来越困难，不少矿区已无土可取，一些矿山企业甚至花费巨资进行异地熟土覆盖（彭建 等，2005）。这种做法既解决不了矿山长期使用土源的问题，又破坏了宝贵的耕地资源。因此，回填表土和异地熟土覆盖的基质改良方法只能在条件允许的矿区适用，在土源短缺的矿区，应该选择其他行之有效的基质改良措施。

4.1.3　物理化学改良技术

1. 物理改良技术

在废弃地恢复中通过克服一些物理因子的不足，如挖松紧实的土壤、矿业废弃地深耕、平整土壤表面等措施来改善矿区土壤环境也常在复垦实践中应用（Smith and Bradshaw，1979）。研究表明，矿业废弃地恢复后的作物产量与翻耕深度呈良好的线性关系（夏汉平和蔡锡安，2002）。

2. 化学改良技术

化学改良方法是比较常见的方法，可分为通过添加化学肥料来提高矿业废弃地土壤肥力、添加某种化学物质来抑制另外一种物质的吸收、添加化学物质调节矿业废弃地土壤 pH 等。

1）添加营养物质

由于大部分矿业废弃地土壤缺乏有机质、N、P 等植物所需的营养物质，这就需要在矿山废弃地修复中不断添加肥料（Marrs and Bradshaw，1982）。N、P 和 K 都是植物所必需的大量元素，N、P 和 K 的缺失往往是矿业废弃地植物生长的限制因素。大部分矿业废弃地均存在结构不良、养分贫瘠、污染情况复杂等问题，添加 N、P 和 K 等营养物质可改善土壤成分，促进植物生长。畜禽养殖废弃物、城市剩余污泥、植物凋落物、菌渣等有机固体废弃物因富含有机质、N、P、K 等营养物质，常常被用于矿业废弃地生境改良。有研究显示，添加一定比例的木屑可促进灌木、非禾本植物成活，添加磷肥可提升氮肥的利用率，促进豆科植物生长（黄凯 等，2014）。风干污泥中 N（以 N 元素计）、P（以 P_2O_5 计）、K（以 K_2O 计）的平均含量为 4.71%、4.1%、1.5%，远高于牛羊粪，单纯从养分含量来看，污泥相当于一种养分含量颇高的有机肥料（陈萍丽和赵秀兰，2006）。研究发现，将污泥等固体废弃物基质用于矿业废弃地修复时，随着污泥施用量的增加，废弃地中有机质含量会累积和提高，理化性质也发生明显的变化，通常为正相关变化（Ye et al.，2010）。另外，由于污泥中含有一定量的重金属，可将粉煤灰、石灰、污泥一起联合使用起到钝化污泥中重金属及杀死病原菌的作用。施用堆肥和污泥，种植香根草和芦苇可有效降低铅锌矿尾矿二乙烯三胺五乙酸（DTPA）提取态 Pb、Zn 含量和铜矿尾矿 DTPA 提取态 Cu 含量（Chiu et al.，2006；Mendez et al.，2007）。

2）施加重金属钝化材料

矿业废弃地中较高的重金属生物有效性是制约废弃地上植物能否长期稳定存活的重要因素。在矿业废弃地生态修复过程中，降低重金属的生物有效性是关键。运用天然或改性的环境功能材料，低成本、高效率地使土壤中重金属从活性态转变成稳定态，改善土壤微生物功能，降低重金属可迁移性和生物毒性，具有重要的研究和应用价值（娄燕宏 等，2008；刘云 等，2011；徐超 等，2012）。碳酸盐岩、生石灰、粉煤灰、赤泥、磷矿粉、黏土矿物等矿物材料因其对重金属具有较好的钝化效果，常常被用于矿山生态修复过程中以降低重金属的生物有效性。

有研究表明，添加石灰可显著降低铜尾矿废弃地重金属的生物有效性（Khan and Jones，2009）。石灰石能够在提高土壤 pH 的同时降低植物吸收重金属 Zn 的总量，使农作物产量提高，亦可用作尾矿库复垦改良基质，能够有效提高尾矿 pH 并降低电导率，阻隔、防止下层尾矿酸化，促进生态恢复（Davis et al.，1995）；在矿业废弃地添加石灰等改良剂、种植优势植物能有效地稳定酸性矿业废弃地的重金属（Simon，2005）；Yang 等（2016）利用石灰和鸡粪等改良剂与 5 种耐酸植物组合，在南方极酸（pH＜3）的多金属硫铁矿废渣堆上建立了具有较高酸化潜力的自维持植被覆盖，添加这些改良剂和建立植被覆盖在防止土壤酸化方面是有效的。粉煤灰是热电厂采用燃煤发电过程中排放的一种黏土类火山灰质材料，主要由 SiO_2、Al_2O_3、Fe_2O_3、CaO 和未燃尽炭组成，一般 pH 高达 12。粉煤灰可作为一种生态友好、经济的土壤改良剂，与生物固体物共同应用，可提高其在酸性矿业废弃地复垦中的实用价值（Pinto et al.，2018）。

因此，从环境建设的可持续发展出发，利用不同废弃物互补的理化性质，将其合理配比，综合利用，使之成为适宜植物生长的新型种植基质——“新土源”。将这种“新土源”

用于矿业废弃地复垦，能迅速有效地提高矿业废弃地有机质、养分含量，提高植物的成活率和覆盖度，有利于迅速有效地恢复矿区植被，提高矿业废弃地土壤中微生物的活性，从而有效防止水土流失。同时它还避开了食物链，不会影响人体的健康，具有良好的环境、生态、社会和经济等多方面的综合效益。

4.1.4 微生物改良技术

微生物改良技术是利用微生物的生命代谢活动降解、转化土壤中的污染物质，达到改良土壤结构、降低土壤毒性、促进植物生长的目的，该技术具有巨大的应用潜力。Santini 等（2021）研究表明，有机碳源添加和接种微生物可促进赤泥碱性中和，显著改善赤泥的理化性质。为改善矿业废弃地上植被生长状况，提高植物成活率，高雁琳等（2016）以高丹草为材料，选用摩西球囊霉（*Glomus mosseae*）和地表球囊霉（*Glomus versiforme*）两种菌根真菌，分别研究单接种和混合接种对粉煤灰、煤矸石和粉煤灰与煤矸石混合物三种煤矿废弃物基质上高丹草生长及叶绿素荧光的影响，结果表明，煤矿废弃物基质的复合逆境中，高丹草生长和光合作用显著受到抑制，丛枝菌根真菌可通过提高高丹草叶绿素含量，改善叶片叶绿素荧光和光合作用，促进植物生长，从而缓解该复合逆境对高丹草造成的伤害，增强其对煤矿废弃物不良环境的抗逆性，提高煤矿区植被恢复效果。接种摩西球囊霉对粉煤灰以及粉煤灰和煤矸石混合基质上高丹草的促进作用最佳，而接种地表球囊霉更适于煤矸石基质上高丹草的生长。Noyd 等（1996）把菌根真菌根内球囊霉（*Glomus intradices*）和近明球囊霉（*Glomus claroideum*）接种到牧草上，成功地恢复了矿业废弃地的植被，达到了修复和复垦的目的。虽然生物措施对改善矿业废弃地土壤环境有效，但这种效果较缓慢，特别是在极端贫瘠、恶劣的矿区。细密结构尾砂中的有机-矿物缔合和水稳性团聚是碱性铁尾矿生态工程土壤形成的关键，是实现矿区可持续改造的关键。丛枝菌根共生对土壤团聚体的形成和有机质的稳定具有重要作用。Li 等（2022）研究发现丛枝菌根共生可促进铁尾矿水稳性团聚体的形成和有机质的稳定。

4.2 贵州历史遗留采冶废渣堆场植物修复技术研究概述

贵州省矿产资源丰富，现已有 50 多种矿产被开发利用，其中涉及金属矿山的有铅锌矿、汞矿、锑矿、砷矿、金矿等。这些金属矿山所产生的大量矿山废弃物中富含有毒有害重金属元素，在部分地区已对人群健康产生了严重的危害，如黔西南 Hg-As-Tl 矿化区的铊中毒、金矿尾矿液渗漏造成的饮用水源的砷污染事件、黔西北铅锌矿污染区的儿童铅和锡中毒、黔北和黔南汞矿区的汞污染中毒等。但目前有关这些矿区有毒有害元素的生物地球化学循环机理及健康风险评估的研究还远远不足，难以对矿山废弃地的生态环境进行有效治理和修复。尤其是在贵州土地资源非常稀缺的条件下，如何保护现有的土地资源，加强矿业废弃地治理和再利用，将是遏制石漠化和解决贵州人地矛盾的重要途径。

贵州省矿业废弃地植被恢复主要限制因子是：①表土层薄，基质的持水保水能力差，水分缺乏；②存在限制植物生长的毒性物质（如重金属）含量过高、pH 偏低或偏高的问题；③缺乏必要的营养元素，如有效氮、有效磷含量和有机质低。解决矿业废弃地植被重建的途径是进行基质改良和选择耐性植物。块状、带状客土覆盖，添加保水剂是基质改良的有效措施。

4.2.1　铅锌废渣堆场植物修复技术研究

黔西北堆存有大量的历史遗留铅锌冶炼废渣，经调查，整个黔西北堆放的冶炼废渣为 2000 余万 t，造成 1200hm^2 废弃地，其中废渣堆放面积达 400hm^2。地表径流冲刷、风力扩散、废渣风化等是导致废渣中重金属释放进入周边水体、土壤、水体沉积物的重要因素。植被重建是矿业废弃地生态恢复和控制重金属污染扩散的核心工作。前人的研究表明，土法炼锌废渣堆场上植被重建的主要限制因子包括高盐碱胁迫、有机质含量低、养分缺乏（TN、碱解 N、TK）、重金属含量高、酶活性低、微生物丰度及活性低等（林文杰 等，2007；Luo et al.，2018a，2018b）。

在自然条件下，铅锌冶炼废渣植被恢复极其缓慢，刘鸿雁等（2010）以空间代替时间的方法，选择立地条件基本一致的 4 个不同自然恢复年限铅锌矿区为对象，研究黔西北土法炼锌渣场废弃地植被自然演替与矿渣基质理化性质的交互效应，结果表明：随着堆置时间的增加，矿渣基质的营养条件明显得到改善，全氮、全磷和全钾含量极显著增加，pH 上升，电导率下降，容重降低，有效铅和镉显著降低。同时，随着恢复时间的增长，植物群落的物种丰富度、多样性指数和均匀度也相应提高。植物群落组成以多年生草本植物为主，植物群落演替在前 20 年较为缓慢，30 年后植被群落盖度可达到 53%，超过 40 年盖度可达 87%。矿渣理化性质与物种多样性显著相关，典型变量分别是全氮、全磷和全钾；物种多样性指数与有效铅和镉呈显著负相关。土法炼锌渣场废弃地植被自然演替过程在 30 年后速度加快，植被生长的限制因子是营养供给不足和重金属的有效性高。

鉴于铅锌冶炼废渣堆场在自然条件下植被恢复过程较慢，需要采取人工措施，以加速植被重建，人工促进植被重建的主要途径是植物选择和基质改良，其中，基质是主要问题，也是矿业废弃地生态恢复的核心。无论是基质改良还是选择适宜的植物，首先必须确定废弃地植被恢复的主要限制因子。

在选择适宜的植物方面，通过对土法炼锌废渣堆场进行调查，筛选出 9 种重金属耐性植物优势种，其中转运系数大于 1 的植物有黄花蒿、珠光香青、大叶醉鱼草、野艾蒿等植物，其中大叶醉鱼草具有耐贫瘠、耐寒、生物量大等优势，可将其作为典型的废渣堆场重金属耐性先锋功能植物，用于废渣堆场植物修复（邢丹 等，2012）。另外，邱静等（2019b）研究表明，类芦是铅锌冶炼废渣堆场上长势较好且耐性较强的植物，也是潜在的铅锌冶炼废渣堆场修复的先锋植物。而在人工基质改良下，一些其他植物也适合用于铅锌冶炼废渣堆场生态修复，如黑麦草、三叶草、刺槐、柳杉、芦竹、构树等（林文杰 等，2009b；林文杰和肖唐付，2013；Luo et al.，2018a；邢容容 等，2018；郑志林 等，2019；邱静 等，2019b）。

鉴于土法炼锌废渣的极端立地环境条件，合适的改良剂是改善废渣堆场生境条件及确保修复植物能够持续存活的重要条件。前人的研究表明，矿区污染土壤、腐殖质、保水剂、碱石灰可用于改善土法炼锌废渣堆场的生境条件，有效促进植物在铅锌冶炼废渣堆场上建植（林文杰 等，2007；林文杰和肖唐付，2013）。另外，植物凋落物（刺槐、柳杉、芦竹、三叶草、类芦、酸模、大叶醉鱼草）、磷矿粉、有机酸活化磷矿粉、沼渣等也在改善铅锌冶炼废渣堆场生境特性（如降低铅锌冶炼废渣的重金属生物有效性、增加废渣有效养分与有机质含量、增加废渣酶活性和微生物活性）方面具有较好的改良效果，并显著降低废渣中的重金属向植物迁移（麻占威 等，2014；Luo et al.，2018a；邱静 等，2019b；刘行 等，2020）。

以上均为室内温室模拟实验，项目组基于铅锌冶炼废渣的特性，在黔西北威宁县猴场镇群发村历史遗留铅锌冶炼废渣堆场上开展“原位基质改良-直接植被”生态修复技术尝试（图 4-1），并做了小规模的示范（5000m^2）。主要是利用硅钙型重金属钝化剂（含钙 23%、硅 17%）和有机改良剂（厩肥和植物凋落物及苔藓，质量比为 3∶1∶1）作为废渣堆场植物生长改良剂，黑麦草、三叶草作为先锋耐性植物，芦竹、构树、刺槐、柳杉作为优势草本和乔木。开展植物修复 5 年后，废渣堆场已成功构建起乔-灌-草多元植物群落演替的人工或半人工生态系统，废渣堆场的物理化学、生物化学、微生物学性质得到显著改善，同时建植在废渣堆场上的植物具有低累积特征（Luo et al.，2018a，2018b，2019a，2019b）。

(a)　(b)　(c)　(d)　(e)　(f)　(g)　(h)　(i)

图 4-1　土法炼锌废渣堆场植物植被恢复状况（罗有发，2018）

注：图（a）和图（b）为废渣堆场修复前的状况；图（c）～图（f）分别为在废渣堆场上建立植物群落达 12 个月、24 个月、36 个月、48 个月后的植物生长状况；图（g）～图（i）为第 60 个月后植物的生长状况

4.2.2　锰矿废渣堆场植物修复技术研究

目前，关于锰矿冶炼渣的研究主要集中于锰矿渣的资源化利用方面，而对锰矿渣污染控制及生态修复方面的研究相对较少。冯旭晗（2020）研究表明，褐煤、腐殖酸钠对锰渣中 Mn 的固化效率分别为 27.5%～31.5%、7.2%～27.6%，其固化能力较弱，需进行进一步改性处理，改性后的褐煤及腐殖酸钠对电解锰渣中 Mn 的固化能力仅略有提升，其中以不溶性腐殖酸对锰渣中 Mn 的固化效率最为突出，达到了 45.8%，将优选出的不溶性腐殖酸、磺化腐殖酸钠与壳聚糖和水溶性酚醛树脂进行复合后，在投加量为 10%时，制备的壳聚糖-不溶性腐殖酸复合材料、酚醛树脂-磺化腐殖酸钠复合材料对电解锰渣中 Mn 的固化效率分别达 55.7%、73.1%。有研究探讨了硅藻土、木炭和木炭＋硅藻土施用对电解锰渣基质上 4 种能源草（杂交狼尾草、甜象草、皇竹草、苏丹草）种子萌发和幼苗生长规律的影响，结果表明，4 种能源草在电解锰渣基质上的发芽率顺序为甜象草＞杂交狼尾草＞苏丹草＞皇竹草。3 种改良剂添加均促进了能源草幼苗的生长，并提高了能源草的叶绿素含量和抗氧化酶活性，降低了叶片丙二醛含量。综合各项发芽指标、生长指标和生理指标，在电解锰渣上最适宜种植的是甜象草，以 2.5%的木炭和 2.5%的硅藻土混合施用改良效果最优；其次是杂交狼尾草，以 5%硅藻土的单独施用改良效果最优（罗洋 等，2020）。

通过盆栽实验探讨紫花苜蓿和黑麦草在电解锰渣-土壤混合基质中的生长状况及其对 Mn 的吸收特点，结果表明，在锰渣-土壤混合基质上，紫花苜蓿、黑麦草的地上部分和根系中的 Mn 含量均随着电解锰渣的添加量增加而提高，总体上黑麦草的富集系数大于紫花苜蓿，而对 Mn 的转移能力是紫花苜蓿大于黑麦草。两种植物都可作为锰渣堆场生态修复的备选植物，但锰渣对紫花苜蓿的抑制作用大于黑麦草，因此，黑麦草更适合作为锰渣堆场生态修复的先锋植物（敖慧 等，2020）。杨曦等（2020）通过盆栽实验探讨了生物炭、熟石灰、生物炭与熟石灰混合改良剂作用下电解锰渣上黑麦草和白三叶的生长及 Mn 和 Cd 在植物和环境中的迁移情况。研究结果表明，3 种改良剂改良的基质降低了两种草种的出苗率，但是可显著增加牧草的株高和生物量；3 种改良剂改良的基质均能降低牧草中的 Mn 和 Cd 含量，并有效降低了 Mn 和 Cd 的淋溶迁移，其中生物炭和熟石灰混合改良剂能最有效减少 Mn 和 Cd 的溶出。

4.3　历史遗留采冶废渣堆场重金属污染原位修复机理

历史遗留采冶废渣堆场重金属污染原位修复的思路是基于冶炼废渣重金属污染释放、扩散源头控制及资源蕴藏的原理，采取“物理封存—化学稳定—生态修复”技术体系。在典型的历史遗留废渣堆场上开展生态修复工程后，废渣堆场重金属释放得到显著控制。重金属污染原位修复机理主要包括以下几个方面。

4.3.1 物理封存机理

由于当时的土法冶炼工艺较简单，致使大量贵金属及有价元素被大量遗留在废渣中，废渣中一些贵金属的过量排放将会严重污染和破坏周边生态环境。因此，将历史遗留废渣进行物理封存，既可以降低废渣中污染物的释放量，同时待将来经济技术水平成熟后，再将其作为资源进行开发。无植物存活的裸露冶炼废渣中的重金属极易通过水力搬运及风力扩散等途径迁移至周边水体、土壤、植物等环境介质中，严重威胁周边及下游地区的水质安全、农产品食品安全和生态安全，并最终通过食物链或直接吸收进入人体，增加了人体健康暴露的风险。金属冶炼过程及废渣风化释放产生的粉尘沉降被认为是重金属污染的两个主要贡献源（Rieuwerts and Farago，1996）。地表径流及风力扩散作用是促进细粒径废渣迁移的重要驱动因素（麻占威 等，2014），通过在废渣堆场上建立乔-灌-草植被群落，可显著降低地表径流及风力作用对细粒径废渣的冲刷及扩散（Gil-Loaiza et al.，2018），从而减少废渣中重金属随地表径流及风力扩散向周边环境的迁移。

4.3.2 化学稳定机理

控制历史遗留废渣中重金属等有毒有害物质的有效性是确保废渣堆场上植被能够存活以及减少污染物向环境迁移的重要途径。常用于废渣堆场重金属化学稳定的物质包括有机改良剂（养殖废物、污泥、菌渣等）和无机改良剂（石灰、磷矿粉、赤泥、粉煤灰等）。有机-无机改良剂对废渣重金属的钝化作用主要包括对废渣中固有的活性态重金属的钝化以及对植物根系分泌物活化重金属的钝化，其钝化机理主要是有机-无机改良剂结合可分别通过有机改良剂中有机物质的官能团对废渣中活性重金属进行有效的络合、螯合、吸附、沉淀以降低重金属的有效性。另外，矿物等无机改良剂可通过吸附、沉淀、共沉淀、离子交换等作用将废渣中的重金属稳定，进而降低废渣中重金属的活性，抑制其迁移。由于部分无机改良剂的钝化效率不理想，采用活化手段提高无机改良剂中有效组分对重金属的固定。研究表明，采用有机酸活化磷矿粉对重金属具有较强的固定作用（邱静 等，2019a）。植物根际环境中根系分泌物也对废渣中重金属的迁移转化具有重要的调控作用（邢容容，2018）。综上，在改良剂-植物根际过程耦合作用下，废渣重金属得以较好地稳定，其向植物地上部分以及周边环境的迁移得到抑制。

4.3.3 生态修复机理

在废渣堆场上建立乔-灌-草等多元植被群落后，废渣堆场上茂盛的植物群落将大幅度减少地表径流对废渣堆场的冲刷作用以及减少风力扩散对废渣堆场中细粒径废渣的迁移作用，进而减少废渣堆场遭受水蚀和风蚀的程度。植物-改良剂-微生物耦合过程降低重金属（HMs）生物有效性，减少重金属的迁移。改良剂自身以及植物根系分泌物活化改良剂中组分对重金属的沉淀、络合、螯合作用可降低废渣重金属的生物有效性（邱静 等，

2019a）；修复植物通过根际活动（根系分泌物和根际微生物活性）与植物凋落物归还作用显著改善根际微环境（增加废渣中养分和有机质的积累以及异养微生物群落丰度及多样性）、改变重金属的赋存形态等协同作用降低废渣中重金属的生物有效性（Luo et al.，2018a，2019a，2019b）。植物-改良剂-微生物耦合作用下废渣中原生矿物生物风化形成的次生矿物可吸附、沉淀重金属，降低废渣重金属的生物有效性。根系分泌物-微生物-凋落物的联合作用促进废渣风化形成不同粒径的废渣团聚体和颗粒态有机质（particulate organic matter，POM），并改善废渣的团聚结构，细粒径废渣团聚体和 POM 以及废渣生物风化过程中形成的次生矿物通过与重金属发生吸附、络合、螯合、沉淀等反应，改变废渣团聚体中重金属赋存形态的空间分异性，进而影响废渣重金属的生物地球化学过程，实现重金属植物固定（Luo et al.，2019a，2019b）（图 4-2）。

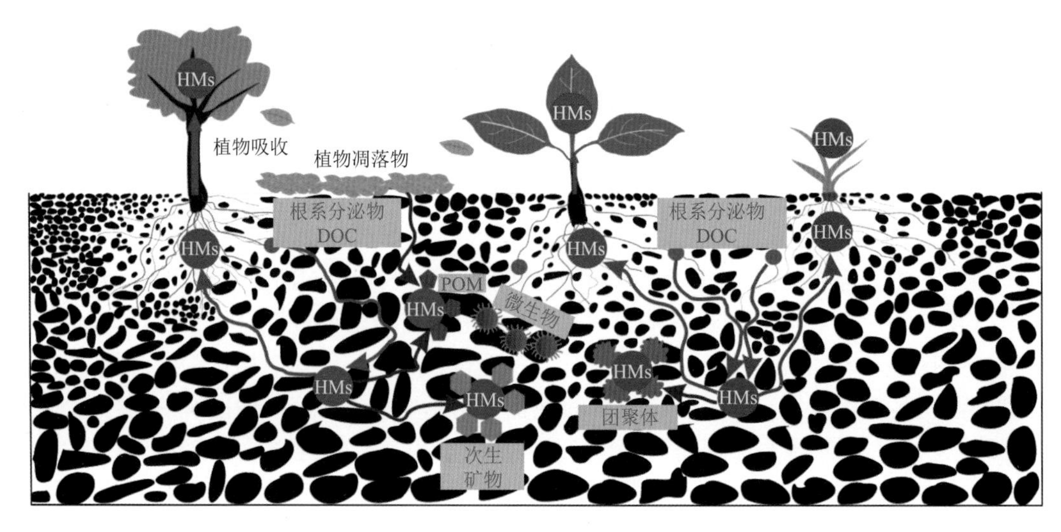

图 4-2　植物修复对历史遗留废渣重金属迁移转化影响的模式图（罗有发，2018）

4.4　历史遗留采冶废渣堆场生态修复工程原理

4.4.1　生态修复工程原则

1. 因地制宜

根据区域土地利用规划和功能区划的要求，一地一策，可将部分污染场地打造成地质公园、旅游景观等生态用地和工业园区等建设用地，助力脱贫攻坚成果巩固和乡村振兴，构建多元的喀斯特山区采冶废渣重金属污染原位治理与生态修复及资源封存工程模式。

2. 科学可行性原则

采用科学的方法，通过隔离、封存等物理方法和稳定化等化学方法使重金属污染物稳定和固定；同时通过减少雨水或其他地表径流下渗总量，降低淋溶导致的重金属污染物的对外迁移。要基于采冶废渣污染场地的污染性质、程度、范围以及对人体健康或生态环境造成的危害，制定可行的采冶废渣污染场地原位（综合治理）修复技术方案，使修复目标可达。

3. 安全管控原则

制定铅锌矿采冶废渣污染场地原位（综合治理）修复方案要确保污染场地修复工程达到对废渣重金属的风险管控目标，同时还要防止工程措施对施工人员、周边人群健康以及生态环境产生危害。

4.4.2　生态修复技术选择

1. 选择修复模式

根据污染场地特征条件、修复目标和修复要求，选择确定污染场地修复总体思路。一是通过隔离、封存等物理方法和稳定化等化学方法使其稳定和固定；二是通过减少雨水或地表径流下渗总量，降低重金属污染物的迁移。

2. 筛选修复技术

1）技术初步筛选

根据污染场地污染特征、废渣特性和修复模式，从适用的目标污染物、技术成熟度、修复效果、成本、时间和环境风险等方面，重点结合地质公园、农业产业、乡村旅游、乡村建设等，因地制宜地选用原位（综合治理）修复技术。

2）技术可行性分析

采用相同或类似污染场地修复技术的应用案例进行可行性分析，可现场考察和评估类似实际工程案例。

3）技术综合评估

基于技术可行性分析结果，采用对比分析或矩阵评分法对初步筛选技术进行综合评估，确定一种或多种可行技术。

3. 污染区划分及技术措施

1）污染区划分

污染区分类以环境监测指数为主，结合敏感区、非敏感区主要特征，土壤环境质量分类，标准分级和标准值进行划分。

非敏感区（环境风险低）的主要特征为堆场下游无饮用水源地，无或有少量部分散居村民和农业生产用地。污染面积及废渣堆放量相对较小，没有安全隐患，环境风险较低，对周边生态环境有一定影响。

敏感地区（环境风险高）的主要特征为堆场下游有饮用水源地，附近有学校、村寨和基本农田生产区。污染面积及废渣堆放量相对较大，安全隐患高，有较高的环境风险，对周边生态环境影响较大。

2）污染区对应的技术措施

非敏感区技术措施：必要的工程防护措施（挡墙固定、地表径流截流、堆场坡面调整等）+ 30cm 厚黏土防渗（可选项）+ 20cm 厚种植土回填（可选项）+ 乔木植物修复。

敏感区技术措施：必要的工程防护措施（挡墙固定、地表径流截流、网格护坡固定堆场、锚固等）+ 30cm 厚黏土防渗（可选项）+ 30cm 厚种植土回填（可选项）+ 乔灌草立体植物修复。

4.4.3　植物修复技术原理

1. 修复植物的选择

（1）植物选择原则。植物的选择应遵循的原则有：①优先选择播种容易、种子发芽率高、抗逆性好、耐贫瘠、耐重金属、适应性好、根系发达、生长迅速、成活率高的物种；②优先选取能够提高土壤有机质、改善土壤理化性质的树种；③本地种优先，尽量选取优良的土著物种和先锋植物；④考虑经济效益的同时要考虑植物的多种性能，包括耐旱、耐淹、抗风沙和抗病虫害；⑤草本植物可以作为保护植物应用于植被恢复过程初级阶段，特别是 C4 草本植物对干旱和低土壤养分以及气候压力具有很强的适应性，禾本科和茄科植物对铅锌废渣具有较强的忍耐能力。另外，先锋树种的选择应该遵循以下原则：①选择播种容易，种子发芽率强，苗期抗逆性强，易成活的植物；②根据矿业废弃地的土地条件，选择根系发达，能固土、固氮和有较快生长速度的植物；③矿业废弃地的水肥条件恶劣，重金属等有毒有害物质的含量高，应选择对有毒有害物质耐受范围广的树种。

（2）植物配置原则。植物配置可运用恢复生态学、景观生态学和植被群落理论等原理对植被群落组成、结构和密度等进行设计，创造适宜的植物生存空间，避免种间竞争（图 4-3）。植被群落组成根据多样性促进稳定性的原理，废弃地造林应尽量配置混交林，以增加植物生态系统的物种多样性和层次结构。植被的群落结构应该模拟天然植被结构，实行乔-灌-草层混交。

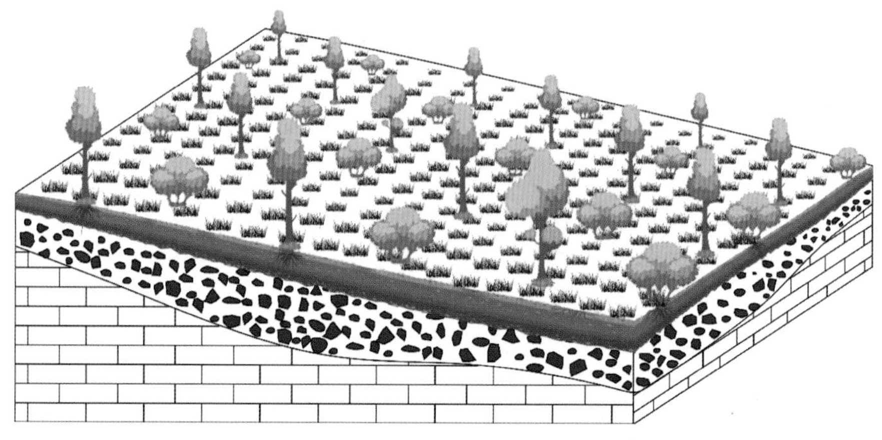

图 4-3　历史遗留废渣堆场生态修复植物配置模式图

（3）适宜的植物种类。根据贵州历史遗留废渣堆场特性，并结合贵州典型矿区气候条件及前期植物筛选工作，适宜贵州典型历史遗留废渣堆场生态修复的植物主要有柳杉、华山松、桂花树、樱花树、桑树、构树、国槐、火棘、蔷薇、小叶女贞、黑麦草、狗牙根、三叶草等，贵州历史遗留采冶废渣堆场生物修复推荐植物如表 4-2 所示。

表 4-2　贵州历史遗留采冶废渣堆场生物修复推荐植物一览表

品种	规格	优点	缺点	推荐
柳杉	1 年生苗	成本低	成材慢，前期覆盖效果差	边远地区使用
	2 年生苗	成本中	效果一般	套种
	3 年生苗	成本高	前期覆盖效果好	—
华山松	1 年生苗	成本低	成材慢，前期覆盖效果差	海拔 1500m 以上地区使用
桂花树	3 年生苗	成本高	增加投资	均可种植
樱花树	3 年生苗	成本高	增加投资	均可种植
桑树	1 年生苗	成本低	成材慢，前期覆盖效果差	养蝉地区可种植
构树	1 年生苗	成本低 固土效果好、	成材慢，前期覆盖效果差	均可种植
国槐	种子	生物量大、耐贫瘠	增加投资	均可种植
火棘	1 年生苗	适应力强，具有防护作用	增加造价	—
蔷薇	1 年生苗	适应力强，具有防护作用	增加造价	破坏大的区域使用
小叶女贞	1 年生苗	耐贫瘠、生物量大	增加造价	—
黑麦草 狗牙根 三叶草	1∶1∶1 混播	抗侵蚀、前期效果好、覆盖率高、耐贫瘠	增加造价	种植

2. 植被恢复技术要求

场地平整过程中需保持≥3%的排水坡度；根据当地气候具体调整浇水周期及水量；为增加植物的存活率，可使用 ABT3 号生根粉，每 5g 兑水 5～10kg，浸泡根部 5～15min；夏季施工需注意遮阳处理；修复工程完成后需进行防护、管护 1 年；种植土回填厚度需≥20cm，且其 pH 为 6.5～7.5；植物种植季节应选择冬、春季为宜，植物的种植密度需为乔木种植间距≥2m×2m，灌木沿堆场周边布置，种植带宽 2m，间距为 1m×1m，草种采用混播方式，混播量≥30g·m^{-2}（表 4-3）。

表 4-3 贵州历史遗留采冶废渣堆场生态修复植物种植和管护技术要求

项目	技术要求
场地平整	保持≥3%的排水坡度
浇水	根据气候具体调整
生根粉	ABT3 号生根粉，每 5g 兑水 5～10kg，浸泡根部 5～15min
遮阳	夏季施工采用
防护、管护	1 年
种植土回填	厚度≥20cm
种植土 pH	6.5～7.5
种植季节	冬、春季为宜
定植密度	乔木种植间距≥2m×2m。灌木沿堆场周边布置，种植带宽 2m，间距为 1m×1m
草种用量（混播）	$\geq 30\mathrm{g\cdot m^{-2}}$

4.4.4 生态修复技术路线

根据确定的污染场地修复模式，制定污染场地修复技术路线，采用一种或多种修复技术组合集成（图 4-4）。修复技术路线应反映污染场地修复总体思路和修复方式、修复工艺流程和具体步骤。技术工艺参数包括但不限于挡墙固定、地表径流截流、网格护坡、石灰固化、黏土防渗、种植土回填、植被恢复等。

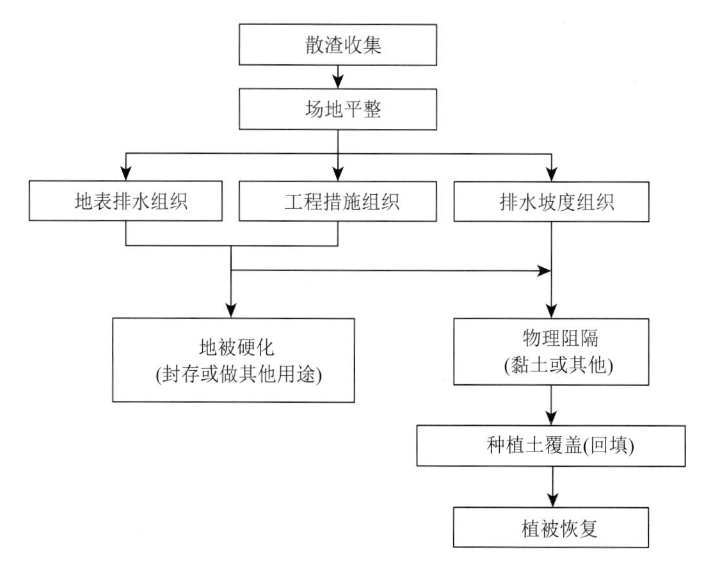

图 4-4 历史遗留废渣堆场生态修复技术路线

4.4.5 生态修复技术流程

贵州历史遗留废渣具有量大、分散等特性，且堆置在环境中的废渣极易发生生物风化，细粒径废渣极易随地表径流、风力扩散等途径向周边水-土-气环境迁移扩散，严重影响周边环境质量及生态安全。基于从源头控制冶炼废渣重金属污染释放、扩散及资源蕴藏的原理，提出的历史遗留废渣原位源头控制的思路为“物理封存-化学稳定-生态修复”，既可实现从原位控制历史遗留废渣中重金属等污染物向周边环境迁移扩散，同时还可以将由于技术不成熟暂时不能被资源化利用的高含量有价金属元素原位封存起来，待将来技术成熟后，可将封存的废渣中的有价金属元素进行资源化利用（图 4-5）。

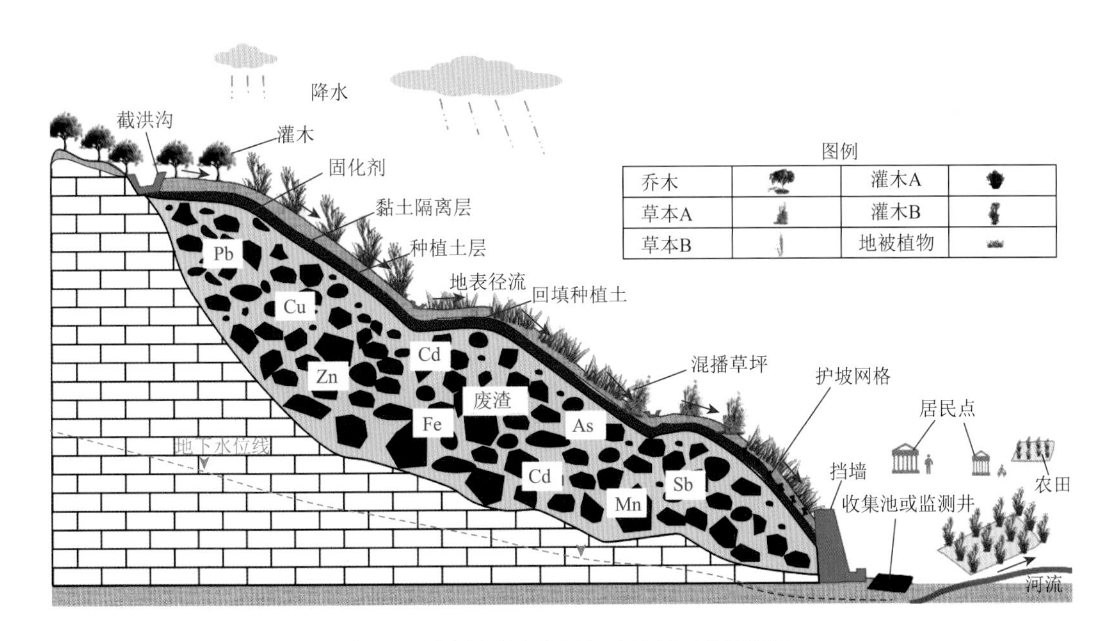

图 4-5 历史遗留废渣场生态修复工艺流程图

1. 生态修复工艺流程及主要技术

（1）物理封存技术：废渣堆场稳定性整理、截洪沟和渗透反应墙拦截，无土基质覆盖和覆土等，截断物理扰动、水力搬运和大气传输等途径，科学评估废渣中金属资源价值，提出基于资源蕴藏的原位物理封存技术。

（2）化学稳定技术：筛选不同类型的重金属固化材料，固化材料通过沉淀、吸附、络合、螯合等作用降低废渣重金属的生物有效性，降低其迁移率及对修复植物的生物毒性。

（3）生态修复技术：深入挖掘耐瘠耐旱的先锋植物资源，通过功能植物种植，实现基于生物多样性保育的生态修复技术，通过生态修复原理降低废渣的风蚀及水蚀作用，控制废渣中重金属的迁移扩散。

2. 后期管理维护

铅锌废渣污染场地原位治理工程施工完成后，开展工程运行维护、运行监测、趋势预测和运行状况分析等。工程运行中应同时开展运行监测和趋势预测。根据监测数据及趋势预测结果开展工程运行状况分析，判断修复工程的目标可达性。同时设置醒目的宣传界碑，禁止在修复后的场地上种植农作物。

4.5　典型历史遗留采冶废渣堆场生态修复工程案例

截至 2019 年底，贵州省已治理重金属历史遗留废渣量共 5495.87 万 t，其中铅锌废渣 2261.39 万 t，锑渣 492.85 万 t，汞渣 2230.15 万 t，砷废渣 74.05 万 t，锰废渣 272.32 万 t、铊废渣 65.12 万 t（图 4-6）。在已开展的历史遗留废渣堆场生态修复工程中，选择毕节市七星关区岳家海子、六盘水市钟山区大湾镇开化村（白泥巴梁子）铅锌废渣生态修复工程，黔东南州岑巩县思旸镇电解锰渣堆场生态修复工程，铜仁市万山区梅子溪及十八坑汞冶炼废渣堆场生态修复工程作为典型案例进行介绍。

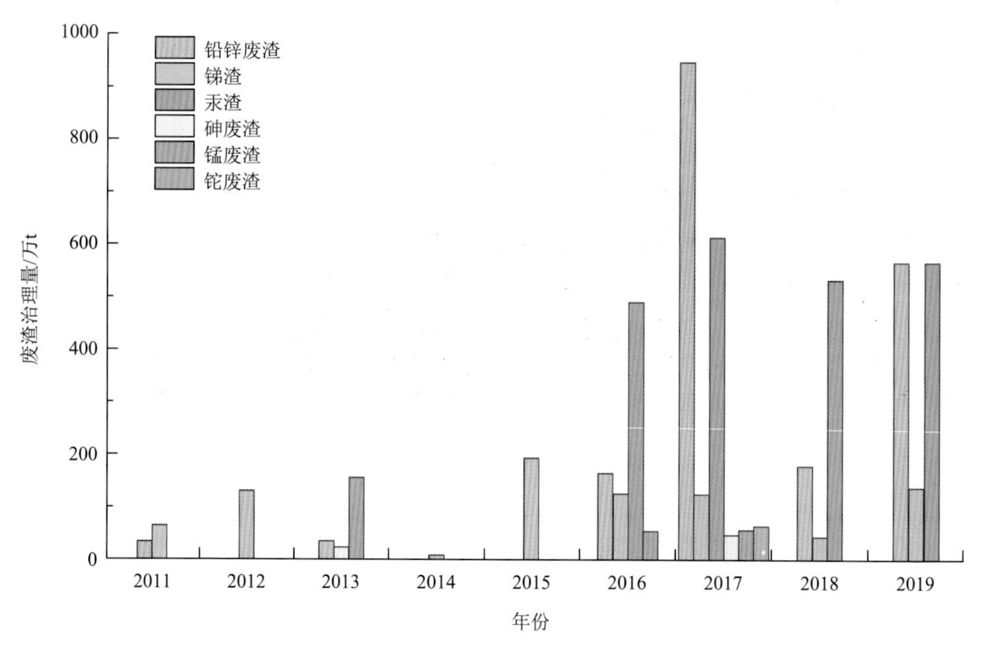

图 4-6　贵州省已开展治理的历史遗留废渣量及完成时间

（数据来源于贵州省环境科学设计研究院）

4.5.1　七星关区岳家海子铅锌废渣堆场生态修复工程

1. 项目概况

项目区位于七星关区撒拉溪镇岳家海子，岳家海子铅锌废渣堆场周边为农用地，项目点的炼锌废渣在开展治理前，在地表径流的冲刷作用下，炼锌废渣中大量的有毒有害物质迁移至周边及下游的水-土环境中，严重污染周边及下游的水体（地表水、地下水）和土壤，重金属等污染物通过食物链的传递对人体健康具有潜在的风险。在开展废渣堆场生态修复前，测定了废渣中重金属的含量。其中，Cu、Pb、Cd、Zn 的含量分别为 15.68～1701mg·kg^{-1}、138.8～15419mg·kg^{-1}、0.253～1.273mg·kg^{-1}、176.6～452.2mg·kg^{-1}。实地踏勘测量结果显示，项目区的废渣场地污染面积为 47394m^2，因部分区域的废渣难以采取工程治理措施，因此，实际治理废渣面积为 37229.6m^2，治理废渣总量为 148918.4m^3，废渣平均厚度为 4.0m，渣场顶部与坡脚水平面角度约为 15°～20°，坡度较缓。

2. 工程设计

1）基础工程建设

建设有截水沟（493.3m，270.73m^3）、挡渣墙（478m，1893.72m^3）、监测井（2 个）、渗滤液收集池（2 个）。

2）废渣清运与场地平整

该场地废渣较集中，没有进行废渣清运，对场地中较高且陡的渣体放缓堆渣坡度以满足渣体稳定性安全系数的要求，并进行场地平整以满足修复工程实施，渣场平整面积为 47394.0m^2。

3）污染物固定

在平整后的场地表面铺洒生石灰粉作为重金属的固定剂，通过化学作用和污染物中以不稳定形式存在的重金属反应，生成多种重金属沉淀，从而丧失毒性和迁移性，并有效切断污染暴露途径，施撒生石灰粉 930.7t。

4）植被恢复

渣层处理完毕后，覆盖黏土夯实作为防渗层，其目的是阻止雨水直接进入渣体，减少淋溶液的量。黏土层厚度为 30cm，黏土防渗层工程量为 13402.7m^3。黏土防渗层施工完毕后覆盖耕植土进行植被恢复，植物对降水有阻挡作用，可减缓地表径流，减少土壤侵蚀，具有植被覆盖的坡面，降水在到达坡面之前，就被植被截流。耕植土覆土厚度为 50cm，耕植土量为 18614.8m^3。覆土完成后种植柳杉、国槐、火棘、蔷薇、小叶女贞、多年生黑麦草、狗牙根和白三叶草等。

柳杉、国槐为二年苗龄，按 1∶1 混植，按 2m×3m 布置，共种植柳杉、国槐 6205 株。植物护坡区边沿配置荆棘防护林（宽 2m，共 1827.7m^2），荆棘防护林采用火棘、蔷薇按 1∶1 混植，种植密度为 3～4 株·m^{-2}，共种植火棘、蔷薇 7310 株。小叶女贞种植密度为 3～4 株·m^{-2}，共种植小叶女贞 141608 株。地被植物选用多年生黑麦草、狗牙根和白三叶草混播，其播种密度分别为 15g·m^{-2}、15g·m^{-2}、20g·m^{-2}。

3. 生态修复效果

七星关区岳家海子铅锌冶炼废渣堆场污染原位控制工程于 2012 年实施完成，并于 2018 年进行了生态修复效果评价，取得了较好生态修复效果（图 4-7）。

实施前(2012年)

实施后(2018年)

图 4-7　贵州省毕节市七星关区岳家海子铅锌冶炼废渣堆场生态修复效果图

4. 环境生态效益

生态效益：岳家海子片区废渣上生长的植物主要有柳杉、国槐（6205 棵）、火棘、蔷薇（7310 株）、小叶女贞（141608 株）、黑麦草及狗牙根，还有少量的枣树、沿阶草、牛筋草、类芦、斑茅和小飞蓬等植物。其中，柳杉高度为 0.8～3.0m，火棘高度为 0.3～1.0m，小叶女贞高度为 15～50cm，枣树高度为 30～60cm，蔷薇高度为 20～80cm，总体盖度在 90%左右。废渣场生态修复取得了良好的生态效益，包括涵养水源、保持水土、调节气候、防风固沙、净化空气、产生氧气、保持生物多样性、保健游憩等。同时，控制了废渣中重金属随地表径流和风力扩散等途径向周边环境迁移，显著改善废渣场及周边的生态环境质量。

环境效益：岳家海子片区铅锌废渣污染综合整治项目实施后，对 Pb、Cd 的封存量分别为 669.80t、95.89t。废渣场上形成的可四季演替的丰富植被，使渣场中大量降水被植物吸收、截留和有效涵养，大幅度减少了植物的蒸腾蒸发量，丰茂的植被极大地减少了地表径流和风力扩散作用对含重金属的废渣颗粒物的冲刷淋溶和迁移扩散。从多种途径有效地保护了治理区域及下游土壤、地表水、地下水体环境质量，保障了人体健康，具有显著的环境效益。

4.5.2　钟山区大湾镇白泥巴梁子铅锌废渣堆场生态修复工程

1. 项目概况

钟山区大湾镇开化片区白泥巴梁子区域的铅锌废渣具有堆放面积较广、渣量较多等特征，废渣占地面积约为 146666m^2，总渣量约 129 万 t。大量堆存的铅锌废渣在地表径流及雨水冲刷作用下，炼锌废渣中的重金属、悬浮物等对区域周边及下游地表水和土壤造成严重污染。通过对易受铅锌冶炼废渣堆场污染影响的三岔河三条支流（木冲沟小河、新合小河和二塘小河）进行监测发现，木冲沟小河和新合小河的污染较重，总 Pb 的平均浓度达到 0.229mg·L^{-1} 和 0.165mg·L^{-1}，超过《地表水环境质量标准》（GB 3838—2002）Ⅴ类水质标准，并且木冲沟小河枯水期的总镉和总锌浓度分别达 0.012mg·L^{-1} 和 3.123mg·L^{-1}，超过Ⅴ类水质标准。另外，该区域的土壤重金属含量与《土壤环境质量农用地土壤污染风险管控标准（试行）》（GB 15618—2018）中风险筛选值相比较，Cd、Cu、Zn 的含量均超标，且土壤上种植农作物重金属也相应超标。总体而言，该区域的铅锌冶炼废渣对周边生态环境具有严重风险。

2. 工程设计

1）基础工程设计

钟山区大湾镇开化片区白泥巴梁子片区铅锌废渣污染综合整治工程的基础工程主要有挡渣墙（590m，7240m^3）和排水沟（1380m）建设。

2）废渣清运与渣场平整

钟山区大湾镇开化片区白泥巴梁子片区铅锌废渣污染综合整治工程主要开展了废渣清运（22030m^3）、削坡清方（57360m^3）、场地平整（146666m^2）。

3）污染物固定

依据《贵州铅锌矿采冶废渣污染场地原位（综合治理）修复工程指南》，碱石灰作为重金属固定剂是最经济有效的材料，其可通过固定作用降低废渣中的重金属活性及迁移性，并减少向周围环境扩散。降低重金属在废渣中的水溶性、迁移性和生物有效性，从而降低它们进入植物、微生物和水体的能力，渣场治理面积约为 146666m^2，碱石灰的施用量为 3600t（25kg·m^{-2}）。

4）植被恢复

为防止污染物及其介质以固态、液态或气态形式与周围环境接触，避免雨水进入铅锌废渣堆场产生大量渗滤液，同时隔绝空气避免氧气对重金属矿物的氧化，需要在废渣堆场表面进行防渗，构建一个物理阻隔层，达到阻断传播途径和控制环境风险的目的。依据《贵州铅锌矿采冶废渣污染场地原位（综合治理）修复工程指南（试行）》，本项目采用 30cm 压实黏土作为渣堆防渗措施，黏土层含水率为 20%～22%，土壤粒度＜2cm，需要渣场防渗黏土 39000m^3。

根据实地踏勘和积极贯彻六盘水市政府提出的“三变”发展新模式，该场地的修复考虑采用景区绿化设计，以保证废渣场地修复后能达到旅游景观的效果，从而与毗邻废渣场的一个风景旅游区形成完美结合，保持景观风景的一致性。依据《贵州铅锌矿采冶废渣污染场地原位（综合治理）修复工程指南（试行）》，在该区域渣堆上覆耕植土 50cm，用于植被恢复。渣场覆土绿化面积约为 146666m^2，客土体积为 50000m^3；取土点植被恢复面积约为 33333m^2。根据当地的建设需求，此地以后将规划为旅游景观区，故根据种植植物和所处地区的气候条件，以樱花等景观作物种植为主，再撒播狗牙根，樱花苗选用 5 年生苗龄树种，种植间距为 3m×3m，种植密度约为 74 株·亩$^{-1}$。植物修复后，进行必要的植物养护或管护。

3. 生态修复效果

白泥巴梁子区域铅锌废渣堆场生态修复控制工程于 2016 年实施完成，并于 2018 年进行了生态修复效果评价，取得了较好的生态修复效果（图 4-8）。

图 4-8　贵州省六盘水市钟山区白泥巴梁子铅锌废渣堆场生态修复效果图

4. 环境生态效益

生态效益：钟山区大湾镇开化片区白泥巴梁子铅锌冶炼废渣共种植乔木 16296 株，狗牙根 146666m^2。截至 2018 年，已修复的渣场中主要种植的植物有马尾松、樱花树、山茶、黑麦草、三叶草、牛筋草、狗尾草、蓼。其中，山茶树高度为 1.1m、冠幅为 1.2m，马尾松高度为 1.5m，樱花树高度为 1.55m。黑麦草长势较好，黑麦草生长密集的地方盖度为 80%、稀疏的地方盖度为 20%左右，整个区域总的盖度为 50%～80%，由于该区域修复年限较短，废渣堆场中植物群落仍比较单一，多样性指数较低。根据目前修复区域中植物的生长状况，随着植物修复年限增加，大湾镇开化片区白泥巴梁子铅锌废渣上的植被与周围环境高度相融，具有较好的生态效益。

环境效益：开化片区白泥巴梁子铅锌冶炼废渣堆场经重金属固定及植物修复后，可实现对 Pb、Cd、Zn 的封存量分别为 6902.92t、161.38t、12782.09t。随着植物修复年限的增加，废渣场上形成的生物多样性高且稳定的植被群落，可有效降低地表径流对废渣场的冲刷作用，同时，废渣场上建立的乔-灌-草多元植被覆盖可显著降低风力作用对废渣场中细粒径颗粒物的扩散。因此，通过开展废渣场生态修复可显著减少因水蚀和风蚀作用造成的废渣场重金属释放、迁移、扩散途径。对区域内的大气环境、水环境、土壤环境起到积极的改善作用，为群众创造了一个良好的生产、生活环境。

4.5.3　岑巩县思旸镇电解锰渣堆场生态修复工程

1. 项目区概况

项目区位于岑巩县思旸镇坪坝村、亚坝村。坪坝村、亚坝村堆放的电解锰渣场占地面积分别为 4380m^2 和 11320m^2，废渣量分别为 63800m^3 和 215200m^3。废渣堆紧靠境内的主要河流——舞阳河一级支流（龙江河），且废渣堆场周边全是农用地。废渣堆中的有害物质在雨水的冲刷下对周边农田土壤及龙江河水质均造成了污染，且农作物中富集的重金属极易通过食物链的传递影响人体健康。

电解锰废渣场冲沟出口紧靠舞阳河一级支流（龙江河），废渣场占地约为 15700m^2，废渣量约为 27.9 万 m^3，废渣堆场渗出液的 pH 为 8，COD_{Cr}、六价铬、总锰、氨氮的含量分别为 161.35mg·L^{-1}、0.042mg·L^{-1}、3622.115mg·L^{-1}、1118.857mg·L^{-1}。氨氮、总锰浓度分别超过《污水综合排放标准》（GB 8978—1996）一级标准的 73.59 倍和 1810.06 倍。渣场渗滤液排放将对龙江河流域的水质安全造成重大影响。龙江河 Mn 浓度分别为 1.49mg·L^{-1}、1.10mg·L^{-1}，其 Mn 浓度分别超过《地表水环境质量标准》（GB 3838—2002）Ⅲ类标准的 13.9 倍和 10 倍。

2. 工程设计

1）废渣清运与场地平整

岑巩县思旸镇坪坝村和亚坝村废渣清运量分别为 6.38 万 m^3 和 21.52 万 m^3，废渣总清运量为 27.90 万 m^3，两个区域的废渣运送至七里冲渣库进行填埋，并对坪坝村和亚坝村渣场进行平整。

2）污染物固定

在平整后的废渣场地表面铺洒重金属固定剂（生石灰粉），生石灰通过与废渣中的活性重金属发生化学作用形成相对稳定的沉淀物，进而有效地降低废渣重金属的活性及迁移性，在源头实现废渣中活性重金属的化学稳定。

3）植被恢复

对原堆渣点进行覆土后植被恢复。坪坝村废渣堆场覆土面积为 4380m^2，覆土厚度为 30cm，覆土量为 1314m^3，亚坝村废渣场的覆土面积为 11320m^2，覆土厚度为 30cm，覆土量为 3396m^3。综合考虑项目所在地的海拔、降水、湿度、原生物种、日照、土壤类型、气温、生态系统稳定等因素，经过比选，修复植被为柳杉、火棘、小叶女贞、香根草、狗牙根。植被恢复采用乔、灌、草混种的模式。柳杉的种植行间距为 8m×8m，种植柳杉 245 株；在乔木之间栽植灌木，种植行间距为 3m×3m，共种植火棘 872 株、小叶女贞 872 株，之后在苗木间隙撒播草籽，撒播密度为 $8g \cdot m^{-2}$，香根草和狗牙根草籽的播种量均为 63kg。并对修复植物进行后期管护，分为重点管护和一般管护两个阶段。重点管护阶段是指栽植验收之后至 3～5 年，草地为 1 年之内，其管护目标应以保证成活、恢复生长为主。一般管护是指重点管护之后，成活生长已经稳定后的长时间管护阶段。

3. 生态修复效果

岑巩县思旸镇电解锰渣堆场污染原位控制工程于 2014 年实施完成，并于 2018 年进行了生态修复效果评价，取得了较好的生态修复效果（图 4-9）。

实施前(2014年)

实施后(2018年)

图 4-9　贵州省黔东南州岑巩县思旸镇电解锰渣堆场生态修复效果图

4. 生态环境效益

生态效益：岑巩县思旸镇电解锰废渣污染综合治理工程项目主要采用植物修复措施实现废渣堆场中重金属污染原位控制。废渣堆场上种植有柳杉、构树、类芦、香根草、苍耳、雀稗、艾蒿、小飞蓬、紫花苜蓿、节节草等。废渣堆场的植被覆盖度为 95%～100%，废渣堆场植物群落多样性丰富。植物覆盖在一定程度降低了废渣堆场的水土流失，控制了废渣中重金属随地表径流和风力扩散等途径向周边环境迁移。废渣场生态修复取得了良好的环境生态效益，包括增加矿区植被覆盖面积及生物多样性、减少废渣场水土流失、改善矿区生态环境质量。另外，从源头有效阻断废渣堆场重金属随地表径流和风力扩散等途径向周边水体、土壤及大气环境迁移扩散，有效地保护了矿区周边生态环境质量。

环境效益：岑巩县思旸镇电解锰废渣污染综合治理工程项目实施后，在原堆渣点恢复植被 15700m^2，有效防止了水土流失。在废渣场上建立的乔-灌-草多元植被群落具有防风、消减降雨势能等功能，可有效降低废渣场的水蚀和风蚀作用，降低地表径流和风力扩散作用对含重金属的废渣颗粒物的冲刷淋溶和迁移扩散，源头阻断废渣场中污染物的迁移途径。有效地保护了矿区周边及下游土壤、水体、大气环境质量，降低因废渣堆场重金属扩散导致的生态环境风险，具有显著的环境效益。

4.5.4　万山区梅子溪及十八坑汞矿废渣堆场生态修复工程

1. 项目概况

项目区位于万山区梅子溪及十八坑矿区。梅子溪汞矿废渣顺坡面随意堆放，渣量约为 1 万 m^3，渣场表面无任何保护措施和拦截措施，具有严重的地质环境风险。汞矿废渣堆坡面长度为 144m、宽 127m、高 96m 不规则堆体，角度为 50°左右。距离渣堆底部 23m 处为敖寨河，敖寨河最后汇入湖南省西部的沅江。由于渣堆周围的截水沟已毁坏，在地表径流的冲刷作用下，废渣极易淤塞河道，废渣堆重金属等污染物释放严重影响周边及下游水-土环境质量。

十八坑汞矿废渣顺坡面从上往下倾倒，堆积在坡面上的废渣体无任何保护及拦截措施，具有严重的地质环境风险。渣堆坡面长度为 200m，角度大于 50°，高 120m，渣量约为 1.63 万 m^3。坡底废渣堆长 200m，平均宽 30m，渣量约为 1.2 万 m^3。渣堆底部有一简易挡渣墙，由于年久失修，已失去了挡渣的作用，挡墙后是农田，挡墙处离敖寨河约 1km。在地表径流的冲刷作用下，废渣极易淤塞河道，废渣堆场重金属释放严重影响周边及下游水-土环境质量。

2. 工程设计

1）基础工程建设

在汞矿废渣堆场底部修建挡墙，拦截渣体，梅子溪和十八坑两个治理点挡渣墙的工程量为 2560m^3，渗滤液截排沟长 247m，截洪沟长 2200m，回收水池为 108m^3。

2）废渣清运与场地平整

汞矿废渣堆体较高且陡，须放缓渣堆坡度以满足渣体稳定性安全系数的要求。采用人工清渣的方式进行削坡清方，清方量为 13000m^3，场地平整面积为 12000m^2。

3）污染物固定

在平整后的废渣表面铺洒一层重金属固定剂（1%泥炭，5%木屑和 2%橡胶粉末），重金属固定剂的施用面积为 25000m^2，通过化学作用与废渣中不稳定形式存在的重金属反应，生成多种重金属沉淀，将重金属转化为其在自然界中稳定存在形式的化合物，从而降低重金属毒性和迁移性，并有效切断重金属污染暴露途径。植物生长过程中植物根际活动是影响重金属迁移转化的重要驱动因素，但植物根际活动对所形成的重金属沉淀物中重金属再释放的影响较少，可充分保证重金属治理效果的长效性。该重金属固定剂无毒无害，且不造成二次污染。此外，污染场地中的含汞污染物被固定剂钝化和植物根系截留后，能有效减少其向周边水体、土壤、大气环境迁移。

4）植被恢复

废渣堆场上建立的植被对降水有阻挡、截留作用。另外，植被茎叶还对降雨具有明显的消能作用，可有效地降低废渣场遭受水蚀作用。因此，本工程考虑在废渣场上覆盖自然土壤，覆土厚度为 50cm，覆土量为 9000m^3，用于植被恢复，植被恢复面积为 25000m^2。种植植物根据所处地区的气候、地质与水文条件，选择适宜的修复植物。废弃堆场修复后土地不作为农业耕地和果林地使用。乔木（沙树）种植密度为 2m×3m，修复植物能护坡护岸、保持水土，起到固定土壤、防止其侵蚀的作用。

3. 生态修复效果

万山区梅子溪及十八坑汞冶炼渣堆场污染原位控制工程于 2011 年实施完成，并于 2018 年进行了生态修复效果评价，取得了的较好生态修复效果（图 4-10）。

4. 生态环境效益

生态效益：废渣堆场上生长的植物主要有沙树、白茅、艾蒿、野棉花。其中，沙树的密度约为 134 棵·100m^{-2}，沙树的高度为 2～8m，胸径约为 12～35cm，冠幅为 1.4～5.8m。废渣堆场植物覆盖度约为 90%。废渣堆场开展植被修复后，废渣堆场生态修复取得了良好的生态效益，包括涵养水源、保持水土、调节气候、防风固沙、净化空气、产生氧气、保持生物多样性、保健游憩，为动植物提供了栖息的场所，增加了物种的多样性，并显著改善了废渣场及周边的生态环境质量。

环境效益：废渣污染综合治理项目实施后，汞污染减排成效明显，汞矿废渣来源的汞的挥发通量明显降低，显著改善汞矿区周边大气环境质量。废渣场上形成的可四季演替的丰富植被，使渣场中大量降水被植物吸收、截留和有效涵养，大幅度减少了植物的蒸腾蒸发量，丰茂的植被极大地减少了地表径流和风力扩散作用对含重金属的废渣颗粒物的冲刷淋溶和迁移扩散，有效改善了周边及下游大气、土壤、地表水、地下水体环境质量，具有显著的环境效益。

实施前(2011年, 梅子溪)　实施后(2018年, 梅子溪)

实施前(2011年, 十八坑)　实施后(2018年, 十八坑)

图 4-10　贵州省铜仁市万山区汞冶炼废渣堆场生态修复效果图

4.5.5　独山县百泉镇锑矿废渣堆场生态修复工程

1. 项目概况

独山县百泉镇锑矿区内锑矿资源丰富，20 世纪 70～80 年代陆续出现锑矿开采活动，至今已有几十年历史，长期以来从事的锑矿开采、洗选、冶炼等工艺落后，导致都柳江流域 Sb 含量超标，造成 2009 年都柳江进入广西断面的 Sb 污染问题，引起了国家高度重视。锑矿的采冶过程产生的尾矿及废渣的无组织堆放严重污染区域生态环境。独山县百泉镇岩棒井锑矿废渣堆场位于独山县城东北部约 3km 处的一个山洼地，渣场下方河沟为新民河上游水源头之一，周围无人居住，主要为林地，渣场上游集雨面积较小，渣场占地面积为 9000m^2，堆存废渣量约为 8.5 万 m^3，主要为浮选锑渣，废渣中 Sb、As 含量分别为 0.748mg·kg^{-1}、3.86mg·kg^{-1}，废渣堆放坡度为 30°～50°。独山县百泉镇半坡弃渣堆放点位于独山县城东北部约 20km 处两座山体山脚，渣堆西面约 8m 处为新民河上游水源头之一，渣场上游集雨面积较大，废渣污染面积约为 1.5 万 m^2，堆存渣量约为 22.5 万 m^3，主要为采选锑渣。废渣中 Sb 等重金属在雨水淋溶、冲刷等作用下迁移至新民河，对都柳江流域水质存在重大安全隐患。经监测，进入三都县境处的潘家湾河流断面 Sb 浓度为 120μg·L^{-1}，未超过《贵州省环境污染物排放标准》（DB 52/864—2013）中 Sb 的排放标准；但因广西部分县市将都柳江作为饮用水源，其执行标准为《生活饮用水水质标准》（GB 5749—2006）中特定项目标准限值（5μg·L^{-1}），可见，都柳江独山段水质中 Sb 含量过高可能对下游饮水安全造成重大隐患。

2. 工程设计

1）基础工程建设

在锑矿废渣堆体底部修建挡墙，岩棒井和半坡两个治理点挡渣墙的工程量为810m^3，马道排水沟长320m，挡渣墙下集水沟长370m，截洪沟长1020m，河堤为3150m^3，监测井6眼、监测池2个。

2）废渣清运与场地平整

因无序堆放的废渣体具有堆体高且坡陡等特征，较高的渣体稳定性安全系数是在废渣场上成功开展生态修复工程的重要保证，因此，在废渣场开展生态修复工程前，放缓堆渣坡度是满足渣体稳定性安全系数要求的重要措施。采用人工清渣的方式进行削坡清方，清挖废渣量为56000m^3，削坡清方量为63500m^3，场地平整面积为9000m^2，防渗黏土铺设量为9360m^3。

3）污染物固定

在平整后的废渣表面铺洒重金属固定剂（生石灰），其施用量为44.9t，喷洒面积为24000m^2，生石灰可将废渣中的活性重金属转化为较为稳定的化合物，从而减少重金属的迁移以及对修复植物的毒性。钝化剂与废渣重金属反应形成的化合物的稳定性受植物根际活动（根系分泌物、微生物）的影响较小，即使长时间暴露在植物根际环境中，形成的重金属沉淀物的二次释放风险也较小。该稳定剂无毒无害，不造成二次污染。此外，污染场地中的污染物尤其是含Sb污染物被固定剂钝化和植物根系截留后，能有效减少Sb向周边水体、土壤、大气环境迁移。

4）植被恢复

在废渣场上建立的丰茂的植被群落可显著降低废渣场遭受的水蚀和风蚀作用，其主要是通过植被茎叶对降水的消能作用以及植被覆盖层对降水的截留与风力的阻挡作用。因此，为充分改善废渣的立地条件，保证修复植物的快速存活，本工程需在废渣场上覆盖用于支撑植物生长的根植土，覆土厚度为50cm，覆土量为31500m^3，渣场植被恢复面积为24000m^2，取土点植被恢复面积为14400m^2。主要采用“乔木＋灌木＋草丛”混播方式实现废渣堆场生态修复，乔木主要为本土熟生植物马尾松，灌木为火棘，草本植物为狗牙根。其中马尾松为3年生苗龄树种，种植间距为3m×2m，火棘为2年生苗龄树种，种植间距为1m×1m，废渣堆场生态修复后不作为农业耕地和果林地使用。

3. 生态修复效果

独山县百泉镇半坡及岩棒井锑矿废渣堆场污染原位控制工程于2016年实施完成，并于2018年进行了生态修复效果评价，取得了较好的生态修复效果（图4-11）。

4. 生态环境效益

生态效益：独山县百泉镇半坡及岩棒井锑矿废渣堆场开展生态修复2年后，废渣场上的优势植物主要有无患子、马尾松、火棘、鬼针草、三叶草、狗尾草、类芦、金丝草、苜蓿，其中乔木无患子的高度为1～2m，马尾松的高度为0.5～0.6m、火棘高度为30cm，半坡及岩棒井锑矿废渣场的植物总覆盖度为 75%～95%。两个片区的植物多样性较丰富，且整个渣场植物呈乔-灌-草搭配模式，这些修复植物的选择均兼顾四季交替演替的原则，原来裸露的锑矿废渣经植物修复后，显著改善了渣场及周边的生态环境质量，具有显著的生态效益。

实施前(2016年)

实施后(2018年)

图 4-11　贵州省黔南州独山县百泉镇锑矿废渣堆场生态修复效果图

环境效益：独山县百泉镇半坡及岩棒井锑矿废渣堆场开展生态修复后，封存含锑废渣 31.0 万 m^3（约 86.8 万 t）。在废渣场上开展生态修复工程不仅可以有效地实现废渣资源封存，还可从源头阻断废渣中的污染物向周边水-土-气等生态环境介质迁移。其作用途径主要包括废渣场上建植的植被群落降低地表径流对废渣场的冲刷，避免废渣场水土流失，减少细粒径废渣的水力搬运和风力扩散作用。保障了当地居民的身体健康，改善了当地的生态环境质量，将废弃地恢复为绿地，避免了重金属进入食物链，同时可获得林木，增加当地居民的经济收入。

在所构建的“物理封存-化学稳定-生态修复”技术体系指导下，开展的其他典型采冶废渣堆场生态修复效果见附图中图版 1～图版 9。

第 5 章　历史遗留采冶废渣堆场原位综合治理效果评价

5.1　历史遗留采冶废渣治理效果评价方法研究

5.1.1　评价指标体系的构建

1. 构建原则

结合贵州省铅锌矿、汞矿、锰矿和锑矿采冶废渣重金属污染特征及《贵州省铅锌矿采冶废渣污染场地原位（综合治理）修复工程指南（试行）》的要求，为确保构建的治理效果评价方法系统、全面、合理，治理效果评价指标体系的构建应遵循以下原则。

1）系统性原则

采冶废渣重金属污染治理效果评价指标体系是一个系统性的指标体系，应能够系统、全面、综合地体现采冶废渣重金属污染治理项目实施的效果，选择主要影响因子，全面地反映项目的内部效益与外部效益。

2）完整性原则

指标体系的完整性是指指标体系不仅可以有效完整地描述采冶废渣重金属污染治理项目的效果，而且任何一个下层指标的缺失都会影响指标体系的完整性。

3）层次性原则

由于采冶废渣重金属污染治理效果评价指标繁多，涵盖学科范围广，层次较多，对于项目治理效果评价一般不可以选取单个评价指标，必须在多个层次上选取各方面的指标来构成一个有层次性的评价指标体系。

4）独立性原则

指标体系中的各个指标之间不得相互包含或替代，指标必须是互不重叠、互不相关的。

5）可行性原则

在实际工作中指标数据的测量与获得必须具有可操作性，易于计算。

6）可比性原则

同一层次的指标在时间和空间上要尽量具有可比性，可以通过指标间的比较直接得出采冶废渣重金属污染治理项目在各方面获得成效的优劣，并且可以在相关评价方法的综合评价结果中体现出各指标对最终评价结果的影响。

7）简化性原则

指标体系中各个评价指标均有主次之分，在指标的选取上要选择主要影响因子，避免指标的冗余庞杂。

8）定性与定量相结合的原则

指标体系中各个指标应当实现定性与定量相结合，能够量化的指标进行量化，不能量化的指标在定性分析的基础上再进行量化比较。

2. 指标体系框架

1）指标选取原因分析

采冶废渣重金属污染治理效果评价是一个多层次、多指标的综合评价问题，建立合理、科学的评价指标体系是进行有效评价的关键。

本方法在全面调查、分析各类采冶废渣重金属污染治理项目施工情况的基础上，结合贵州省喀斯特地质背景下生态环境脆弱、重金属污染分散等特点及采冶废渣重金属污染治理项目对社会环境带来的影响，从重金属封存效益、生态效益及经济效益三方面考虑构建评价指标体系，分别从各个方面选取合适的评价指标，以保证全面、合理地评价采冶废渣重金属污染治理效果。

2）重金属指标的选取

为确保矿山修复治理效果评价方法的科学有效，严格按照相关标准对重金属指标进行选取。首先根据《场地环境调查技术导则》（HJ 25.1—2014）和《场地环境监测技术导则》（HJ 25.2—2014）进行场地野外调查与现场踏勘，布设采样点后采样测试分析。在了解贵州省各类型采冶废渣重金属污染现状的基础上，结合我国《重金属污染综合防治“十二五”规划》确定的重点防控重金属污染物（铅、汞、镉、铬和砷等，兼顾镍、铜、锌、银、钒、锰、钴、铊、锑等其他重金属污染物）选取本评价方法的重金属指标。经过野外调查、室内测试分析和文献调研发现，目前贵州省汞、铅、锌、镉、锑、锰、铜、砷等重金属污染较为突出和典型，所以针对铅锌冶炼废渣、汞矿冶炼废渣、锰冶炼废渣、锑冶炼废渣分别选取砷、镉、锌、铅、铜，汞、砷、铅、锌、铜，锰、砷、铅、锌、铜，锑、镉、砷、铅、锌等作为评价指标。

3）构建指标体系

根据野外实地调查及评价指标选取原因分析，分别从以下三方面来细分一系列指标。

（1）依据《场地环境调查技术导则》（HJ 25.1—2014）、《场地环境监测技术导则》（HJ 25.2—2014）、《污染场地风险评估技术导则》(HJ 25.3—2014)、《污染场地土壤修复技术导则》（HJ 25.4—2014）对前期获得的重金属污染现状进行分析，确认污染场地修复的目标重金属污染物，如表5-1所示。

表5-1　各类采冶废渣的修复效益评价指标体系

指标	铅锌冶炼废渣	汞冶炼废渣	锰冶炼废渣	锑冶炼废渣
经济效益	效益费用比 净现值率	效益费用比 净现值率	效益费用比 净现值率	效益费用比 净现值率
污染物封存效益	As、Cd、Zn、Pb、Cu	Hg、Zn、Pb、As、Cu	Mn、As、Zn、Pb、Cu	Sb、Cd、Zn、Pb、As
生态效益	植物多样性 植被覆盖度	植物多样性 植被覆盖度	植物多样性 植被覆盖度	植物多样性 植被覆盖度

注：工程修复（换土、客土法）不计算生态效益。

（2）生态效益由植物多样性和植被覆盖度体现；

（3）经济效益由效益费用比和净现值率来体现。

评价各类采冶废渣修复工程的具体指标划分如表 5-1 所示。

4）指标权重系数的确定

合理、科学地确定评价指标的权重系数对于各类采冶废渣重金属污染场地治理效果评价方法的构建极为重要，在确定评价指标权重系数时应该遵循以下原则：

（1）客观性原则；

（2）导向性原则；

（3）可测性原则。

权重系数的确定采用层次分析法，具体操作步骤如下。

各类采冶废渣重金属污染场地治理效果评价指标体系具有多层次、多指标且指标间的相互关系复杂的特点，而层次分析法是一种实用的多方案或多目标的决策方法，合理地将定性与定量的决策结合起来，按照思维、心理的规律把决策过程层次化、数量化，具有精度高、系统性、简洁性等特点。故采用层次分析法来确定各评价指标的权重系数，为各类采冶废渣重金属污染场地治理效果评价方法的构建提供基础条件。层次分析法的基本步骤如下。

（1）建立层次结构模型。在分析问题的基础上将有关因素按照不同属性分类，再自上而下地分解成若干层次，同一层的不同因素隶属于上一层因素或对上层因素有影响，并包含下一层因素或受到下层因素的作用。层次自上而下分别为目标层、准则层、指标层。

（2）构造判断矩阵。层次分析法对同一层次指标采用两两比较法来确定各指标的相对重要程度，并按萨蒂（Saaty）提出的 1-9 标度法来判断指标的重要性标度值，1-9 标度法的判断标度见表 5-2。按两两比较结果构成的矩阵称作判断矩阵 $\boldsymbol{A}_{n\times n}$。

表 5-2　矩阵判断标度

标度	含 义
1	表示两个元素相比，具有同样的重要性
3	表示两个元素相比，前者比后者稍重要
5	表示两个元素相比，前者比后者明显重要
7	表示两个元素相比，前者比后者极其重要
9	表示两个元素相比，前者比后者强烈重要
2，4，6，8	表示上述相邻判断的中间值
倒数（$1/a_{ij}$）	若元素 i 和元素 j 的重要性之比为 a_{ij}，那么元素 j 与元素 i 的重要性之比为 $a_{ij}=1/a_{ij}$

$$\boldsymbol{A}_{n\times n}=\begin{array}{c} \\ B_1 \\ B_2 \\ \vdots \\ B_n \end{array}\begin{array}{c} \begin{array}{cccc} B_1 & B_2 & \cdots & B_n \end{array} \\ \begin{pmatrix} a_{11} & a_{12} & \cdots & a_{1n} \\ a_{21} & a_{22} & \cdots & a_{2n} \\ \vdots & \vdots & & \vdots \\ a_{n1} & a_{n2} & \cdots & a_{nn} \end{pmatrix} \end{array}$$

式中，$a_{i\times j}$ 表示指标 B_i 和指标 B_j 的重要性之比，即 B_i/B_j 的重要性判断值为 $a_{i\times j}\in$（1，9）。同理可以求得判断矩阵中各元素的判断标度值。

举例解释 $a_{i\times j}$ 的意义，如：

$$
\begin{array}{cc}
 & \begin{array}{ccc} B_1 & B_2 & B_3 \end{array} \\
\boldsymbol{A}_0 = \begin{array}{c} B_1 \\ B_2 \\ B_3 \end{array} & \begin{pmatrix} 1 & 2 & 7 \\ 1/2 & 1 & 5 \\ 1/7 & 1/5 & 1 \end{pmatrix}
\end{array}
$$

判断矩阵 $\boldsymbol{A}_0$ 中，1 表示 B_1 相对于 B_1、B_2 相对于 B_2、B_3 相对于 B_3 同等重要，2 表示 B_1 相对于 B_2 介于同等重要与稍重要之间，7 表示 B_1 相对于 B_3 极其重要，5 表示 B_2 相对于 B_3 明显重要，而 1/7 表示 B_3 相对于 B_1 极其不重要。

（3）层次单排序。所谓层次单排序是指层次结构中某一层指标对于上一层某因素而言，本层次各因素的重要性的排序。即对于判断矩阵 $\boldsymbol{B}$，计算满足 $\boldsymbol{BW}=\lambda_{\max}\boldsymbol{W}$ 的特征根与特征向量，式中 $\lambda_{\max}$ 为 $\boldsymbol{B}$ 的最大特征根，$\boldsymbol{W}$ 为对应于 $\lambda_{\max}$ 的正规化的特征向量，$\boldsymbol{W}$ 的分量 ω_i 即是相应元素单排序的权值。

利用判断矩阵计算各因素 $\boldsymbol{B}$ 对目标层 $\boldsymbol{A}$ 的权重（权系数）的具体过程如下：

首先，将判断矩阵 $\boldsymbol{A}$ 每一列向量归一化，即 $\widetilde{w}_{ij}=a_{ij}\Big/\sum_{i=1}^{n}a_{ij}$ （$i,j=1,2,\cdots,n$）。

然后，将每一列经归一化后的矩阵按行相加，$\widetilde{w}_i=\sum_{j=1}^{n}\widetilde{w}_{ij}$，之后，将向量 $\tilde{w}_i$ 归一化得 $w_i=\tilde{w}_i\Big/\sum_{i=1}^{n}\tilde{w}_i$，$\boldsymbol{w}=\left(w_1,w_2,\cdots,w_n\right)^{\mathrm{T}}$，即近似特征根（权向量）。最后，计算最大特征根的近似值，$\lambda_{\max}=\dfrac{1}{n}\sum_{i=1}^{n}\dfrac{\left(A\boldsymbol{w}\right)_i}{w_i}$。

（4）一致性检验。在实际工作中，由于被比较因素受其他因素的干扰，判断矩阵通常不具备良好的一致性，当判断矩阵的不一致性在容许的范围内时，层次单排序计算所得的对应于特征根的特征向量（权向量）可以作为被比较因素的权向量。判断矩阵的一致性检验过程如下：

$$\mathrm{CR}=\frac{\mathrm{CI}}{\mathrm{RI}};$$

$$\mathrm{CI}=\frac{\lambda-n}{n-1}$$

式中，CR 为一致性比率，用于确定 $\boldsymbol{A}$ 的不一致性的容许范围；CI 为一致性指标；RI 为随机一致性指标，RI 可查表确定，见表 5-3；λ 为特征根的近似值；n 为被比较因子个数。

当 $n>2$，CR<0.1 时，$\boldsymbol{A}$ 的不一致性程度在容许范围内，此时可用 $\boldsymbol{A}$ 的特征向量作为权向量；否则需重新调整判断矩阵。

表 5-3　随机一致性指标 *RI*

n	1	2	3	4	5	6	7	8	9	10	11
RI	0	0	0.58	0.90	1.12	1.24	1.32	1.41	1.45	1.49	1.51

（5）层次总排序。计算各层次对于系统的总排序权重，并进行排序。最后，得到各方案对于总目标的总排序。一般地，若层次结构有 k 个层次（目标层算第一层），则最低层指标的权重向量为

$$\boldsymbol{W}=\boldsymbol{W}^{(k)}\boldsymbol{W}^{(k-1)}\cdots\boldsymbol{W}^{(2)}$$

式中，$\boldsymbol{W}$ 为最低层指标的权重向量；$\boldsymbol{W}^{(k)}$, $\boldsymbol{W}^{(k-1)}$, …, $\boldsymbol{W}^{(2)}$分别为第 k 层, 第 $k-1$ 层, …,第 2 层的权重向量。利用上述五步，能够计算得到各指标权重系数的具体数值。

5.1.2　评价体系及计算方法

1. 计算方法

评价方法为加权平均综合指数法。首先应用公式分别求出指标体系和权重系数的具体数值，再将其代入最终的计算公式得出修复工程的量化结果。由该量化的结果来反映修复工程的优劣。

1）重金属封存效益的计算

重金属封存效益的计算主要由覆土后的渣样重金属含量与目标值之间差值的显著差异范围来确定。超出范围，即存在显著差异，可直接判断修复工程不合格。如果重金属封存效益合格，再进行整体判定修复工程的优劣程度。

重金属封存效益采用 t 检验法进行判定，确定显著差异内的区间，从而划分该类修复工程的合格线。

t 检验方法如下所示（t 临界值见附录 A）。

t 检验是判定给定的常数是否与变量均值之间存在显著差异的最常用的方法。

假设一组样本，样本数为 n，样本均值为 $\overline{x}$，样本标准差为 S，利用 t 检验判定某一给定值 μ_0 与样本均值 $\overline{x}$ 存在显著差异，步骤为：

（1）确定显著水平 α，常用 $\alpha=0.05$，$\alpha=0.01$；

（2）计算检验统计量，$t=\dfrac{\overline{x}-\mu_0}{s/\sqrt{n}}$；

（3）根据自由度 $df=n-1$ 和 α 查 t 分布临界值表（见附录 A），确定临界值 $C=t_{\alpha/2}(n-1)$，例如 $n=8$，$\alpha=0.05$，则 $t=2.365$。

（4）统计推断：若 $|t|>C$，即 $\mu_0>\overline{x}+C\cdot S/\sqrt{n}$ 或 $\mu_0<\overline{x}-C\cdot S/\sqrt{n}$ 则与均值存在显著差异，且前者为显著大于均值，后者为显著小于均值；若 $|t|\leqslant C$，即 $\overline{x}<\overline{x}-C\cdot S/\sqrt{n}\leqslant\overline{x}+C\cdot S/\sqrt{n}$，则与均值不存在显著差异。

2）经济效益的计算

经济效益主要由效益费用比和经济净现值率两个指标来体现。具体的计算公式如表 5-4 所示。

表 5-4　经济效益计算公式

指标	计算公式	含义
项目总投入 A	$A=A_1+A_2+A_3$	A_1：工程主体费用 A_2：环保措施费用 A_3：竣工后管理费用
项目总效益 E	$E=E_{内}+E_{外}$	$E_{内}$：环保项目内部效益，如林地、旅游业 $E_{外}$：环境保护项目外部效益
$E_{内}$	$E_{内}=S\times U_{林}$	$U_{林}$：公益林地价格
$E_{外}$	$E_{外}=E_1+E_2+E_3$	E_1：林地涵养水源量带来的效益 E_2：林地净化空气带来的效益 E_3：项目竣工后所减少的医疗及误工费
E_1	$E_1=S\times Q_{涵}\times U_{水}$	$Q_{涵}$：林地涵养水源能力 $U_{水}$：当地水价
E_2	$E_2=k_2\times S\times Q_{氧}\times U_{氧}$	$Q_{氧}$：林地释氧能力 $U_{氧}$：氧气价格 k_2：释放氧气净化空气修正系数，取 0.7
E_3	$E_3=J_{医}+J_{工}$	$J_{医}$：项目竣工后减少医疗费 $J_{工}$：项目竣工后减少误工费
费用效益比 B	$B=E/A$	
效益净现值 ENPV	$\mathrm{ENPV}=\sum_{t=1}^{n}(E-A)_t(1+r)^{-t}$	$(E-A)_t$：第 t 年的净效益额 n：项目计算期，以 10 年计 r：贴现率，取 10%
净现值率 ENPVR	$\mathrm{ENPVR}=\mathrm{ENPV}/Ip$	ENPV：净现值 Ip：投资净现值，投资总额的贴现

3）权重系数的计算

采用层次分析法对各指标体系进行分层，然后分别利用各层之间的权重关系计算得出各个指标的具体权重数值。

4）加权平均综合指数法与分级

各评价指标之间数量级差异大，采用加权平均综合指数法需要对各指标数据进行标准化处理，避免大数值指标掩盖小数值指标对最终结果的影响。处理过程采用单项指数法，其计算公式（尹君，2001）如下：

$$若C_i \leqslant C_5，则：P_i = \frac{C_i}{C_5}；$$

$$若C_5 < C_i \leqslant C_4，则：P_i = 1 + \frac{C_i - C_5}{C_4 - C_5}；$$

$$若C_4 < C_i \leqslant C_3，则：P_i = 2 + \frac{C_i - C_4}{C_3 - C_4}；$$

$$若C_3 < C_i \leqslant C_2，则：P_i = 3 + \frac{C_i - C_3}{C_2 - C_3}；$$

$$若C_2 < C_i \leqslant C_1，则：P_i = 4 + \frac{C_i - C_2}{C_1 - C_2}；$$

$$若C_1 < C_i，则：P_i = 5 + \frac{C_i - C_1}{C_1 - C_2}。$$

加权平均指数计算公式为

$$Z = \sum_{i=1}^{9} W_i \times P_i$$

式中，Z 为污染场地修复效果综合评价指数；W_i 为指标 i 的权重，由 5.1.1 节知各指标的权重系数为 W =（0.083，0.091，0.157，0.083，0.083，0.065，0.065，0.167，0.206）；P_i 为指标 i 标准化后的数值；$i = 1,2,\cdots,9$。修复效果的加权平均综合评价结果分级标准见表 5-5。

表 5-5 加权平均综合评价结果分级

级别	Z 值	分级评语
C_1	$4 \leqslant Z \leqslant 5$	优，很好地达到修复目的，效益极好
C_2	$3 \leqslant Z < 4$	良，达到修复目的，效果良好
C_3	$2 \leqslant Z < 3$	中，达到修复目的，效果较好
C_4	$1 \leqslant Z < 2$	合格，基本达到修复目标
C_5	$Z < 1$	差，达不到修复目的

2. 计算软件

由于该评价体系要求的计算内容较多，在实施评价的时候会造成一定的困难，为了更便捷地使用该方法对采冶废渣重金属污染治理项目实施效果量化评价，在研究评价方法的同时，设计一种简便、快捷的计算软件，将上述计算公式及方法写进计算软件，从而使得整个评价体系更易操作。

如图 5-1 所示，在计算 W_i 的软件中利用 1～9 的标度法输入数值，点击运行计算，便可得出权重系数的具体数值。

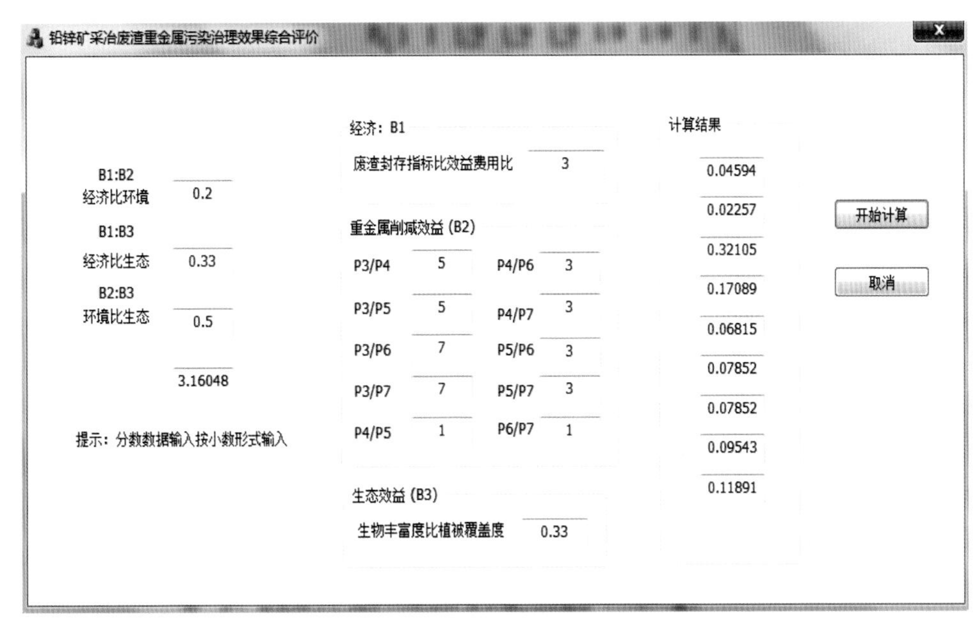

图 5-1　权重系数计算图

如图 5-2 所示，在计算 Z 的软件中输入野外调查的基础数值，点击运行计算，便可得出加权平均综合评价结果的具体数值。

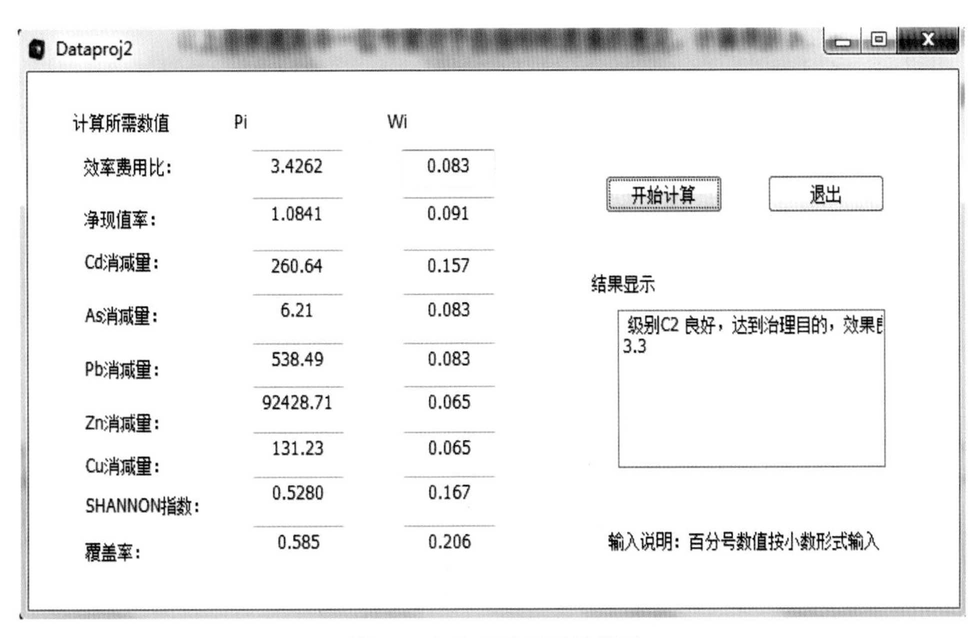

图 5-2　加权平均指数计算图

计算软件的制作，使得运算更加简便，也使得该评价方法在对采冶废渣重金属污染治理项目实施效果进行评价时能够更加迅速准确。

5.1.3　数据收集与处理

确定指标体系和权重计算方法后，应对数据进行收集与处理，从而得到指标体系和权重系数的具体数值。根据 5.1.2 节所构建的采冶废渣重金属污染治理效果评价体系可知，评价体系的第二层指标即准则层包括经济效益、重金属封存效益及生态效益。因此，在进行野外调查与样品采集工作时要分三部分进行，分别与三个准则层指标逐一对应。

1. 经济调查

各类采冶废渣重金属污染治理工程项目的实施，可以直接增加现有林地面积，提高当地植被覆盖率，由此带来的环境经济效益便可以作为工程项目的内部效益。所以在采冶废渣重金属污染场地修复效果评价方法研究中，经济效益指标选用环境效益费用比（B）和经济净现值率（ENPVR）。欲计算这两个指标，首先需要计算出费用与效益，采冶废渣重金属污染治理项目环境效益与费用构成的框架图如图 5-3 所示（经济调查量表见附录 B）。

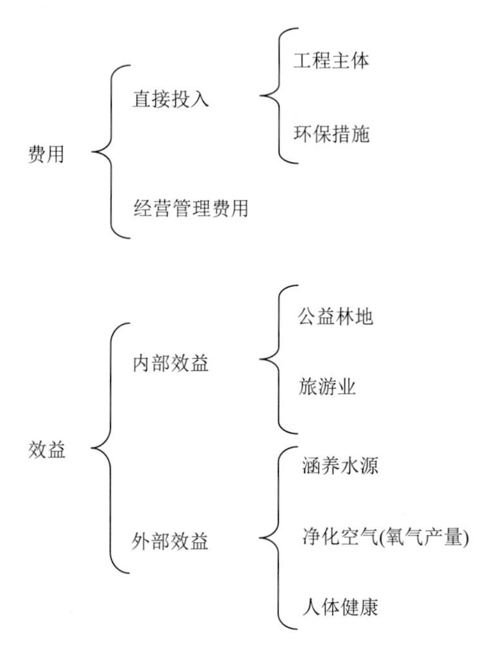

图 5-3　环境效益与费用构成的框架图

2. 重金属调查

在充分调研污染场地的基础上，对污染场地覆土后的渣样和渗滤液进行收集。渣样中重金属的含量与原渣样的重金属含量（即目标值）的差值作为评判修复工程优劣的指标，同时测定渗滤液中重金属的浓度，用于编制修复工程中重金属削减量的验收报告。

1）采样布点要求

根据修复工程的面积确定采样点数，采用网格布点的方法，采样数量不少于表 5-6 所列的数目，采集覆盖黏土层以下 10cm 渣样。一般随机布置第一个采样点，构建通过此点的网格，在每个网格交叉点采样。网格大小根据采样面积和采样数量确定：

$$L=\sqrt{\frac{A}{n}} \tag{5-1}$$

式中，L 为两个采样点之间的距离（网格大小），单位为 m；A 为采样区域面积，单位为 m^2；n 为采样点数量，单位为个。

表 5-6 不同面积废渣堆场渣样采样布点数量分布

修复工程面积/m^2	渣样采样点数/个
$x<100$	1
$100\leqslant x<500$	2
$500\leqslant x<1000$	3
$1000\leqslant x<1500$	4
$1500\leqslant x<2000$	5
$2500\leqslant x<5000$	6
$5000\leqslant x<10000$	7
$10000\leqslant x<25000$	8
$25000\leqslant x<50000$	9
$50000\leqslant x<100000$	10
$x\geqslant 100000$	20

2）样品的采集

渗滤液的采集。对于污染场地周围的河流、小溪及湖泊等水体，采集地表水和地下水，沿河流自上而下选 3 个或 4 个有代表性的点（分别作为背景断面、参照断面、控制断面及削减断面），用 GPS 定位仪定位，用参数仪现场测定 pH、DO、EC 等易变参数，用聚乙烯瓶（实际操作中采用某品牌纯净水水瓶）收集水样装满，加优级纯硝酸酸化到 pH<2；水样特别混浊的需要过滤后再加硝酸酸化。同时做好样点的编号、样品特征及周围环境状况等采样记录。在样品采集过程中，调查野外水文地质情况，并做相应记录。在距离污染场地最近居民饮用水井里采集地下水水样，收集方法同地表水，用于监测污染场地重金属对附近地下水的影响。将水样带回实验室，于 4℃下保存用于重金属阳离子的测试分析，28 天内完成。

覆土后渣样的采集。经典采样方法中采样点布设方法有对角线布点法、梅花形布点法、棋盘式布点法、蛇形布点法、放射状布点法及网格布点法。蛇形布点法适用于面积较大、地势不平坦、土壤不均匀的地块，布设采样点数目较多。由于污染场地废渣堆放没有规则性，地形不平坦，场地面积大，故采用蛇形布点法。土壤样品采集数量根据监测目的、区域及其环境等因素确定。监测区域大、区域环境状况复杂，布设采样点数就要多；监测区域小，其环境状况差异小，布设采样点数就少。一般要求每个采样单元最少设置 3 个采样点。另外，在距污染场地边界（自没有明显废渣堆积处算起）5～10m 处，沿该线布设采样点，以调研污染场地在雨水冲刷及地表径流的作用下，对周边土壤环境的影响。污染场地外围沿线采样点数目根据污染场地的面积来确定，而且在降水时可能有地表径流流经处增加采样点个数。具体采集过程为，用 GPS 确定样点的地理位置，并计算出污染场地的面积。对于表层土壤样品采用蛇形布点法采集混合样品，即在以采样点为圆心、半径为 1m 的圆形区域内，随机采集 3～5 份 10cm 以下渣样，充分混匀后用四分法取一个混合样，约 1kg。样品分装于聚乙烯自封袋中，同时做好各样点的编号、样品特征及周围环境状况等采样记录，带回实验室。

渗滤液及水样采集用品：自封袋、优级纯硝酸、水质参数仪（pH 仪、DO 等）、聚乙烯瓶、50mL 离心管、滤膜（小）、滤头、注射器、封口膜、记号笔、胶带、车载冰箱、塑料滴管、水瓢、洗瓶、抽纸、标签纸。土样采集用品：木铲、自封袋、标记笔。

3）室内样品处理与测试

采集的渣样带回实验室后自然风干，风干后将渣样用玛瑙研钵研磨，过 100 目筛保存。其中，渣样 Pb、Zn、Cu、Cd、Ni、Mn 用高压密闭罐消解，具体步骤为：称取 0.05g 渣样于高压密闭罐内，加 2mL 硝酸（GR）和 1mL 氢氟酸（GR）于 180℃下消解 20h 后用超纯水定容至 50mL，用原子吸收光谱仪（ThermoFisher ICE-3500）测试。Hg 和 Sb 则称取 0.1g 样品加 1 + 1 王水于水浴消解 2h 后定容，采用双道原子荧光光谱仪（AFS-930）测试。同时，按照相同的方法和步骤做质控、平行及空白进行数据准确性控制。

3. 生态调查

由于各类采冶废渣重金属污染治理项目对水网密度指数几乎无影响，土地退化指数只适用于大区域范围（如省级、市级，最小为县级区域范围）的相关研究，不适用于污染治理项目此类相对小范围的问题，故生态效益选取植物（物种）多样性和植被覆盖率作为生态效益指标，以其在项目实施后的年度变化情况反映项目实施对生态环境的改善作用。具体的生态调查方法如下：

在研究群落中选择植物生长比较均匀的地方，用绳子圈定一块小的面积。观察修复前或修复后的污染场地植物群落，根据其植物种类的多样程度，随机选定 1～3 个有代表性的面积为 10m×10m 的乔木样方，在其中调查群落的乔木种类、种数等生态相关信息；再在所选定样方中随机选取 2 个 3m×3m 的灌木样方，在其中调查群落的灌木种类、种数等生态相关信息；再在所选定的乔木群落中按对角线选定 3 个 1m×1m 的草本样方，在其中调查群落的草本植物种类、种数等生态相关信息（野外生态环境调查工作所需的调查表见附录 C）。野外生态调查工作完成后，带回室内整理、分析样方调查表中的基础数据以获得各群落植物覆盖率，并采用 DPS 数据处理平台分析数据以获得各群落植物（物种）多样性指数。

5.2 历史遗留废渣原位综合控制效果评价及效益分析案例

5.2.1 铅锌废渣重金属污染综合治理效果评价

为改善铅锌废渣污染场地生态环境，减轻铅锌废渣对环境的污染，自印发《贵州省铅锌矿采冶废渣污染场地原位（综合治理）修复工程指南（试行）》以来，贵州省生态环境厅不断加大对铅锌冶炼废渣场重金属污染的治理力度，大力推进铅锌冶炼废渣场重金属污染治理与修复示范工程，实施了一系列铅锌冶炼废渣污染场地修复工程项目。目的是对炼锌废弃地进行植被恢复，将废弃地的重金属污染物固定，控制其在环境中的扩散，逐步实现植被恢复，增强生态系统的多样性和稳定性，提高废弃地的景观价值。但是工程项目的实施是否达到了预期目标，对环境带来的改善效果到底如何？本节运用加权平均综合评价法对实际铅锌采冶废渣重金属污染治理项目进行了评价。

1. 评价对象的选取

铅锌矿在威宁—赫章—七星关区及位于威宁、赫章交界线上的大湾镇一带分布广泛，该区域具有典型的长期土法炼锌历史，大量废渣在山坡上、河道里随处堆放，对周围环境造成重金属污染。目前，已实施了大量铅锌冶炼废渣污染场地修复工程项目，仅毕节地区和六盘水市实施的工程项目就达10余个。选择已进行工程修复的赫章县妈姑镇十三点五铅锌废渣重金属修复工程作为试评估点（以下简称D1），运用加权综合评价法对三个试点修复效果进行评价。

按照项目工程要求，工程内容主要为修筑挡渣墙和截洪沟，铺洒重金属固定剂以及覆土绿化。进行渣场平整后，选定适宜的重金属固定剂进行铺洒、混匀，促使重金属固定剂稳定重金属离子，减少重金属离子迁移，造成污染。随后在铅锌废渣上覆土，首先选定优质的黏土层，铺黏土层，然后碾压成30cm厚度；在黏土层上面再铺30cm根植土，平整后进行生态恢复。在废渣上层的根植土中栽种树苗、撒草种及种植灌木，渣场生态修复选择种植的树苗为柳杉。赫章县妈姑镇十三点五铅锌废渣重金属修复工程于2012年9月竣工，修复工程效果如图5-4所示。

图5-4　贵州省赫章县妈姑镇十三点五铅锌废渣重金属修复工程效果图

2. 样品采集

根据修复工程面积和5.1.3节中采样布点要求，对赫章县妈姑镇十三点五铅锌废渣重金属修复工程采用蛇形布点法采集8个渣样和未覆土前的原渣样（即目标值）。按样品处理与测试方法得到渣中Pb、Zn、Cu、Cd、As的含量，详见表5-7。

表 5-7　贵州省赫章县妈姑镇十三点五铅锌废渣综合治理重金属权重划分

评估采样点	As		Zn		Pb		Cd		Cu	
	含量/（$mg\cdot kg^{-1}$）	占均值比例/%	含量/（$mg\cdot kg^{-1}$）	占均值比例/%	含量/（$mg\cdot kg^{-1}$）	占均值比例/%	含量/（$mg\cdot kg^{-1}$）	占均值比例/%	含量/（$mg\cdot kg^{-1}$）	占均值比例/%
1	34.45	89.43	10816.60	107.99	4926.37	90.41	70.15	65.54	2162.10	113.49
2	45.04	116.92	11297.13	112.78	5022.49	92.17	89.20	110.01	2122.88	111.61
3	35.83	93.02	9443.23	81.30	4052.91	70.71	72.33	70.70	1496.71	71.91
4	41.46	107.62	9516.14	95.00	4970.03	91.21	69.73	73.67	1448.12	45.55
5	35.93	93.28	9492.60	85.78	6350.47	122.05	74.38	91.73	1957.74	94.06
6	37.95	98.53	10141.81	101.25	6359.35	122.21	109.75	110.01	1428.86	49.43
7	34.92	108.83	10882.07	108.64	6004.40	110.19	100.80	106.64	1415.42	48.79
8	35.59	92.38	10744.11	107.26	5506.64	101.06	74.36	91.70	1518.76	72.97
平均值	37.65		10016.71		5449.08		81.09		2081.32	
目标值（原渣）	34.9		10294.02		5750.85		91.61		1802.89	
均值与目标值偏差	7.88		2.77		–5.54		12.98		–13.38	
S/%	3.48		10.80		16.48		31.47		25.98	
C（$\alpha=0.05$）	2.37		2.37		2.37		2.37		2.37	
U/%	2.92		9.03		13.78		26.31		21.72	
极值	33.88	35.92	11223.71	9364.33	6543.48	4958.22	115.72	67.50	2194.56	1411.22
合格区间	[33.88，35.92]		[9364.32，11223.71]		[4958.21，6543.47]		[67.50，115.71]		[1411.22，2194.56]	

3. 生态经济调查

根据生态调查方法对 D1 修复场地进行生态调查，由于修复场地内没有乔木生长，所以只选取 3 个或 4 个面积分别为 10m×10m 和 1m×1m 的样方进行灌木和草本统计。野外生态调查工作完成后，通过对样方调查表中的基础数据进行分析，获得各植物群落的覆盖率，并采用 DPS 软件分析各群落植物（物种的）多样性指数。由于进行生态调查时，铅锌采冶废渣重金属治理项目竣工时间不长，植被种类较单一，植被不繁茂，故植物（物种）多样性指数低，覆盖率较低，大部分修复场地植物多样性指数为 0，见表 5-8。

表 5-8　贵州省赫章县妈姑镇十三点五铅锌废渣重金属修复工程信息

修复工程信息	具体数据
废渣封存量/m^3	21000
修复场地面积/亩	22.07
受影响的人数/人	1500
主体工程/万元	246.06
环保措施/万元	27.34
竣工后管理/万元	10.94
植物多样性指数	0
覆盖度/%	39

4. 重金属封存效益分级

通过测试分析，划定合格线之后，对重金属封存效益进行分级。分级原则为：合格线为不存在显著差异的 U 值；优秀级别为与目标值无差别即为 0，然后进行等分分级。则十三点五铅锌废渣重金属封存效益分级如表 5-9 所示。

表 5-9　贵州省赫章县妈姑镇十三点五铅锌废渣重金属修复工程重金属封存效益分级

级别	As	Zn	Pb	Cd	Cu
C_1	0.00	0.00	0.00	0.00	0.00
C_2	0.973	3.01	4.59	8.77	7.24
C_3	1.947	6.02	9.19	17.54	14.48
C_4（合格）	2.92	9.03	13.78	26.31	21.72
C_5	＞2.92	＞9.03	＞13.78	＞26.31	＞21.72

5. 各指标综合分级

在对重金属封存效益进行分级之后，即可评判该修复场地重金属封存效益是否合格，若其中某一重金属封存量不合格，则直接判断该修复项目不合格；若重金属封存量均合格，则再进行计算量化确定修复项目的级别。确定级别之前对各指标进行分级，如表 5-10 所示。

表 5-10 贵州省赫章县妈姑镇十三点五铅锌冶炼废渣重金属修复工程各指标分级

级别	效益费用比	净现值率	Zn	Pb	Cd	Cu	As	生物多样性指数	覆盖度/%
C_1	4.5	1.3	0.00	0.00	0.00	0.00	0.00	2.5	95
C_2	3.5	1.0	3.01	4.59	8.77	7.24	0.973	2	80
C_3	2.5	0.7	6.02	9.19	17.54	14.48	1.947	1.5	60
C_4	1.5	0.4	9.03	13.78	26.31	21.72	2.92	1	40
C_5	1	0.1	＞9.03	＞13.78	＞26.31	＞21.72	＞2.92	0.5	20

6. 计算与评价

利用加权平均指数法，对 9 个指标进行综合计算。计算公式如下：

$$Z = \sum_{i=1}^{9} W_i \times P_i$$

经计算，该工程的综合指数 $Z = 2.63$。

对照加权平均综合评价结果分级表 5-5，可以得出，赫章县妈姑镇十三点五铅锌废渣重金属修复工程的修复效果级别为中等。

5.2.2 锰矿废渣重金属污染综合治理效果评价

松桃县是贵州省锰矿储量的集中地，且松桃县锰矿开采历史悠久，发展迅速，在带来经济增长的同时也产生了大量电解锰渣，松桃县锰渣场总占地面积超过 5000m^2，积水面积较大，容易对地下水和地表水造成影响。同时，产生的锰渣也存在较大的污染，锰渣中硫酸盐、氨氮、锰等的含量超标，砷、汞、硒的含量也较高。长期的淋滤作用导致大量污染物迁移，对周围环境造成影响。至 2007 年贵州省松桃苗族自治县环境保护局（现铜仁市生态环境局松桃分局）出具《贵州省松桃苗族自治县电解锰行业渣库污染综合治理》文件及贵州省制订《贵州省“十二五”环境保护专项规划》以来，松桃县环境保护局将电解锰渣作为防范环境风险的重点领域，并实施了一系列电解锰渣库修复工程项目，大力推进电解锰行业重金属污染治理与修复示范工程。

1. 评价对象的选取

宇光锰业有限公司 1 号渣库于 2010 年闭库后实施了修复工程，工程主体包括加固坝、渗滤液收集池（300m^3）、应急事故池（1800m^3）、渣场覆土及植被恢复（10 亩）及监测井（3 个）。该修复工程距离验收已有两年的时间，在野外调查过程中发现植被生长较好，物种丰富度高。所以选取该竣工时间较长的修复工程作为评价对象（以下简称 D2），以验证本方法对不同时间修复工程的适用性。宇光锰业有限公司 1 号渣库在进行渣场平整后铺洒重金属固定剂，之后选用优质黏土在锰渣上铺黏土层，碾压成 30cm 厚度；在黏土层上面再铺 30cm 耕植土，平整后进行生态恢复，修复工程现状见图 5-5。

图 5-5　贵州省松桃县宇光锰业有限公司 1 号渣库综合治理工程现状

2. 样品采集

根据修复工程面积和 5.1.3 节中采样布点要求，对宇光锰业有限公司 1 号渣库修复工程采用蛇形布点法，共采集 6 个渣样和未覆土前的原渣样（即目标值）。按样品处理与测试方法得到渣中 Mn、Pb、Zn、Cu、As 重金属含量，详见表 5-11。

3. 生态、经济调查

根据生态调查方法对宇光锰业有限公司 1 号渣库修复工程进行生态调查，由于修复场地内有灌木生长，所以选取 4 个面积分别为 10m×10m 和 1m×1m 的样方进行灌木和草本统计。野外生态调查工作完成后，带回室内整理、分析样方调查表中的基础数据得到各群落植物覆盖率，并采用 DPS 数据处理平台分析数据得到各群落植物多样性指数。由于进行生态调查时，修复工程竣工已有一段时间，植物生长较好，植被种类复杂，所以植物多样性指数低，覆盖率较高。宇光锰业有限公司 1 号渣库修复工程详细信息及生态调查见表 5-12。

表 5-11　贵州省松桃县宇光锰业有限公司 1 号渣库综合治理工程修复效果评价重金属权重划分

评估采样点	Mn		As		Zn		Pb		Cu	
	含量/（$mg \cdot kg^{-1}$）	占均值比例/%	含量/（$mg \cdot kg^{-1}$）	占均值比例/%	含量/（$mg \cdot kg^{-1}$）	占均值比例/%	含量/（$mg \cdot kg^{-1}$）	占均值比例/%	含量/（$mg \cdot kg^{-1}$）	占均值比例/%
1	15296	88.27	22.93	87.937	137.12	101.98	200.76	138.67	86.85	127.02
2	13494	77.87	29.28	112.28	122.44	91.07	187.37	129.427	77.02	112.65
3	14342	82.76	24.31	93.20	118.55	88.17	131.83	91.06	86.07	125.88
4	20212	116.64	25.27	96.87	126.65	94.19	122.31	84.49	61.81	90.41
5	18512	106.82	33.52	128.50	142.16	105.73	110.84	76.56	83.64	122.33
6	23375	134.89	36.75	140.89	151.89	112.96	212.86	147.03	69.45	101.58
平均值	17329		28.67		134.46		144.77		68.37	
目标值（原渣）	17955		29.23		141.84		158.20		88.68	
均值与目标值偏差	3.48		1.90		5.21		8.49		22.90	
S/%	20.23		5.04		8.68		27.96		13.48	
C（$\alpha = 0.05$）	2.571		2.571		2.571		2.571		2.571	
U/%	21.24		10.58		9.12		29.35		14.15	
极值	14141	21769	23.30	35.17	128.91	154.77	111.77	204.64	76.13	101.23
合格区间	[14141，21769]		[23.3，35.2]		[128.9，154.8]		[111.8，204.6]		[76.1，101.2]	

表 5-12　贵州省松桃县宇光锰业有限公司 1 号渣库综合修复工程信息

修复工程信息	具体数据
废渣封存量/m^3	150000
修复场地面积/亩	6.5
受影响的户数/户	200
主体工程/万元	233.035
环保措施/万元	11
竣工后管理/万元	12.2
植物多样性指数	2.3549
覆盖度/%	95%

4. 重金属封存效益分级

通过测试分析，划定合格线之后，对重金属封存效益进行分级。分级原则为：合格线为不存在显著差异的 U 值；优秀级别为与目标值无差别即为 0，然后进行等分分级。松桃县锰矿废渣重金属修复工程的重金属封存效益分级如表 5-13 所示。

表 5-13　贵州省松桃县锰矿废渣综合治理工程重金属封存效益分级

级别	Mn	As	Zn	Pb	Cu
C_1	0	0	0	0	0
C_2	7.08	3.53	3.04	9.78	4.71
C_3	14.16	7.06	6.08	19.56	9.43
C_4（合格）	21.24	10.58	9.12	29.35	14.15
C_5	＞21.24	＞10.58	＞9.12	＞29.35	＞14.15

5. 各指标综合分级

在对重金属封存效益进行分级之后，即可评判该修复场地重金属封存效益是否合格，若其中某一重金属封存量不合格，则直接判断该修复项目不合格；若重金属封存量均合格，则再进行计算量化确定修复项目的级别。确定级别之前对各指标进行分级，如表 5-14 所示。

表 5-14　贵州省松桃县锰矿废渣综合治理工程修复效果评价各指标分级

级别	效益费用比	净现值率	Mn	As	Zn	Pb	Cu	生物多样性指数	覆盖度/%
C_1	4.5	1.3	0	0	0	0	0	2.5	95
C_2	3.5	1.0	7.08	3.53	3.04	9.78	4.71	2	80

续表

级别	效益费用比	净现值率	Mn	As	Zn	Pb	Cu	生物多样性指数	覆盖度/%
C_3	2.5	0.7	14.16	7.06	6.08	19.56	9.43	1.5	60
C_4	1.5	0.4	21.24	10.58	9.12	29.35	14.15	1	40
C_5	1	0.1	>21.24	>10.58	>9.12	>29.35	>14.15	0.5	20

6. 计算与评价

利用加权平均指数法，对 9 个指标进行综合计算。计算公式如下：

$$Z=\sum_{i=1}^{9}W_i\times P_i$$

经计算，宇光锰业有限公司 1 号渣库修复工程的综合指数 $Z=3.63$。

对照加权平均综合评价结果分级表 5-5 可以得出，宇光锰业有限公司 1 号渣库修复工程的修复效果级别为良好。

5.2.3　汞矿废渣重金属污染综合治理效果评价

贵州万山汞矿区因汞资源的储量和汞产品产量分别列亚洲之首和世界第三而被誉为中国“汞都”，是国内最大的汞工业生产基地。万山汞矿采冶活动对周围环境产生较大影响，虽已于 2002 年全面闭坑，但长期采冶活动产生的大量固体废物，还将持续向周围环境释放汞，对环境存在潜在的危害。近年来，万山区已实施的治理工程主要针对矿石和矿渣堆积带来的破坏，采用修建和配套实施挡墙、截洪沟、排水管、渗滤废水处理、土地复垦、绿化等措施，以防止由此带来的水土污染、堵塞河道、占压土地、淹没农田等。工程项目的实施是否达到了预期目标，对环境带来的改善效果如何，本节运用加权平均综合评价法对实际汞采冶废渣重金属污染治理项目进行了评价。

1. 评价对象的选取

汞矿在贵州省铜仁市万山区分布广泛，该区域具有典型的长期汞矿开采历史，目前，已实施了大量汞矿废渣重金属修复工程项目，长期的开采、冶炼活动对当地的生态环境造成了不容忽视的汞污染问题。选择已进行工程修复的铜仁市万山区梅子溪废渣重金属修复工程作为试评估点（以下简称 D3），运用加权综合评价法对该试点修复效果进行评价。

按照项目工程要求，主要工程内容为修筑挡渣墙稳定渣体，修建截洪沟截留渣场周边地表径流，铺洒重金属固定剂降低重金属的迁移活性以及覆盖根植土恢复植被等。具体流程为：渣场平整—重金属固定剂铺洒，混匀—将优质的黏土层碾压成 30cm 厚度，浇筑混凝土格构—覆盖 40cm 耕植土—绿化，周围修截水沟。修复工程效果见图 5-6。

图5-6　贵州省铜仁市万山区梅子溪汞矿废渣综合治理工程效果图

2. 样品采集

根据修复工程面积和采样布点要求，对“铜仁市万山区梅子溪废渣重金属修复工程”采用等分法采集4个渣样和未覆土前的原渣样。按样品处理与测试方法得到渣中Pb、Zn、Cu、Hg、As含量，详见表5-15。

3. 生态、经济调查

根据生态调查方法对D3修复场地进行生态调查，选取4个或5个面积分别为10m×10m和1m×1m的样方进行乔木、灌木和草本统计。根据工程简介得知该修复场地共种植杉树5200株。野外生态调查工作完成后，带回室内整理、分析样方调查表中的基础数据得到各群落植物覆盖率，并采用DPS数据处理平台分析数据，得到各群落植物（物种）的生物多样性指数，见表5-16。

4. 重金属封存效益分级

通过测试分析，划定合格线之后，对重金属封存效益进行分级。分级原则为：合格线为不存在显著差异的 U 值；优秀级别为与目标值无差别即为0，然后进行等分分级。梅子溪汞矿废渣重金属修复工程的重金属封存效益如表5-17所示。

表 5-15　贵州省万山梅子溪汞矿渣库综合治理工程修复效果评价重金属权重划分

评估采样点	Hg		Zn		Pb		As		Cu	
	含量/（$mg \cdot kg^{-1}$）	占均值比例/%	含量/（$mg \cdot kg^{-1}$）	占均值比例/%	含量/（$mg \cdot kg^{-1}$）	占均值比例/%	含量/（$mg \cdot kg^{-1}$）	占均值比例/%	含量/（$mg \cdot kg^{-1}$）	占均值比例/%
1	95.20	121.39	96.20	85.52	54.16	101.83	17.94	102.52	29.16	102.76
2	67.49	86.06	94.91	84.37	43.26	81.34	16.76	95.80	25.11	88.50
3	78.39	99.95	126.17	112.16	52.81	99.30	16.28	93.07	24.03	84.69
4	68.26	87.03	127.04	112.93	55.38	104.13	17.68	101.04	32.92	116.02
平均值	78.54		112.49		53.18		17.50		28.38	
目标值（原渣）	80		116.72		57.86		17.17		29.77	
均值与目标值偏差	1.82		3.62		8.09		−1.89		4.68	
S/%	13.12		12.60		10.47		5.10		11.80	
C（$\alpha=0.05$）	2.776		2.776		2.776		2.776		2.776	
U/%	16.28		15.65		13.00		6.34		14.64	
极值	66.98	93.02	98.46	134.98	50.34	65.38	16.08	18.26	25.41	34.13
合格区间	[66.9，93.0]		[98.5，134.9]		[50.3，65.4]		[16.1，18.2]		[25.4，34.1]	

表 5-16　铜仁市万山区梅子溪汞矿废渣重金属修复工程信息

修复工程信息	具体数据
废渣封存量/m^3	95000
修复场地面积/亩	11.25
受影响的人数/人	45
主体工程/万元	387.43
环保措施/万元	18.29
竣工后管理/万元	20.28
生物多样性指数	2.5884
覆盖度/%	100

表 5-17　贵州省万山区梅子溪汞矿废渣综合治理工程重金属封存效益分级

级别	Hg	Zn	Pb	As	Cu
C_1	0	0	0	0	0
C_2	5.43	5.22	4.33	2.11	4.88
C_3	10.95	10.43	8.67	4.13	9.76
C_4（合格）	16.28	15.65	13.00	6.34	14.64
C_5	＞16.28	＞15.65	＞13.00	＞6.34	＞14.64

5. 各指标综合分级

在对重金属封存效益进行分级之后，即可评判项目重金属封存效益是否合格，若其中某一重金属封存量不合格，则直接判断该修复项目不合格；若重金属封存量均合格，则再进行计算量化确定修复项目的级别。确定级别之前对各指标进行分级，如表 5-18 所示。

表 5-18　梅子溪汞矿废渣综合治理工程各指标分级

级别	效益费用比	净现值率	Hg	Zn	Pb	As	Cu	生物多样性指数	覆盖度/%
C_1	4.5	1.3	0	0	0	0	0	2.5	95
C_2	3.5	1.0	5.43	5.22	4.33	2.11	4.88	2	80
C_3	2.5	0.7	10.95	10.43	8.67	4.13	9.76	1.5	60
C_4	1.5	0.4	16.28	15.65	13.00	6.34	14.64	1	40
C_5	1	0.1	＞16.28	＞15.65	＞13.00	＞6.34	＞14.64	0.5	20

6. 计算与评价

利用加权平均指数法，对 9 个指标进行综合计算。计算公式如下：

$$Z = \sum_{i=1}^{9} W_i \times P_i$$

经计算，梅子溪汞矿废渣重金属修复工程的综合指数 $Z = 4.05$。可得出，梅子溪汞矿废渣重金属修复工程的修复效果级别为优秀。

5.2.4　锑矿废渣重金属污染综合治理效果评价

贵州是全国锑矿资源丰富的省区之一，主要集中分布在独山、晴隆等地区。贵州省锑矿采冶已有近百年历史，采冶过程中产生的大量锑矿渣随意堆放占用大量土地，且产生大量重金属物质（As、Zn、Pb 等）释放到环境中，对周围生态环境造成了严重危害。其中，都柳江流域独山、三都、榕江等地锑矿开采存在的矿井废水未经处理直排，废弃矿石随意堆放；洗选企业技术落后，尾矿库未做防渗处理，渗滤液收集池未做防渗处理或无渗滤液收集池，废弃矿区的矿渣量多，占地面积大，废弃矿洞废水外排等现象，对生态环境和水体造成了破坏和污染。

1. 评价对象的选取

黔南州政府已争取国家污染治理专项资金用于都柳江黔南段锑污染为主的重金属污染防治综合治理工程，其中，独山县巴年废弃矿山锑矿废渣污染治理项目已经完成并通过验收。而项目的实施是否达到了预期目标，运用加权平均综合评价法对独山县巴年废弃矿山锑污染治理项目进行了评价（以下简称 D4）。独山县巴年废弃矿山 1 号锑矿废渣点污染防治工程已于 2013 年竣工，主要包括护坡以及生态修复等相关工程，其治理面积为 21700m^2。具体做法为：渣场平整—重金属固定剂铺洒—防渗层构建—覆土绿化—浇筑混凝土格构，修建截水沟。野外调查发现研究区的修复植被生长较好，物种丰富度高。

2. 样品采集

根据修复工程面积和采样布点要求，对独山县巴年废弃矿山锑污染防治工程 1 号点采用蛇形布点法共采集 7 个渣样和未覆土前的原渣样（即目标值），为了最大限度消除渣样不均匀性带来的问题，使数据更具代表性，增加了采样的密度，每个渣样周围均匀采集 5 个或 6 个渣样混合为一个样点。图 5-7 为野外现状图。采集样品带回实验室后按样品处理与测试方法得到渣中 Sb、As、Pb、Zn、Cu 含量，详见表 5-19。

图 5-7　贵州省独山县巴年废弃矿山锑污染防治工程现状图

3. 生态、经济调查

根据生态调查方法对贵州省独山县巴年废弃矿山锑污染防治工程 1 号点修复工程进行生态调查，选取 4 个面积分别为 10m×10m 和 1m×1m 的样方进行灌木和草本统计。野外生态调查工作完成后，带回室内整理、分析样方调查表中的基础数据得各群落植物覆盖率，并采用 DPS 数据处理平台分析数据得到各群落植物（物种）多样性指数。由于进行生态调查时，废渣场生态修复工程竣工已有一段时间，植物生长较好，植被种类较多，所以植物的生物多样性指数低，覆盖率较高。贵州省独山县巴年废弃矿山锑污染防治工程 1 号点修复工程详细信息及生态调查见表 5-20。

4. 重金属封存效益分级

通过测试分析，划定合格线之后，对重金属封存效益进行分级。分级原则为：合格线为不存在显著差异的 U 值；优秀级别为与目标值无差别即为 0，然后进行等分分级。巴年废弃矿山锑污染防治工程 1 号点修复工程的重金属封存效益分级如表 5-21 所示。

5-19　贵州省独山县巴年废弃矿山锑污染防治工程 1 号点重金属权重划分

评估采样点	Sb		Cd		Zn		Pb		As	
	含量/（$mg·kg^{-1}$）	占均值百分比/%	含量/（$mg·kg^{-1}$）	占均值百分比/%	含量/（$mg·kg^{-1}$）	占均值百分比/%	含量/（$mg·kg^{-1}$）	占均值百分比/%	含量/（$mg·kg^{-1}$）	占均值百分比/%
1	6783.86	84.14	21.26	95.68	25.17	67.76	49.34	84.37	49.01	117.62
2	7222.76	89.58	17.39	78.47	28.82	77.58	41.24	70.52	28.22	67.74
3	8157.20	101.17	22.14	98.68	41.79	112.49	69.09	118.12	47.83	114.81
4	8706.66	107.99	16.28	73.84	48.12	129.52	70.96	121.33	44.72	107.33
5	9112.77	113.02	32.88	140.00	39.19	105.48	54.82	93.72	41.92	100.61
6	8065.48	100.03	29.59	129.77	45.25	121.78	53.35	91.21	43.50	104.40
7	8043.24	99.76	25.74	109.51	29.06	78.22	67.86	116.02	45.23	108.55
平均值	8062.70		23.67		37.05		58.49		41.66	
目标值（原渣）	8381.61		27.16		40.9		60.67		45.91	
均值与目标值偏差	3.80		12.88		9.407		3.603		9.25	
S/%	8.766		21.36		21.13		16.93		16.43	
C（$\alpha = 0.05$）	2.365		2.365		2.365		2.365		2.365	
U/%	7.32		17.87		17.67		14.16		13.74	
极值	7767.81	8995.41	22.31	32.01	33.67	48.13	52.08	69.26	39.60	52.22
合格区间	[7767.8，8995.4]		[22.3，32]		[33.7，48.1]		[52.1，69.3]		[39.6，52.2]	

表 5-20 贵州省独山县巴年废弃矿山锑污染防治工程 1 号点修复工程信息

修复工程信息	具体数据
废渣封存量/m^3	14300
修复场地面积/亩	32.5
受影响的人数/人	40
主体工程/万元	291.28
环保措施/万元	13.75
竣工后管理/万元	15.25
生物多样性指数	1.8140
覆盖度/%	85

表 5-21 贵州省独山县巴年废弃矿山锑污染防治工程 1 号点锑污染防治工程重金属封存效益分级

级别	Sb	Cd	Zn	Pb	As
C_1	0.00	0.00	0.00	0.00	0.00
C_2	2.44	5.95	5.89	4.72	4.58
C_3	4.88	11.91	11.78	9.44	9.16
C_4（合格）	7.32	17.87	17.67	14.16	13.74
C_5	＞7.32	＞17.87	＞17.67	＞14.16	＞13.74

5. 各指标综合分级

在对重金属封存效益进行分级之后，即可评判该修复场地重金属封存效益是否合格，若其中某一重金属封存量不合格，则直接判断该修复项目不合格；若重金属封存量均合格，则再进行计算量化确定修复项目的级别。确定级别之前对各指标进行分级，如表 5-22 所示。

表 5-22 贵州省独山县巴年废弃矿山锑污染防治工程 1 号点污染防治工程各指标分级

级别	效益费用比	净现值率	Sb	Cd	Zn	Pb	As	生物多样性指数	覆盖度/%
C_1	4.5	1.3	0.00	0.00	0.00	0.00	0.00	2.5	95
C_2	3.5	1.0	2.44	5.95	5.89	4.72	4.58	2	80
C_3	2.5	0.7	4.88	11.91	11.78	9.44	9.16	1.5	60
C_4	1.5	0.4	7.32	17.87	17.67	14.16	13.74	1	40
C_5	1	0.1	＞7.32	＞17.87	＞17.67	＞14.16	＞13.74	0.5	20

6. 计算与评价

利用加权平均指数法，对 9 个指标进行综合计算。计算公式如下：

$$Z=\sum_{i=1}^{9}W_i\times P_i$$

经计算，巴年废弃矿山锑污染防治工程 1 号点修复工程的综合指数 $Z=3.56$。

对照加权平均综合评价结果分级表 5-5，可以得出，巴年废弃矿山锑污染防治工程 1 号点修复工程的修复效果级别为良好。

第6章　总结与展望

6.1　总　　结

（1）历史遗留采冶废渣堆场及周边环境重金属污染严重，生态环境风险高，污染治理意义重大。贵州省是我国生态文明先行示范区，也是“两江”（长江和珠江）流域上游的重要生态屏障。省内有色金属矿产资源（铅锌、汞、锑、锰等）丰富，矿产资源的采冶为贵州经济社会发展做出了重要贡献，矿冶历史悠久，然而，粗放型的矿产冶炼活动是贵州改革开放初期经济增长的主要方式，金属冶炼活动产生了大量的冶炼废渣，因当时金属冶炼工艺落后、金属回收率低产生的废渣量大，很多是被遗弃、无业主的冶炼场地随意堆置的废渣，统称为历史遗留采冶废渣。在当时整个社会环保意识差的情况下，大量的历史遗留金属冶炼废渣随意露天堆放在耕地、山坡及河道边。粗放型金属冶炼技术工艺落后，金属元素提取效率低，废渣中残留大量重金属元素，废渣露天堆置极易在雨水冲刷、风力扩散和自然风化等作用下，随着地表径流、地下径流和扬尘等向环境中迁移，废渣中大量重金属元素也随着废渣进入周边的水-土-气-生等环境中，造成区域环境重金属污染和生态破坏。

贵州处于我国西南喀斯特岩溶地区的中心，碳酸盐岩覆盖面积达全省总面积的73%，喀斯特沉积岩地区具有典型的 Cd、Hg、As 等重金属地球化学高背景特征。重金属地质高背景与土法金属冶炼活动污染叠加，致使区域环境重金属地球化学异常。2018 年全国土壤污染详查结果显示，贵州省农用地土壤重金属污染面积为全国第一，以镉为主的土壤污染面积最大，主要分布在历史遗留金属冶炼废渣集中的黔西北地区，该区域重金属污染的环境影响也最为广泛。土壤重金属污染区域存在农产品超标的食物链安全风险，对区域人体健康造成威胁。因此，开展历史遗留废渣综合治理和生态修复势在必行，对贵州省重金属污染防治及生态文明建设具有重要战略意义。

（2）贵州省率先发布历史遗留采冶废渣堆场原位修复工程技术指南，指导废渣治理率达 85%以上，生态环境质量显著提升。金属冶炼废渣具有双重属性，即环境危害性与显著的资源属性，其中金属冶炼废渣中含有各种有色、黑色、稀贵、稀土和大量非金属等有用组分，是宝贵的二次资源。当技术、经济条件允许时，可再次进行有效开发，实现金属冶炼废渣变废为宝、化害为利。根据贵州采冶废渣污染物特征及资源属性，以贵州大学为主的研究团队创新性地提出并构建了喀斯特山区历史遗留采冶废渣堆场“物理封存-化学稳定-生态修复”的原位综合治理技术体系，编制了《贵州铅锌矿采冶废渣污染场地原位（综合治理）修复工程技术指南》技术标准，2013 年在全国率先发布并试行，2015 年修订，2019 年进行了再次修订。在技术指南的指导下，截至 2019 年底，实施项目 121 项，投入中央环保资金 10.07 亿元，铅、锌、汞、锑、锰、砷、铊废渣治理量达 5495.87 万 t，铅、锌、汞、锑、锰、镉、砷、铬、铜、铊封存量分别为18.47万t、37.18万t、10.25万t、3.69t、7.81万t、1040.24t、1.68万t、1031.19t、7281.67t、13.48t，生态修复面积达412.27万m^2；重金属迁移率下降90%以上，植被覆盖度达90%以上，区域生态环境质量显著提升。在该技术指南的指导下，贵州省历史遗留采冶废渣的治理工作仍在持续进行，2020年完成历史遗留重金属废渣治理不少于220万t，历史遗留废渣治理率达85%以上，达到国家要求的环境生态治理目标，对推动区域环保产业发展做出了重要贡献。

（3）废渣堆场综合治理的“物理封存-化学稳定-生态修复”理论创新。历史遗留采冶废渣堆场重金属原位控制及生态修复机理包括三个方面。①物理封存机理：遗留在废渣中的大量贵重金属及有价元素的过量排放会严重污染和破坏周边生态环境，将历史遗留废渣进行物理封存，既可以降低废渣中污染物的释放量，同时待将来经济技术水平成熟后，再将其作为资源进行开发。地表径流及风力扩散作用是促进细粒径废渣迁移的重要驱动因素，通过在废渣堆场上建立乔-灌-草植被群落，可显著降低地表径流及风力作用对细粒径废渣的冲刷及扩散作用，从而减少废渣中重金属等污染物随地表径流及风力扩散向周边环境的迁移。②化学稳定机理：有机-无机改良剂对废渣重金属的钝化作用，包括废渣重金属活性降低和植物根系分泌物的酸化调节。有机改良剂中的有效官能团可对重金属产生络合、螯合、吸附、沉淀等作用，降低重金属活性；无机改良剂可通过吸附、沉淀、共沉淀、离子交换等作用，降低重金属活性，减少其迁移，达到重金属稳定的目的。③生态修复机理：植物-改良剂-微生物耦合作用下，废渣中原生矿物生物风化形成的次生矿物可吸附、沉淀重金属，降低废渣重金属的生物有效性。另外，根系分泌物-微生物-凋落物的耦合作用下形成的不同粒径废渣团聚体和POM中重金属含量及形态存在明显的空间分异性，其对废渣重金属表现出明显的固持作用。

（4）废渣堆场原位综合治理效果评价指标体系和评估方法创新。创建了综合废渣重金属封存、生态、经济效应的工程治理成效评价指标体系和评估方法。综合废渣重金属封存、生态、经济效应，系统地进行评价指标的筛选，主要有修复植物根际废渣酶活性、养分、微生物群落活性和生物多样性、重金属赋存形态与生物有效性、金属资源封存量，以及植物群落物种多样性、覆盖度等指标；开发Microsoft Fundament Class（MFC）可交互设计技术的应用计算软件辅助计算，实现高精度的数据处理，采用加权平均综合指数法进行了量化评估，构建了采冶废渣堆场重金属污染原位治理与生态修复效果评价指标体系，并建立了方便快捷、行之有效的评估方法；运用该方法对已完成的工程项目治理成效进行评估验证，均取得了良好的效果，为环保管理部门对贵州省采冶废渣重金属治理项目考核提供了参考。

（5）多元的喀斯特山区废渣堆场原位治理与生态修复工程模式创新。国内现有的关于废渣堆场原位治理与生态修复工程主要关注废渣堆场重金属的污染控制效果，缺乏多元的工程模式。在《贵州铅锌矿采冶废渣污染场地原位（综合治理）修复工程技术指南》的指导下，对贵州省典型的历史遗留采冶废渣堆场进行了治理，包括：黔西北土法炼锌污染场地、黔西南的土法炼汞污染场地、黔南和黔东南锑矿废渣污染场地等。构建了多元的喀斯特山区采冶废渣堆场重金属污染原位治理与生态修复及资源封存工程模式。工程应用创新主要包括：创建了历史遗留采冶废渣堆场原位综合治理的规模化工程应用模式，对于区位优势不明显，且主要以保护周边水-土-气-生环境质量为主要任务的堆场，构建了基于废渣堆场污染物原位综合治理的规模化工程应用模式；创建了基于资源蕴藏的金属冶炼废渣原位封存规模化工程应用模式，根据贵州喀斯特山区采冶废渣中金属资源的属性，构建了基于金属资源蕴藏的废渣原位封存的规模化工程应用模式创新；创建了符合区域土地功能区划的地质公园、旅游区、工业园区建设的多元化治理工程应用模式，根据区域土地利用规划和功能区划的要求，一地一策，将部分污染场地打造成地质公园、旅游景观等生态用地和工业园区等建设用地，助力脱贫攻坚成果巩固和乡村振兴，构建了多元的喀斯特山区采冶废渣重金属污染原位治理与生态修复及资源封存工程模式（图 6-1）。

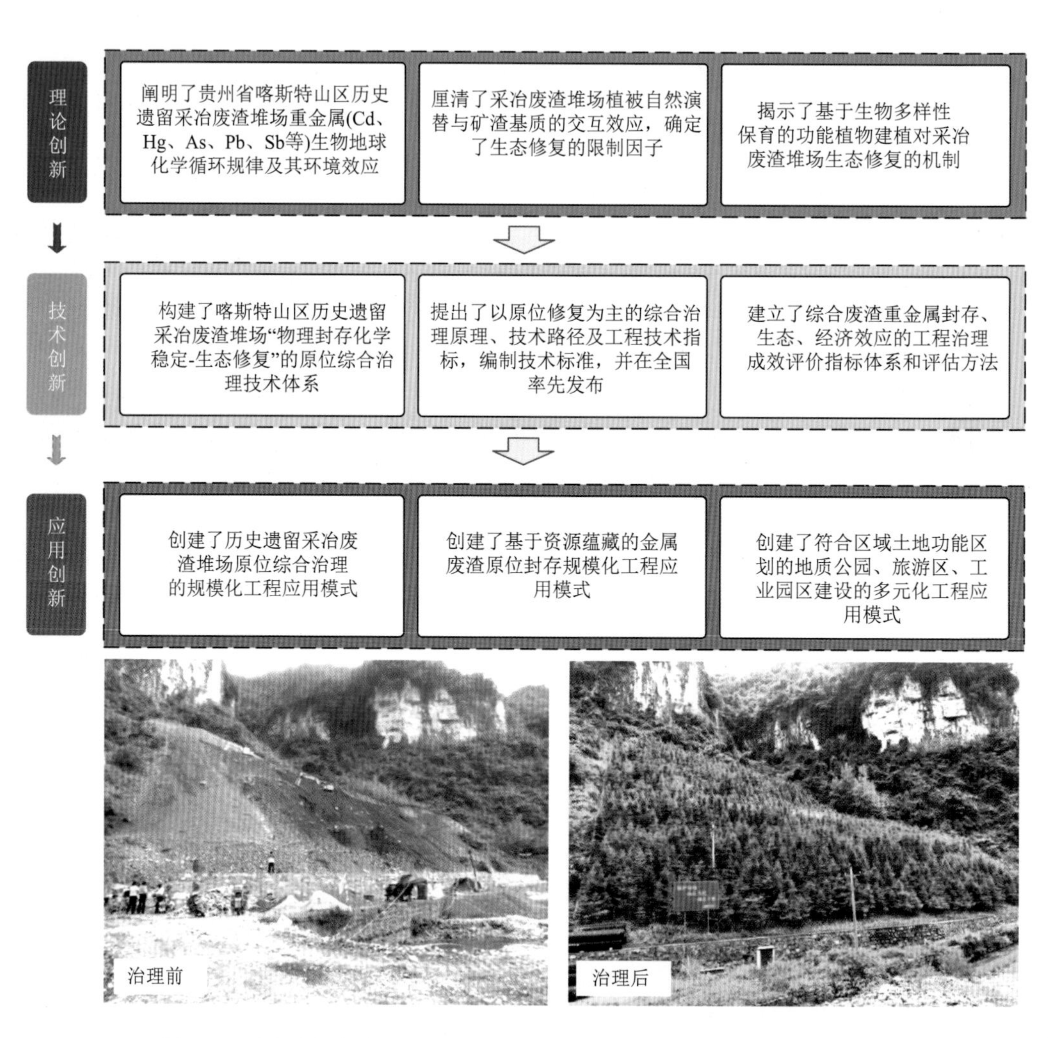

图 6-1　历史遗留废渣污染场地原位修复理论、技术与工程应用创新框图

6.2　展　　望

（1）喀斯特地质高背景与历史遗留采冶废渣堆场污染叠加下重金属的生物地球化学过程及环境基准研究。在贵州喀斯特重金属地质高背景与历史遗留采冶废渣堆场重金属污染叠加条件下，可选择闭合小流域深入研究重金属的生物地球化学过程和输入输出通量，探明重金属镉、汞、砷、铅、锌等在岩石-废渣-土壤-水体-大气-作物体系中的迁移、转化、配分及影响机制。研究可对确定喀斯特地区重金属环境基准、准确评价重金属的变化趋势和生态环境影响提供数据基础，为区域环境重金属污染防控技术研发及工程应用提供理论支撑。

（2）历史遗留采冶废渣堆场污染修复的生态系统自维持机制研究。在重金属矿业废弃地上能否建立稳定、安全与自维持的生态系统是当前国际研究的热点，其中恢复生态系统结构与功能是重金属矿业废弃地生态恢复的核心问题，也是生态恢复的终极目标。研究表明，持水能力差、营养元素（如氮、磷）缺乏是限制植物在矿业废弃地上生长和定居的主要因子。矿业废弃地的极端立地条件（养分贫瘠、有机质含量低、酸碱体系失衡、物理结构差、持水保肥能力差、微生物活性低、重金属含量高）严重制约了废弃地生态恢复进程。添加有机-无机复合改良剂是确保修复植物前期能够存活的重要前提。有机改良剂添加对改善矿业废弃地的物理化学、生物化学及微生物学特性具有重要贡献，然而有机改良剂极易被植物根系环境中定殖的自养微生物群落消耗。矿业废弃地-植物系统中养分循环不平衡致使在生境恶劣的矿业废弃地上恢复的植被能否长期健康稳定生长存在诸多不确定性及挑战。因此，需进一步阐明矿业废弃地生态恢复过程中养分循环规律及其调控机制，对揭示能否在生境恶劣的矿业废弃地上建立稳定、安全与自维持的生态系统具有重要意义。

（3）历史遗留采冶废渣堆场有价元素资源化利用技术和综合治理长效机制研究。贵州历史遗留采冶废渣（铅锌废渣、汞矿废渣、锰矿废渣、锑矿废渣）的资源化利用途径主要包括废渣中的有价金属元素提取以及废渣作为其他工业材料的生产原料。目前，废渣中有价元素的提取大部分仍处于试验阶段，技术不成熟。利用废渣作为原料生产工业材料及矿井填充材料许多已进行工程化应用，但是这些废渣中含有的有害物质的溶出可影响其生产的材料的性能甚至具有潜在的生态及人体健康危害也是目前存在的技术瓶颈。因此，金属冶炼废渣资源化利用技术研发与应用是今后研究的重要方向。在今后的工作中，应加强三个方面的研究：如何变废为宝，进行废渣中有价元素的资源化利用；如何固定废渣中的重金属，减少元素的迁移，保障生态环境安全；如何在金属冶炼废渣堆场恶劣生境立地条件下进行生态修复，保持生态系统的长期稳定。以此建立历史遗留采冶废渣污染场地综合治理的长效机制。

参考文献

敖慧，刘方，朱健，等. 2020. 锰渣-土壤混合基质上黑麦草和紫花苜蓿生长状况及其对锰的累积特征[J]. 草业科学，38（4）：673-682.

敖子强，林文杰，严重玲，等. 2008. 土法炼锌区土壤重金属形态及其转化[J]. 农业环境科学学报，27（2）：564-569.

敖子强，严重玲，林文杰，等. 2009. 土法炼锌区废渣重金属固定研究[J]. 生态环境学报，18（3）：899-903.

包正铎，王建旭，冯新斌，等. 2011. 贵州万山汞矿区污染土壤中汞的形态分布特征[J]. 生态学杂志，30（5）：907-913.

闭向阳，冯新斌，杨元根，等. 2006a. 西南土法炼锌导致的环境重金属污染研究[C]//中国矿物岩石地球化学学会. 全国环境生态地球化学调查与评价论文摘要集. 38.

闭向阳，杨元根，冯新斌，等. 2006b. 土法炼锌导致Cd对土壤-农作物系统污染的研究[J]. 农业环境科学学报，25（4）：828-833.

曹阿翔，敖明，梁隆超，等. 2016. 天然石生苔藓汞含量及对大气汞污染的生物指示[J]. 环境化学，35（10）：2204-2210.

曹建兵，欧阳玉祝，徐碧波，等. 2007. 电解锰废渣对玉米植株生长和重金属离子富集的影响[J]. 吉首大学学报（自然科学版），28（4）：96-100.

陈安宁. 2006. 土法炼锌环境中镉污染行为研究[D]. 贵阳：贵州大学.

陈春强，邓华，陈小梅. 2017. 广西3个锰矿恢复区农作物重金属健康风险评价[J]. 广西师范大学学报（自然科学版），35（4）：127-135.

陈红亮，刘仁龙，李文生，等. 2014. 电解锰渣的理化特性分析研究[J]. 金属材料与冶金工程，42（1）：3-5，17.

陈红亮，王德美，郭建春，等. 2016. 电解锰渣资源化利用研究进展[J]. 六盘水师范学院学报，28（1）：7-9.

陈洁薇，胥思勤，文吉昌，等. 2014. 砷·锑影响下的农作物健康风险评价[J]. 安徽农业科学，42（15）：4730-4732，4739.

陈洁宜，刘广波，崔金立，等. 2019. 广东大宝山矿区土壤植物体系重金属迁移过程及风险评价[J]. 环境科学，40（12）：5629-5639.

陈俊峰，吴攀，张萌，等. 2015. 香蒲对锑矿渣中Sb和As的富集特征[J]. 生态学杂志，34（9）：2645-2649.

陈萍丽，赵秀兰. 2006. 城市污泥特征及其资源化利用[J].微量元素与健康研究，23（1）：54-56.

陈肖鹏，张朝晖. 2010. 地钱对木油厂汞矿区重金属污染的指示潜力[J]. 环境污染与防治，32（10）：24-28.

程义. 2009. Pb/Zn冶炼废渣生物浸出条件优化及其菌群生态研究[D]. 长沙：中南大学.

储彬彬. 2009. 南京栖霞山铅锌矿区农田土壤中重金属元素的污染特征研究[D]. 北京：中国地质大学（北京）.

戴智慧，冯新斌，李平，等. 2011. 贵州万山汞矿区自然土壤汞污染特征[J]. 生态学杂志，30（5）：902-906.

党永锋，赵彦龙，邓锐，等. 2016. 都柳江重金属污染现状调查及来源分析[J]. 广东微量元素科学，23（6）：12-19.

邓超冰，李丽和，王双飞，等. 2009. 典型铅锌矿区水田土壤重金属污染特征[J].农业环境科学学报，28（11）：2297-2301.

邓卫华，柴立元，戴永俊，等. 2014. 锑冶炼砷碱渣有价资源综合回收工业试验研究[J]. 湖南有色金属，30（3）：24-27.
丁疆华，温琰茂，舒强. 2001. 土壤汞吸附和甲基化探讨[J]. 农业环境与发展，18（1）：34-36.
丁振华，王文华，瞿丽雅，等. 2004. 贵州万山汞矿区汞的环境污染及对生态系统的影响[J]. 环境科学，25（2）：111-114.
董雄文. 2021. 贵州省锰产业发展探讨[J]. 中国锰业，39（1）：1-4.
董雄英. 2007. 湖南黄沙坪铅锌矿床地质特征及其矿石冶炼引发的重金属效应[D]. 北京：中国地质大学（北京）.
杜兵，但智钢，肖轲，等. 2015. 稳定剂对电解锰废渣中高浓度可溶性锰稳定效果的影响[J]. 中国环境科学，35（4）：1088-1095.
冯旭晗. 2020. 腐殖酸类材料对电解锰渣中 Mn 的固化作用及调控效果[D]. 贵阳：贵州大学.
冯一鸣，杨秀贵，徐龙君，等. 2012. 锰资源开发利用中存在的问题和对策——以秀山锰矿为例[J]. 资源开发与市场，28（6）：520-522.
付海波，曾艳，陈敬安，等. 2014. 铅锌矿冶炼区农田土壤和马铃薯中 Cd 含量及其化学形态分布[J]. 河南农业科学，43（9）：66-71.
傅开彬，王维清，黄阳，等. 2013a. 贵州某含金汞冶炼渣工艺矿物学研究[J]. 矿物学报，33（2）：158-162.
傅开彬，涂昌能，王维清，等. 2013b. 某含金汞冶炼渣浮选试验[J]. 金属矿山，42（1）：155-157.
傅开彬，陈劲玻，章军，等. 2014. 某含金汞冶炼渣硫代硫酸盐常温浸金试验研究[J]. 有色金属（选矿部分）（3）：50-53.
甘四洋，王勇，万军，等. 2010. 电解锰渣在建筑材料中的应用研究[J]. 矿物学报，30（S1）：172-173.
高令健，毛康，张伟，等. 2021. 贵州万山汞矿区稻田土壤汞的分布及污染特征[J]. 矿物岩石地球化学通报，40（1）：148-154.
高松林，冯云，宋利峰，等. 2001. 电解锰渣替代石膏作水泥调凝剂的试验[J]. 水泥技术（6）：75-76.
高雁琳，李钧敏，闫明. 2016. 接种 AMF 对煤矿废弃物上高丹草的生长和叶绿素荧光的影响[J]. 广西植物，36（5）：539-547，522.
顾蒙，陈植华，赵江. 2016. 某铅锌矿冶炼废渣堆就地处置可行性的水文地质条件研究[J]. 安全与环境工程，23（4）：63-67.
贵州省自然资源厅. 2019. 贵州省自然资源公报[R]. https://zrzy.guizhou.gov.cn.
郭朝晖，程义，柴立元，等. 2007. 有色冶炼废渣的矿物学特征与环境活性[J]. 中南大学学报（自然科学版）（6）：1100-1105.
郭建平，吴甫成，谢淑容，等. 2007. 湖南临湘铅锌矿尾矿库环境状况及开发利用研究[J]. 土壤通报，38（3）：553-557.
何邵麟. 1998. 贵州表生沉积物地球化学背景特征[J]. 贵州地质（2）：149-156.
何毓敏. 2005. 废汞矿渣里“拣”出黄金[J]. 地质勘查导报（1）：1.
侯佳渝. 2006. 汉源唐家铅锌矿周边农田土壤重金属元素的环境地球化学研究与环境评价[D]. 成都：成都理工大学.
花永丰，刘幼平. 1996. 贵州万山超大型汞矿成矿模式[J]. 贵州地质，13（2）：161-165.
黄博聪，龙健，刘灵飞，等. 2019. 锑矿周边稻田土壤垂直剖面锑砷形态与细菌群落结构分布及相互关系[J]. 环境科学学报，39（4）：1274-1283.
黄海燕. 2009. 锰矿废水污染现状分析与微生物修复技术研究[D]. 贵阳：贵州大学.
黄凯，张学洪，张杏锋，等. 2014. 改良剂对铅锌尾矿砂重金属形态的影响[J]. 湖北农业科学，53（21）：5126-5130.
黄玉建. 2007. 广西大新布康电解金属锰渣库建设技术经济分析雏议[J]. 中国锰业，25（4）：28-30.

黄玉霞，曹建兵，李小明，等. 2011. 耐锰菌 *Fusarium* sp. 浸出电解锰渣中锰的机制研究[J]. 环境科学，32（9）：2703-2709.

姬艳芳，李永华，孙宏飞，等. 2008. 凤凰铅锌矿区土壤-水稻系统中重金属的行为特征分析[J]. 农业环境科学学报，27（6）：2143-2150.

贾真真，彭益书，张旭，等. 2021. 贵州晴隆大厂锑矿尾矿（渣）潜在资源量与环境污染评价[J]. 矿物学报，41（3）：312-318.

姜焕伟，谢辉，朱苓，等. 2004. 电解金属锰生产中的废水排放与区域水质污染[J]. 中国锰业，22（1）：8-12.

蒋雪芳，吴攀，张翅鹏，等. 2014. 典型炼锌废渣堆场重金属环境影响特征分析[J]. 安全与环境学报，14（3）：293-297.

蒋宗宏，陆凤，马先杰，等. 2020. 贵州铜仁典型锰矿区土壤及蔬菜重金属污染特征及健康风险评价[J]. 农业资源与环境学报，37（2）：293-300.

金修齐，黄代宽，赵书晗，等. 2020. 电解锰渣胶凝固化研究进展及其胶结充填可行性探讨[J]. 矿物岩石地球化学通报，39（1）：97-103.

金哲男，蒋开喜，魏绪钧，等. 1999. 处理炼锑砷碱渣的新工艺[J]. 有色金属（冶炼部分）（5）：11-14.

赖燕平，李明顺，杨胜香，等. 2007. 广西锰矿恢复区食用农作物重金属污染评价[J]. 应用生态学报，18（8）：1801-1806.

兰家泉. 2005. 电解金属锰生产“废渣”——富硒全价肥的开发利用研究[J]. 中国锰业，23（4）：27-30.

兰明章，崔素萍，严兴李. 2004. 工业废渣对水泥生料易烧性影响的试验研究[J]. 水泥（6）：7-9.

蓝际荣，李佳，杜冬云，等. 2017. 锰渣堆肥过程中理化性质及基于 Tessier 法的重金属行为分析[J]. 环境工程学报，11（10）：5637-5643.

李德鹏，徐世林，陈军，等. 2019. 贵州丹寨汞金矿矿山固体废弃物“二次资源”评价——兼论该区废弃矿硐的残留金资源[J]. 贵州地质，36（2）：185-192.

李凤梅，杨胜香，曹建兵，等. 2017. 湘西典型锰渣库主要优势植物种类及重金属耐性特征[J]. 重庆师范大学学报（自然科学版），34（4）：107-113.

李广辉，冯新斌，仇广乐. 2005. 贵州省赫章县土法炼锌过程中汞的释放量初步研究[J]. 环境科学学报，25（6）：836-839.

李海英，顾尚义，吴志强，等. 2009. 黔西北土法炼锌矿区重金属污染现状及其环境影响评价[J]. 中国环境监测，25（1）：55-60.

李航，肖唐付，双燕，等. 2007. 云南金顶超大型铅锌矿区镉的水地球化学研究[J]. 地球化学，36（6）：612-620.

李洪伟，安俊菁，袁红欣，等. 2016. 历史遗留铅锌冶炼废渣的综合利用技术研究[J]. 环境工程，34（S1）：661-665.

李梅，孙嘉龙，瞿丽雅. 2007. 赫章县镉污染调查及人体健康的影响[J]. 贵阳医学院学报，32（5）：464-466，470.

李宁. 2018. 重金属锰在矿区土壤中吸附特征及迁移行为研究[D]. 湘潭：湖南科技大学.

李平，冯新斌，仇广乐，等. 2006. 贵州省务川汞矿区土法炼汞过程中汞释放量的估算[J]. 环境科学，27（5）：837-840.

李平，冯新斌，仇广乐. 2008. 贵州省务川汞矿区汞污染的初步研究[J]. 环境化学，27（1）：96-99.

李强，张瑞卿，郭飞，等. 2013. 贵州重点地区土壤和水体中汞的生态风险[J]. 生态学杂志，32（8）：2140-2147.

李若愚，侯明明，卿华，等. 2007. 矿山废弃地生态恢复研究进展[J]. 矿产保护与利用（1）：50-54.

李婷. 2014. 黔西南目标区煤与煤灰中金富集模式与成矿潜力[D]. 徐州：中国矿业大学.

李文亮，王晓康，孙章立，等. 2004. 用冶炼铅锌废渣作铁质原料生产水泥[J]. 河南建材（1）：15-16.

李晓涵，吴永贵，刘明凤，等. 2020. 模拟酸雨对铅锌冶炼废渣重金属释放及生物毒性的影响[J]. 农业环境科学学报，39（11）：1-14.
李映福，周必素，韦莉果. 2014. 贵州万山汞矿遗址调查报告[J]. 江汉考古（2）：22-40.
李永华，姬艳芳，杨林生，等. 2007a. 采选矿活动对铅锌矿区水体中重金属污染研究[J]. 农业环境科学学报，26（1）：103-107.
李永华，杨林生，李海蓉，等. 2007b. 湘黔汞矿区土壤汞的化学形态及污染特征[J]. 环境科学，28（3）：654-658.
李永华，杨林生，姬艳芳，等. 2008. 铅锌矿区土壤-植物系统中植物吸收铅的研究[J]. 环境科学，29（1）：196-201.
李韵诗，石润，吴晓芙. 2015. 湘潭锰矿区本土先锋植物耐受与积累锰的特性分析[J]. 广西林业科学，44（1）：25-30.
李仲根，冯新斌，闭向阳，等. 2011 贵州省某土法炼锌点土壤重金属污染现状[J]. 生态学杂志，30（5）：897-901.
林博. 2000. 利用铅锌渣配料生产普通水泥[J]. 水泥工程（5）：30-31.
林文杰，肖唐付，敖子强，等. 2007. 黔西北土法炼锌废弃地植被重建的限制因子[J]. 应用生态学报，18（3）：631-635.
林文杰，肖唐付，周晚春，等. 2009a. 黔西土法炼锌区 Pb、Zn、Cd 地球化学迁移特征[J]. 环境科学，30（7）：2065-2070.
林文杰，周晚春，敖子强，等. 2009b. 土法炼锌区土地复垦的重金属迁移特征[J]. 安徽农业科学，37（12）：5608-5610.
林文杰，肖唐付. 2013. 土法炼锌区基质改良对刺槐生长的影响[J]. 生态与农村环境学报，29（6）：731-737.
刘鸿雁，邢丹，肖玖军，等. 2010. 铅锌矿渣场植被自然演替与基质的交互效应[J]. 应用生态学报，21（12）：3217-3224.
刘灵飞，龙健，万洪富，等. 2013. 贵州喀斯特山区锑冶炼厂对农业土壤污染特征的影响及风险评价 [J]. 土壤，45（6）：1036-1047.
刘灵飞. 2014. 贵州喀斯特山区锑冶炼厂重金属污染与风险评价研究[D]. 贵阳：贵州师范大学.
刘鹏，吴攀，陶秀珍. 2005. 贵州丹寨汞矿土壤汞含量的变化趋势[J]. 环境科学与技术，28（S2）：9-10，46.
刘荣，刘方，商正松，等. 2011. 不同类型锰矿废渣浸提条件下重金属释放特征及其对植物种苗生长的影响[J]. 环境科学导刊，30（1）：5-9.
刘荣相，王智慧，张朝晖，等. 2011. 苔藓植物对贵州丹寨汞矿区汞污染的生态监测[J]. 生态学报，31（6）：1558-1566.
刘胜利. 1998. 电解金属锰废渣的综合利用[J]. 中国锰业，16（4）：37-39.
刘涛，张翅鹏，吴攀，等. 2021. 都柳江流域水体锑的形态及净化特征研究[J]. 长江流域资源与环境，30（5）：1194-1201.
刘行，吴永贵，罗有发，等. 2020. 不同类型有机酸-磷矿粉复合物对土法炼锌废渣中重金属的固定作用[J]. 地球与环境，48（2）：258-267.
刘雅妮，张习敏，徐小蓉，等. 2014. 贵州主要汞矿废弃地带的植物及其对汞的富集能力[J]. 贵州农业科学，42（11）：248-250，254.
刘益贵，彭克俭，沈振国. 2008. 湖南湘西铅锌矿区植物对重金属的积累[J]. 生态环境，17（3）：1042-1048.
刘月莉，伍钧，唐亚，等. 2009 四川甘洛铅锌矿区优势植物的重金属含量[J]. 生态学报，29（4）：2020-2026.
刘云，董元华，杭小帅，等. 2011. 环境矿物材料在土壤环境修复中的应用研究进展[J]. 土壤学报，48（3）：629-638.
刘作华，李明艳，陶长元，等. 2009. 从电解锰渣中湿法回收锰[J]. 化工进展，28（S1）：166-168.

龙健，张菊梅，李娟，等. 2020. 锑矿区土壤锑和砷的污染状况及其修复植物的筛选——以贵州独山东峰锑矿区为例[J]. 贵州师范大学学报（自然科学版），38（2）：1-9.
娄燕宏，诸葛玉平，顾继光，等. 2008. 黏土矿物修复土壤重金属污染的研究进展[J]. 山东农业科学（2）：68-72.
娄振东，段红英. 2020. 贵州万山汞矿废渣特征及治理方法探讨[J]. 环境与发展，32（11）：33-35.
卢镜丞，任伯帜，马宏璞，等. 2014. 湘潭锰矿尾矿库土壤重金属污染评价[J]. 山西建筑，40（18）：225-226.
卢莎莎，顾尚义，韩露，等. 2013. 都柳江水体-沉积物间锑的迁移转化规律[J]. 贵州大学学报（自然科学版），30（3）：131-136.
陆凤. 2018. 贵州典型锰矿区锰渣重金属污染特征及环境效应[D]. 贵阳：贵州大学.
陆凤，陈兰兰，熊伟，等. 2019. 贵州松桃锰矿区矿井水重金属污染特征研究[J]. 建材与装饰（18）：193.
陆有荣，黎燕宁，李侯健，等. 2009. 两家锰矿生产和冶炼厂工人职业性锰危害的回顾性分析[J]. 中华劳动卫生职业病杂志，27（10）：616-617.
罗灿忠. 1993. 土法炼锌与环境保护[J]. 云南冶金（2）：28-29.
罗乐，王金霞，周皓，等. 2019. 锰渣中重金属在模拟酸雨环境下的浸出规律[J]. 湿法冶金，38（5）：352-357.
罗乐. 2012. 电解锰行业硒及重金属污染物的环境风险研究[D]. 淮南：安徽理工大学.
罗洋，刘方，任军，等. 2020. 改良剂对电解锰渣上 4 种能源草种子萌发及幼苗生长的影响[J]. 草业学报，29（11）：118-128.
罗有发. 2018. 植物修复对土法炼锌废渣中重金属的生物地球化学过程的影响[D]. 贵阳：贵州大学.
麻占威，吴永贵，付天岭，等. 2014. 不同植物凋落物对土法冶炼铅锌废渣的改良效果[J]. 贵州农业科学，42（6）：188-192.
马力，杨晓波，边维勇，等. 2007. 矿山开采对辽宁柴河流域生态环境的影响[J]. 岩矿测试，26（4）：293-297.
马先杰，乔梓. 2021. 锰矿区周边土壤中锰污染及富锰植物调查现状综述[J]. 绿色科技，23（2）：148-149.
毛海立，余荣龙. 2007. 铅锌矿渣堆周围农田土壤中铜和铅的分布分析[J]. 安徽农业科学，35（25）：7884-7885，8010.
毛键全，张元福，张启厚，等. 2002. 对隔焰蒸馏炼锌炉——一种土法炼锌改进炉型的排污及环境影响分析[J]. 贵州环保科技，8（4）：16-21.
毛新亚. 2017. 有色金属冶炼废渣在道路基层材料中的应用研究[D]. 大连：大连交通大学.
明阳，陈平，郭一锋，等. 2012. 利用锰渣、矿渣、石灰石制备复合水泥[J]. 水泥工程（2）：76-78，83.
莫爱，周耀治，杨建军. 2014. 矿山废弃地土壤基质改良研究的现状、问题及对策[J]. 地球环境学报，5（4）：292-300.
倪莘然，龙明睿，杨瑞东，等. 2020. 贵州丹寨排庭汞矿区土壤-玉米重金属含量及生态影响[J]. 生态毒理学报，15（6）：324-333.
宁增平，肖唐付，周连碧，等. 2009. 锑矿区土壤污染初探与土壤环境质量风险评估[J]. 矿物学报，29（S1）：402-404.
宁增平，肖青相，蓝小龙，等. 2017. 都柳江水系沉积物锑等重金属空间分布特征及生态风险[J]. 环境科学，38（7）：2784-2792.
牛凌燕，曾英. 2008. 土壤中汞赋存形态及迁移转化规律研究进展[J]. 广东微量元素科学，15（7）：1-5.
欧阳林男，吴晓芙，李芸，等. 2016. 锰矿修复区泡桐与栾树生长与重金属积累特性[J]. 中国环境科学，36（3）：908-916.
潘自平，叶霖，钟宏，等. 2008. 富镉铅锌矿床开采过程中水质污染特征——以贵州都匀牛角塘富镉锌矿床为例[J]. 矿物学报，28（4）：401-406.
彭德海. 2011. 赫章土法炼锌区水土渣中重金属的污染特征及变化规律 [M]. 贵阳：贵州大学.
彭德海，吴攀，曹振兴，等. 2011. 赫章土法炼锌区水-沉积物重金属污染的时空变化特征[J]. 农业环境科学学报，30（5）：979-985.

彭晖冰，刘云国，李爱阳. 2007. 铅锌矿尾渣土壤中重金属的形态及潜在生态风险[J]. 湖南农业大学学报（自然科学版），33（3）：345-347.
彭建，蒋一军，吴健生，等. 2005. 我国矿山开采的生态环境效应及土地复垦典型技术[J]. 地理科学进展，24（2）：38-48.
彭益书. 2018. 黔西北土法炼锌区炉渣，土壤与植物系统中重金属分布及迁移研究[D]. 贵阳：贵州大学.
覃峰. 2008. 锰渣废弃物在建筑材料上的应用研究[J]. 混凝土（1）：64-68.
齐文启，曹杰山. 1991. 锑（Sb）的土壤环境背景值研究[J]. 土壤通报（5）：209-210.
钱觉时，侯鹏坤，王智，等. 2009. 可用于建筑材料的电解锰渣性能试验研究[J]. 材料导报，23（10）：59-61，74.
钱觉时，侯鹏坤，乔墩. 2010. 电解锰渣微晶玻璃及其制备方法[P]. 中国，200910191335.
钱晓莉，徐晓航，吴永贵，等. 2019. 贵州万山汞矿废弃地自然定居植物对汞与甲基汞的吸收与累积[J]. 生态学杂志，38（2）：558-566.
邱静，吴永贵，罗有发，等. 2019a. 沼渣对铅锌冶炼废渣生物化学性质及植物生长的影响[J]. 水土保持学报，33（3）：340-347.
邱静，吴永贵，罗有发，等. 2019b. 两种先锋植物对铅锌废渣生境改善及重金属迁移的影响[J]. 农业环境科学学报，38（4）：798-806.
仇广乐. 2005. 贵州省典型汞矿地区汞的环境地球化学研究[D]. 贵阳：中国科学院研究生院（地球化学研究所）.
仇广乐，冯新斌，王少锋. 2004. 贵州省万山汞矿区地表水中不同形态汞的空间分布特点[J]. 地球与环境，32（3）：6.
仇广乐，冯新斌，王少锋，等. 2006. 贵州汞矿矿区不同位置土壤中总汞和甲基汞污染特征的研究[J]. 环境科学，27（3）：3550-3555.
仇勇海，卢炳强，陈白珍，等. 2005. 无污染砷碱渣处理技术工业试验[J]. 中南大学学报（自然科学版），36（2）：234-237.
冉争艳，吴攀，李学先，等. 2015. 锰渣填埋场渗滤液及周边水体的水化学特征和质量评价[J]. 地球与环境，43（5）：529-535.
任伯帜，郑谐，刘斌全，等. 2014. 锰矿区土-水界面污染流中重金属含量相关分析及主成分解析[J]. 环境工程，32（7）：54-58.
任军，刘方，朱健，等. 2020. 锰矿废渣区苔藓物种多样性及其重金属污染监测[J]. 安全与环境学报，20（6）：2398-2407.
沈新尹，汪新福，朱光华，等. 1991. 土法炼锌对大气环境造成的铅、镉污染[J]. 中国环境监测，7（6）：8-9.
宋美，贾韶辉，贺深阳，等. 2015. 汞矿尾渣生产墙体材料的可行性研究[J]. 砖瓦（3）：13-15.
宋生琼，夏清波，冉启洋，等. 2012 贵州省矿产资源及其勘查开发现状、存在问题与建议[J]. 国土资源情报（10）：49-53.
宋应星. 2002. 天工开物 [M]. 长沙：岳麓书社.
孙俊民. 2001. 燃煤固体产物的矿物组成研究[J]. 矿物学报，21（1）：14-18.
孙力，杨元根，白薇扬，等. 2006. 黔西北土法炼锌区典型植物体内重金属的积累研究[J]. 地球与环境，34（2）：61-66.
孙庆业，蓝崇钰，黄铭洪，等. 2001. 铅锌尾矿上自然定居植物[J]. 生态学报，21（9）：1457-1462.
孙雪城，王建旭，冯新斌，等. 2014. 贵州丹寨金汞矿区尾渣和水土中汞砷分布特征及潜在风险[J]. 生态毒理学报，9（6）：1173-1180.
孙寅斌，吴开胜，季亚军，等. 2013. 锰矿渣的激发和利用[J]. 粉煤灰，25（3）：18-19.
孙约兵，周启星，任丽萍，等[J]. 2008. 青城子铅锌尾矿区植物对重金属的吸收和富集特征研究[J]. 农业环境科学学报，27（6）：2166-2171.
谭红，何锦林，罗艳，等. 2014. 土法炼锌地区大气中镉的迁移[J]. 环境化学，33（4）：597-603.
汤睿，方维萱，朱俊宾，等. 2010. 贵州省隆晴锑矿冶炼炉渣中锑和金分布规律、赋存状态与潜在价值[J]. 矿产综合利用，163（3）：19-22.
汤睿，方维萱，朱俊宾，等. 2010. 贵州省隆晴锑矿冶炼炉渣中锑和金分布规律、赋存状态与潜在价值[J]. 矿产综合利用（3）：19-22.
唐帮成，王仲如，龙小青，等. 2015. 贵州万山汞矿区农用水体汞污染情况调查[J]. 环境工程，33（S1）：673-675.
唐文杰，李明顺. 2008. 广西锰矿区废弃地优势植物重金属含量及富集特征[J]. 农业环境科学学报，27（5）：1757-1763.
唐文杰，黄江波，余谦，等. 2015. 锰矿区农作物重金属含量及健康风险评价[J]. 环境科学与技术，38（S1）：464-468，473.
田万东. 2011. 用铅锌渣代替钢屑冶炼硅钙钡铝合金试验[J]. 铁合金，42（1）：22-24.
王红新，郭绍义，许信旺，等. 2007. 接种丛枝菌根对复垦矿区玉米中重金属含量的影响[J]. 农业环境科学学报，26（4）：1333-1337.
王建坤，张小平，周薇. 2009. 铅锌矿区土壤微生物区系及酶活性调查[J]. 环境监测管理与技术，21（4）：23-27.
王建强，王云燕，王欣，等. 2006. 湿法回收砷碱渣中锑的工艺研究[J]. 环境污染治理技术与设备，7（1）：64-67.
王建旭. 2012. 汞矿区土壤汞污染植物提取方法建立及机理研究[D]. 北京：中国科学院大学.
王李鸿，角媛梅，明庆忠，等. 2009. 云南省沘江流域水体重金属污染评价[J]. 环境科学研究，22（5）：595-600.
王丽，杨爱江，邓秋静，等. 2017. 贵州独山锑矿区土壤-头花蓼系统中重金属的分布特征[J]. 生态学杂志，36（12）：3545-3552.
王明勇，乙引，张习敏，等. 2010. 汞矿废弃地草本植物对汞污染土壤的适应性特征[J]. 贵州农业科学，38（1）：29-32.
王青峰，樊磊磊，王丹，等. 2020. 贵州典型城市河流表层沉积物汞生态风险研究[J]. 环境工程，38（8）：249-254.
王锐，邓海，贾中民，等. 2021. 汞矿区周边土壤重金属空间公布特征、污染与生态风险评价[J]. 环境科学，42（6）：3018-3027.
王少锋，冯新斌，仇广乐，等. 2004. 贵州滥木厂汞矿区土壤与大气间气态汞交换通量及影响因素研究[J]. 地球化学，33（4）：405-413.
王少锋，冯新斌，仇广乐，等. 2006. 万山汞矿区地表与大气界面间汞交换通量研究[J]. 环境科学，27（8）：1487-1494.
王素娟，杨爱江，吴永贵，等. 2012. 锑矿采选固废与冶炼废渣的化学特性及重金属溶出特性[J]. 环境科学与技术，35（6）：41-45.
王晓芳，罗立强. 2009. 铅锌银矿区蔬菜中重金属吸收特征及分布规律[J]. 生态环境学报，18（1）：143-148.
王学礼，常青山，侯晓龙，等. 2010. 三明铅锌矿区植物对重金属的富集特征[J]. 生态环境学报，19（1）：108-112.
王洋洋，李方方，王笑阳，等. 2019. 铅锌冶炼厂周边农田土壤重金属污染空间分布特征及风险评估[J]. 环境科学，40（1）：437-444.
王英辉，陈学军，赵艳林，等. 2007. 铅锌矿区土壤重金属污染与优势植物累积特征[J]. 中国矿业大学学报，36（4）：487-493.
王运敏. 2004. 中国的锰矿资源和电解金属锰的发展[J]. 中国锰业，22（3）：29-33.

王志宏，李爱国. 2005. 矿山废弃地生态恢复基质改良研究[J]. 中国矿业，14（2）：24-25，29.
乌爱军，陈跃月，凌爽，等. 2008. 铁岭地区主要作物重金属元素地球化学特征[J]. 地质与资源，17（4）：302-306.
吴灿辉. 2007. 典型铅锌矿冶炼厂周边土壤重金属复合污染研究[D]. 湘潭：湖南科技大学.
吴迪，杨秀珍，李存雄，等. 2013. 贵州典型铅锌矿区水稻土壤和水稻中重金属含量及健康风险评价[J]. 农业环境科学学报，32（10）：1992-1998.
吴建锋，宋谋胜，徐晓虹，等. 2014. 电解锰渣的综合利用进展与研究展望[J]. 环境工程学报，8（7）：2645-2652.
吴劲楠，龙健，刘灵飞，等. 2018. 典型铅锌矿化区不同土地利用类型土壤重金属污染特征与评价[J]. 地球与环境，46（6）：561-570.
吴攀，刘丛强，杨元根，等. 2001. 矿山环境中（重）金属的释放迁移地球化学及其环境效应[J]. 矿物学报，21（2）：213-218.
吴攀，刘丛强，张国平，等. 2002a. 黔西北炼锌地区河流重金属污染特征[J]. 农业环境保护，21（5）：443-446.
吴攀，刘丛强，杨元根，等. 2002b. 土法炼锌废渣堆中的重金属及其释放规律[J]. 中国环境科学，22（2）：14-18.
吴攀，刘丛强，杨元根，等. 2002c. 炼锌废渣中重金属 Pb、Zn 的矿物学特征[J]. 矿物学报，22（1）：39-42.
吴攀，刘丛强，杨元根，等. 2003. 炼锌固体废渣中重金属（Pb、Zn）的存在状态及环境影响[J]. 地球化学，32（2）：139-145.
吴善绮. 2001. 环境铅污染对儿童智商的影响[J]. 微量元素与健康研究，18（2）：58-60.
吴志强，顾尚义，李海英，等. 2009. 贵州黔西北铅锌矿区土壤重金属污染及生物有效性研究[J]. 安全与环境工程，16（3）：1-5，17.
夏汉平，蔡锡安. 2002. 采矿地的生态恢复技术[J]. 应用生态学报，13（11）：1471-1477.
夏吉成，胡平，王建旭，等. 2016. 贵州省铜仁汞矿区汞污染特征研究[J]. 生态毒理学报，11（1）：231-238.
向发云，王检，钟柱，等. 2009. 土法炼锌的环境危害及废弃矿区环境评价[J]. 贵州农业科学，37（11）：207-211.
谢超，徐龙君，李礼. 2012. 电解锰渣制备 SiO_2 掺杂锰锌铁氧体[J]. 人工晶体学报，41（3）：816-820.
谢永，张仁陟，董博，等. 2008. 徽县洛坝铅锌矿废渣地植被及优势种竞争强度研究[J]. 农业环境科学学报，27（5）：1764-1768.
邢丹，李瑞，曹星星，等. 2010. 土法炼锌渣场大叶醉鱼草对重金属的耐性特征[J]. 山地农业生物学报，29（3）：226-230.
邢丹，刘鸿雁，于萍萍，等. 2012. 黔西北铅锌矿区植物群落分布及其对重金属的迁移特征[J]. 生态学报，32（3）：796-804.
邢容容. 2018. 根系分泌物对土法炼锌废渣重金属有效性及迁移特征的影响研究[D]. 贵阳：贵州大学.
邢容容，吴永贵，罗有发，等. 2018. 先锋修复植物对土法炼锌废渣基质养分及微生物学特性的影响[J]. 水土保持研究，25（5）：103-111.
熊佳. 2020. 重金属在锑尾矿库尾沙剖面上的迁移过程研究、周边土壤重金属来源分析及污染状况评价[D]. 贵州：贵州大学.
熊佳，韩志伟，吴攀，等. 2020. 独山锑冶炼厂周边土壤锑砷空间分布特征、污染评价及健康风险评估[J]. 环境科学学报，40（2）：655-664.
徐采栋. 1960. 炼汞学[M]. 北京：冶金工业出版社.
徐超，陈炳睿，吕高明，等. 2012. 硅酸盐和磷酸盐矿物对土壤重金属化学固定的研究进展[J]. 环境科学与管理，37（5）：164-168.
徐胜，周旻，陈南雄，等. 2017. 优化电解锰渣充填体性能研究[J]. 中国锰业，35（5）：150-153.

徐胜，黄福才，梁安娜，等. 2018. 电解锰渣充填料浆流变性能及固结体性能研究[J]. 金属矿山（5）：192-196.
徐小蓉. 2008. 万山汞矿区耐汞植物筛选及耐性机理研究[D]. 贵阳：贵州师范大学.
许中坚，史红文，邱喜阳. 2008. 铅锌冶炼厂周边蔬菜对重金属的吸收与富集研究[J]. 湖南科技大学学报（自然科学版），23（4）：107-110.
薛生国，陈英旭，林琦，等. 2003. 中国首次发现的锰超积累植物——商陆[J]. 生态学报，23（5）：935-937.
闫亚楠，晏拥华，贺深阳，等. 2013. 利用炼锌尾渣生产新型墙体材料性能研究[J]. 砖瓦（1）：13-15.
阳安迪，肖细元，郭朝晖，等. 2021. 模拟酸雨下铅锌冶炼废渣重金属的静态释放特征[J]. 中国环境科学，41（12）：1-11.
杨爱江，吴维，袁旭，等. 2012. 电解锰废渣重金属对周边农田土壤的污染及模拟酸雨作用下的溶出特性[J]. 贵州农业科学，40（3）：190-193.
杨大欢，李方林. 2005. 遵义铜锣井锰矿区土壤锰等元素的环境地球化学特征[J]. 贵州地质，22（2）：117-124.
杨海，李平，仇广乐，等. 2009. 世界汞矿地区汞污染研究进展[J]. 地球与环境，37（1）：80-85.
杨惠芬，方坤河，杨华山，等. 2005. 锰矿渣粉作为混凝土矿物掺合料的试验研究[J]. 混凝土（12）：60-62.
杨清伟，束文圣，蓝崇钰. 2007. 乐昌铅锌矿区蔬菜重金属含量与适种性评价[J]. 金属矿山（12）：126-127.
杨曦，朱健，刘方，等. 2020. 电解锰渣改良基质对牧草生长及锰、镉淋溶迁移的影响[J]. 无机盐工业，52（9）：73-78.
杨元根，刘丛强，张国平，等. 2003. 铅锌矿山开发导致的重金属在环境介质中的积累[J]. 矿物岩石地球化学通报，22（4）：305-309.
叶霖，李朝阳，刘铁庚，等. 2004. 富镉铅锌矿山的环境影响——以贵州都匀牛角塘矿床为例[J]. 地球科学进展（S1）：456-460.
叶霖，李朝阳，刘铁庚，等. 2006. 铅锌矿床中镉的表生地球化学研究现状[J]. 地球与环境，34（1）：55-60.
易心钰，刘强，罗明亮，等. 2014. 蓖麻（*Ricinus communist L.*）对锰矿区土壤中重金属累积特性的研究[J]. 农业资源与环境学报，31（1）：62-68.
尹德良，何天容，安艳玲，等. 2014. 万山汞矿区稻田土壤甲基汞的分布特征及其影响因素分析[J]. 地球与环境，42（6）：703-709.
游芳，甘定宇，许云海，等. 2019. 南方某铅锌锰冶炼区周边大气降尘重金属污染水平及风险评价[J]. 环境污染与防治，41（12）：1444-1450.
于萍萍，刘鸿雁，郭丹丹，等. 2012. 贵州典型汞矿区作物对汞的累积特征及品质差异[J]. 贵州农业科学，40（3）：194-198.
余志，陈凤，张军方，等. 2019. 锌冶炼区菜地土壤和蔬菜重金属污染状况及风险评价[J]. 中国环境科学，39（5）：2086-2094.
喻子恒，黄国培，张华，等. 2017. 贵州丹寨金汞矿区稻田土壤重金属分布特征及其污染评估[J]. 生态学杂志，36（8）：2296-2301.
袁程，张红振，池婷，等. 2015. 中南某锑矿及其周边农田土壤与植物重金属污染研究[J]. 土壤，47（5）：960-964.
岳佳，宁兵. 2012. 黔西北铅锌矿区镉污染分布特征：以赫章县为例[J]. 贵州农业科学，40（5）：210-213.
张国平，刘丛强，吴攀，等. 2004a. 贵州万山汞矿尾矿堆及地表水的环境地球化学特征[J]. 矿物学报，24（3）：231-238.
张国平，刘丛强，杨元根，等. 2004b. 贵州省几个典型金属矿区周围河水的重金属分布特征[J]. 地球与环境，32（1）：82-85.

张慧智，刘云国，黄宝荣，等. 2004. 锰矿尾渣污染土壤上植物受重金属污染状况调查[J]. 生态学杂志，23（1）：111-113.

张启凡，朱若君. 2018. 废弃汞矿尾渣资源勘查及综合利用研究[J]. 神州（12）：194-194.

张庆辉. 2006. 汞环境地球化学特征[J]. 阴山学刊（自然科学版），20（1）：35-37，69.

赵博超，王雪婷，朱克松，等. 2017. 洗涤方式对电解锰渣中锰回收效率及无害化处理的影响[J]. 环境工程学报，11（1）：6103-6108.

赵甲亭，李云云，高愈希，等. 2014. 贵州万山汞矿地区耐汞野生植物研究[J]. 生态毒理学报，9（5）：881-887.

赵侣璇，刘凯，覃楠钧，等. 2019. 电解锰渣锰和硫酸铵资源回收及无害化试验研究[J]. 工业安全与环保，45（1）：103-106.

赵训. 2010. 万山汞矿区环境污染及其防治对策[J]. 采矿技术，10（1）：52-53，58.

郑禄林，杨瑞东，高军波，等. 2016. 贵州遵义—铜仁地区优势矿产尾矿（渣）资源现状及应用潜力[J]. 中国矿业，25（10）：88-92.

郑志林，罗有发，周佳佳，等. 2019. 铅锌废渣堆场 4 种先锋修复植物根际微域磷素赋存形态特征[J]. 水土保持研究，26（3）：269-278.

中国环境监测总站. 1990. 中国土壤元素背景值 [M]. 北京：科学出版社.

周艳，万金忠，李群，等. 2020. 铅锌矿区玉米中重金属污染特征及健康风险评价[J]. 环境科学，41（10）：4733-4739.

周长波，于秀玲，周爽，等. 2006. 电解金属锰行业推行清洁生产的迫切性及建议[J]. 中国锰业，24（3）：15-18.

周长波，孟俊利. 2009. 电解锰废渣的污染现状及综合利用进展[C]//中国环境科学学会. 中国环境科学学会 2009 年学术年会论文集（第二卷）. 北京：北京航空航天大学出版社. 516-519.

朱方志. 2010. 铅锌冶炼废渣重金属污染特性及电动去除技术研究[D]. 重庆：重庆大学.

朱光旭，肖化云，郭庆军，等. 2016. 锌冶炼渣堆场优势植物的重金属累积特征研究[J]. 生态环境学报，25（8）：1395-1400.

朱健，刘方，王兰，等. 2012. 贵州西部土法铅锌矿区不同类型废渣重金属的释放特征[J]. 环境化学，31（9）：1452-1453.

朱学书，尹努寻，杨秀丽. 2012. 贵州矿产资源开发利用现状分析[J]. 贵州地质，29（3）：220-224，219.

朱云，杨中艺. 2007. 生长在铅锌矿废水污灌区的长豇豆组织中 Pb、Zn、Cd 含量的品种间差异[J]. 生态学报，27（4）：1376-1385.

左禹政，安艳玲，吴起鑫，等. 2017. 贵州省都柳江流域水化学特征研究[J]. 中国环境科学，37（7）：2684-2690.

曾凡萍，肖化云，周文斌. 2007. 乐安江河水和沉积物中 Cu，Pb，Zn 的时空变化特征及来源分析[J]. 环境科学研究，20（6）：14-20.

曾祥颖. 2019. Sb_2O_3 生产过程中重金属排放分布特征及环境风险评估[D]. 贵阳：贵州大学.

曾昭婵，李本云. 2016. 万山汞矿区土壤汞污染及其防治研究[J]. 环境科学与管理，41（5）：115-118.

曾昭婵. 2012. 万山汞矿区环境介质中汞的时空变化及形态特征[D]. 贵阳：贵州大学.

Albitar M，Ali M S M，Visintin P，et al. 2015. Effect of granulated lead smelter slag on strength of fly ash-based geopolymer concrete[J]. Construction and Building Materials，83：128-135.

Ali H，Khan E，Sajad M A. 2013. Phytoremediation of heavy metals—concepts and applications[J]. Chemosphere，91（7）：869-881.

Al-Lami M K，Nguyen D，Oustriere N，et al. 2021. High throughput screening of native species for tailings eco-restoration using novel computer visualization for plant phenotyping[J]. Science of The Total

Environment，780：146490.

Angelis G D，Medici F. 2012. Reuse of slags containing lead and zinc as aggregate in a Portland cement matrix[J]. The Journal of Solid Waste Technology and Management，38（2）：117-123.

Ao M，Qiu G，Zhang C，et al. 2019. Atmospheric deposition of antimony in a typical mercury-antimony mining area，Shaanxi Province，Southwest China[J]. Environmental Pollution，245：173-182.

Armoniené R，Odilbekov F，Vivekanand V，et al. 2018. Affordable imaging lab for noninvasive analysis of biomass and early vigour in cereal crops[J]. BioMed Research International：1-9.

Asad S A，Farooq M，Afzal A，et al. 2019. Integrated phytobial heavy metal remediation strategies for a sustainable clean environment-A review[J]. Chemosphere，217：925-941.

Asensio V，Vega F A，Andrade M L，et al. 2013. Tree vegetation and waste amendments to improve the physical condition of copper mine soils[J]. Chemosphere，90（2）：603-610.

Atzeni C，Massidda L，Sanna U. 1996. Use of granulated slag from lead and zinc processing in concrete technology[J]. Cement and Concrete Research，26（9）：1381-1388.

Aurélie P，Sébastien D，Francis D. 2015. Combining spatial distribution with oral bioaccessibility of metals in smelter-impacted soils: implications for human health risk assessment [J]. Environmental Geochemistry and Health，37（1）：49-62.

Bacon J R，Dinev N S. 2005. Isotopic characterisation of lead in contaminated soils from the vicinity of a non-ferrous metal smelter near Plovdiv，Bulgaria[J]. Environmental Pollution，134（2）：247-255.

Bahemmat Mandi，Farahbakhsh M，Kianirad M. 2016. Humic substances-enhanced electroremediation of heavy metals contaminated soil[J]. Journal of Hazardous Materials，312：307-318.

Bailey E A，Gray J E，Theodorakos P M. 2002. Mercury in vegetation and soils at abandoned mercury mines in southwestern Alaska，USA [J]. Geochemistry Exploration Environment Analysis，2（3）：275-285.

Barcan V. 2003. Nature and origin of multicomponent aerial emissions of the copper-nickel smelter complex[J]. Environment International，28（6）：451-456.

Barna R，Moszkowicz P，Gervais C. 2004. Leaching assessment of road materials containing primary lead and zinc slags[J]. Waste Management，24（9）：945-955.

Batonneau Y，Bremard C，Gengembre L，et al. 2004. Speciation of PM10 sources of airborne nonferrous metals within the 3-km zone of lead/zinc smelters[J]. Environmental Science & Technology，38（20）：5281-5289.

Bell L C. 2001. Establishment of native ecosystems after mining-Australian experience across diverse biogeographic zones [J]. Ecological Engineering，17（2-3）：179-186.

Bi X，Feng X，Yang Y，et al. 2006. Environmental contamination of heavy metals from zinc smelting areas in Hezhang County，western Guizhou，China[J]. Environment International，32（7）：883-890.

Bi X，Feng X，Yang Y，et al. 2007. Heavy metals in an impacted wetland system：A typical case from southwestern China[J]. Science of the total Environment，387（1-3）：257-268.

Biester H，Gosar M，Müller G. 1999. Mercury speciation in tailings of the Idrija mercury mine [J]. Journal of Geochemical Exploration，65（3）：195-204.

Bilinski H，Kwokal Eljko，Branica M. 1996. Formation of some manganese minerals from ferromanganese factory waste disposed in the Krka River Estuary[J]. Water Research，30（3）：495-500.

Bonzongo J C，Heim K J，Warwick J J，et al. 1996. Mercury levels in surface waters of the Carson River-Lahontan Reservoir system，Nevada：Influence of historic mining activities[J]. Environmental Pollution，92（2）：193-201.

Boughriet A，Proix N，Billon G，et al. 2007. Environmental impacts of heavy metal discharges from a smelter in dele-canal sediments（Northern France）：Concentration levels and chemical fractionation [J]. Water Air &

Soil Pollution，180（1）：83-95.

Bradshaw A. 1997. Restoration of mined lands—using natural rocesses[J]. Ecological Engineering，8（4）：255-269.

Brito J. D，Saikia N. 2013. Use of industrial waste as aggregate：properties of concrete[M]. London：Recycled Aggregate in Concrete. Springer.

Brooks C S. 1986. Metal recovery from industrial wastes[J]. Jom，38（7）：50-57.

Brotons J M，Díaz A R，Sarría F A，et al. 2010. Wind erosion on mining waste in southeast Spain[J]. Land Degradation & Development，21（2）：196-209.

Bueno P C，Bellido E，Rubí J A M，et al. 2009. Concentration and spatial variability of mercury and other heavy metals in surface soil samples of periurban waste mine tailing along a transect in the Almadén mining district（Spain）[J]. Environmental Geology，56（5）：815-824.

Burckhard S R，Schwab A P，Banks M K. 1995. The effects of organic acids on the leaching of heavy metals from mine tailings[J]. Journal of Hazardous Materials，41（2-3）：135-145.

Buschmann J，Sigg L. 2004. Antimony（III）binding to humic substances：influence of pH and type of humic acid [J]. Environmental Science & Technology，38（17）：4535-4541.

Buzatu T，Talpoş E，Petrescu M I，et al. 2015. Utilization of granulated lead slag as a structural material in roads constructions[J]. Journal of Material Cycles and Waste Management，17（4）：707-717.

Cappuyns V，Campen A V，Helser J. 2021. Antimony leaching from soils and mine waste from the Mau Due antimony mine，North-Vietnam[J]. Journal of Geochemical Exploration，220：106663.

Cardoso C，Cames Aires，Eires R，et al. 2018. Using foundry slag of ferrous metals as fine aggregate for concrete [J]. Resources Conservation and Recycling，138：130-141.

Carvalho S Z，Vernilli F，Almeida B，et al. 2017. The recycling effect of BOF slag in the portland cement properties[J]. Resources Conservation and Recycling，127：216-220.

Casiot C，Ujevic M，Munoz M，et al. 2007. Antimony and arsenic mobility in a creek draining a Sb mine abandoned 85 years ago（Upper Orb basin，France）[J]. Applied Geochemistry，22（4）：788-798.

Cheng Y，Guo Z，Liu X，et al. 2009. The bioleaching feasibility for Pb/Zn smelting slag and community characteristics of indigenous moderate-thermophilic bacteria[J]. Bioresource Technology，100（10）：2737-2740.

Chiu K K，Ye Z H，Wong M H. 2006. Growth of Vetiveria zizanioides and Phragmities australis on Pb/Zn and Cu mine tailings amended with manure compost and sewage sludge：a greenhouse study [J]. Bioresource Technology，97（1）：158-170.

Chmielewski A. G，Urbański T S，Migda W. 1997. Separation technologies for metals recovery from industrial wastes [J]. Hydrometallurgy，45（3）：333-344.

Cidu R，Biddau R，Dore E，et al. 2014. Antimony in the soil-water-plant system at the Su Suergiu abandoned mine（Sardinia，Italy）：strategies to mitigate contamination[J]. Science of the Total Environment，497-498：319-331.

Clemente R，Walker D J，Bernal M P. 2005. Uptake of heavy metals and As by Brassica juncea grown in a contaminated soil in Aznalcóllar（Spain）：the effect of soil amendments[J]. Environmental Pollution，138（1）：46-58.

Conesa H M，Wieser M，Studer B，et al. 2011. Effects of vegetation and fertilizer on metal and Sb plant uptake in a calcareous shooting range soil[J]. Ecological Engineering，37（4）：654-658.

Conesa Hector M，Faz A，Arnaldos R. 2007. Initial studies for the phytostabilization of a mine tailing from the Cartagena-La Union Mining District（SE Spain）[J]. Chemosphere，66（1）：38-44.

Constantino L V，Quirino J N，Abrão T，et al. 2018. Sorption-desorption of antimony species onto calcined hydrotalcite：surface structure and control of competitive anions[J]. Journal of Hazardous Materials，344：649-656.

Couto N，Guedes P，Zhou D M，et al. 2015. Integrated perspectives of a greenhouse study to upgrade an antimony and arsenic mine soil-Potential of enhanced phytotechnologies [J]. Chemical Engineering Journal，262：563-570.

Csavina J，Field J，Taylor M P，et al. 2012. A review on the importance of metals and metalloids in atmospheric dust and aerosol from mining operations[J]. Science of the Total Environment，433：58-73.

Davis A，Ruby M V，Bergstrom P D. 1992. Bioavailability of arsenic and lead in soils from the Butte，Montana，mining district[J]. Environment Science & Technology，26（3）：461-468.

Davis J G，Weeks G，Parker M B. 1995. Use of deep tillage and liming to reduce zinc toxicity in peanuts grown on flue dust contaminated land[J]. Soil Technology，8（2）：85-95.

Del Río-Celestino M，Font R，Moreno-Rojas R，et al. 2006. Uptake of lead and zinc by wild plants growing on contaminated soils[J]. Industrial Crops and Products，24（3）：230-237.

Denys S，Tack K，Caboche J，et al. 2009. Bioaccessibility，solid phase distribution，and speciation of Sb in soils and in digestive fluids [J]. Chemosphere，74（5）：711-716.

Diemar G A，Filella M，Leverett P，et al. 2009. Dispersion of antimony from oxidizing ore deposits[J]. Pure and Applied Chemistry，81（9）：1547-1553.

Douay F，Pruvot C，Roussel H，et al. 2008. Contamination of urban soils in an area of northern france polluted by dust emissions of two smelters[J]. Water Air & Soil Pollution，188（1）：247-260.

Douay F，Pruvot C，Waterlot C，et al. 2009. Contamination of woody habitat soils around a former lead smelter in the North of France [J]. Science of the Total Environment，407（21）：5564-5577.

Ettler V，Tejnecky V，Mihaljevi Martin，et al. 2010. Antimony mobility in lead smelter-polluted soils [J]. Geoderma，155（3-4）：409-418.

Ettler V. 2016. Soil contamination near non-ferrous metal smelters：a review[J]. Applied Geochemistry，64：56-74.

Fahlgren N，Feldman M，Gehan M A，et al. 2015. A versatile phenotyping system and analytics platform reveals diverse temporal responses to water availability in Setaria[J]. Molecular Plant，8（10）：1520-1535.

Fang H，Cao M. 2009. Assessment of heavy metals pollution in abandoned lead-zinc mine tailings in Huize of Yunnan Province[J]. Chinese Journal of Ecology，28（7）：1277-1283.

Feng X，Li G，Qiu G. 2004. A preliminary study on mercury contamination to the environment from artisanal zinc smelting using indigenous methods in Hezhang county，Guizhou，China—Part 1：mercury emission from zinc smelting and its influences on the surface waters[J]. Atmospheric Environment，38（36）：6223-6230.

Feng X，Qiu G. 2008. Mercury pollution in Guizhou，Southwestern China — an overview[J]. Science of the Total Environment，400（1-3）：227-237.

Filella M，Belzile N，Chen Y W. 2002. Antimony in the environment：a review focused on natural waters：II. Relevant solution chemistry[J]. Earth-Science Reviews，59（1-4）：265-285.

Flynn H C，Meharg A A，Bowyer P K，et al. 2003. Antimony bioavailability in mine soils[J]. Environmental Pollution，124（1）：93-100.

Földi C，Sauermann S，Dohrmann R，et al. 2018. Traffic-related distribution of antimony in roadside soils[J]. Environmental Pollution，237：704-712.

Förstner U，Heise S，Schwartz R，et al. 2004. Historical contaminated sediments and soils at the river basin scale[J]. Journal of Soils and Sediments，4（4）：247-260.

Forte F，Horckmans L，Broos K，et al. 2017. Closed-loop solvometallurgical process for recovery of lead from iron-rich secondary lead smelter residues[J]. RSC Advances，7（79）：49999-50005.

Gal J，Hursthouse A，Cuthbert S. 2007. Bioavailability of arsenic and antimony in soils from an abandoned mining area，Glendinning（SW Scotland）[J]. Journal of Environmental Science and Health Part A，42（9）：1263-1274.

Gee C，Ramsey M H，Maskall J，et al. 1997. Mineralogy and weathering processes in historical smelting slags and their effect on the mobilisation of lead[J]. Journal of Geochemical Exploration，58（2-3）：249-257.

Gil-Loaiza J，Field J P，White S A，et al. 2018. Phytoremediation reduces dust emissions from metal (loid)-contaminated mine tailings[J]. Environmental Science & Technology，52（10）：5851-5858.

Gnamuš A，Byrne A R，Horvat M. 2000. Mercury in the soil-plant-deer-predator food chain of a temperate forest in Slovenia[J]. Environmental Science & Technology，34（16）：3337-3345.

Golpayegani M H，Abdollahzadeh A A. 2017. Optimization of operating parameters and kinetics for chloride leaching of lead from melting furnace slag[J]. Transactions of Nonferrous Metals Society of China，27（12）：2704-2714.

Gong Y，Zhao D，Wang Q. 2018. An overview of field-scale studies on remediation of soil contaminated with heavy metals and metalloids：technical progress over the last decade[J]. Water Research，147：440-460.

Gray J E，Crock J G，Fey D L. 2002. Environmental geochemistry of abandoned mercury mines in West-Central Nevada，USA[J]. Applied Geochemistry，17（8）：1069-1079.

Gray J E，Greaves I A，Bustos D M，et al. 2003. Mercury and methylmercury contents in mine-waste calcine，water，and sediment collected from the Palawan Quicksilver Mine，Philippines[J]. Environmental Geology，43（3）：298-307.

Gray J E，Hines M E，Higueras P L，et al. 2004. Mercury speciation and microbial transformations in mine wastes，stream sediments，and surface waters at the Almadén mining district，Spain[J]. Environmental Science & Technology，38（16）：4285-4292.

Griggs C S，Martin W A，Larson S L，et al. 2011. The effect of phosphate application on the mobility of antimony in firing range soils[J]. Science of the Total Environment，409（12）：2397-2403.

Guo H，Yin S，Yu Q，et al. 2018. Iron recovery and active residue production from basic oxygen furnace（BOF）slag for supplementary cementitious materials[J]. Resources Conservation & Recycling，129：209-218.

Guo X，Wu Z，He M，et al. 2014. Adsorption of antimony onto iron oxyhydroxides：adsorption behavior and surface structure [J]. Journal of Hazardous Materials，276：339-345.

Hammel W，Debus R，Steubing L. 2000. Mobility of antimony in soil and its availability to plants[J]. Chemosphere，41（11）：1791-1798.

Han W，Gao G，Geng J，et al. 2018. Ecological and health risks assessment and spatial distribution of residual heavy metals in the soil of an e-waste circular economy park in Tianjin，China[J]. Chemosphere，197：325-335.

Hao Q，Jiang C. 2015. Heavy metal concentrations in soils and plants in Rongxi Manganese Mine of Chongqing，Southwest of China[J]. Acta Ecologica Sinica，35（1）：46-51.

Hasegawa H，Al Mamun M A，Tsukagoshi Y，et al. 2019. Chelator-assisted washing for the extraction of lead，copper，and zinc from contaminated soils：a remediation approach[J]. Applied Geochemistry，109：104397.

He M. 2007. Distribution and phytoavailability of antimony at an antimony mining and smelting area，Hunan，China [J]. Environmental Geochemistry and Health，29（3）：209-219.

He M，Wang X，Wu F，et al. 2012. Antimony pollution in China[J]. Science of the Total Environment，421：41-50.

He Y，Han Z，Wu F，et al. 2021. Spatial distribution and environmental risk of arsenic and antimony in soil around an antimony smelter of Qinglong County[J]. Bulletin of Environmental Contamination and Toxicology，107（6）：1043-1052.

Holmes P M，Richardson D M. 1999. Protocols for restoration based on recruitment dynamics，community structure，and ecosystem function：perspectives from South African fynbos[J]. Restoration Ecology，7（3）：215-230.

Hong S，Soyol-Erdene T O，Hwang H J，et al. 2012. Evidence of global-scale As，Mo，Sb，and Tl atmospheric pollution in the antarctic snow [J]. Environmental Science & Technology，46（21）：11550-11557.

Horvat M，Nolde N，Fajon V，et al. 2003. Total mercury，methylmercury and selenium in mercury polluted areas in the province Guizhou，China[J]. Science of the Total Environment，304（1-3）：231-256.

Hu X，Ding Z. 2009. Lead/cadmium contamination and lead isotopic ratios in vegetables grown in peri-urban and mining/smelting contaminated sites in Nanjing，China[J]. Bulletin of Environmental Contamination and Toxicology，82（1）：80-84.

Hu X，Guo X，He M，et al. 2016. pH-dependent release characteristics of antimony and arsenic from typical antimony-bearing ores[J]. Journal of Environmental Sciences，44：171-179.

Ikem A，Egiebor N O，Nyavor K. 2003. Trace elements in water，fish and sediment from Tuskegee Lake，Southeastern USA[J]. Water，Air，and Soil Pollution，149（1）：51-75.

Jha M K，Kumar V，Singh R J. 2001. Review of hydrometallurgical recovery of zinc from industrial wastes [J]. Resources Conservation & Recycling，33（1）：1-22.

Jha M K，Kumar V，Jeong J，et al. 2012. Review on solvent extraction of cadmium from various solutions[J]. Hydrometallurgy，111：1-9.

Jia Y，Xi B，Jiang Y，et al. 2018. Distribution，formation and human-induced evolution of geogenic contaminated groundwater in China：a review[J]. Science of the Total Environment，643：967-993.

Jin Z，Liu T，Yang Y，et al. 2014. Leaching of cadmium，chromium，copper，lead，and zinc from two slag dumps with different environmental exposure periods under dynamic acidic condition [J]. Ecotoxicology & Environmental Safety，104：43-50.

Johnson C A，Moench H，Wersin P，et al. 2005. Solubility of antimony and other elements in samples taken from shooting ranges [J]. Journal of Environmental Quality，34（1）：248-254.

Jordan S N，Mullen G J，Courtney R G. 2008. Utilization of spent mushroom compost for the revegetation of lead-zinc tailings：effects on physico-chemical properties of tailings and growth of Lolium perenne [J]. Bioresource Technology，99（17）：8125-8129.

Kaasalainen M，Yli-Halla M. 2003. Use of sequential extraction to assess metal partitioning in soils[J]. Environmental Pollution，126（2）：225-233.

Kachenko A G，Singh B. 2006. Heavy metals contamination in vegetables grown in urban and metal smelter contaminated sites in Australia[J]. Water，Air，and Soil Pollution，169（1）：101-123.

Kang M J，Kwon Y K，Yu S，et al. 2019. Assessment of Zn pollution sources and apportionment in agricultural soils impacted by a Zn smelter in South Korea[J]. Journal of Hazardous Materials，364：475-487.

Khalid S，Shahid M，Niazi N K，et al. 2017. A comparison of technologies for remediation of heavy metal contaminated soils[J]. Journal of Geochemical Exploration，182：247-268.

Khan M J，Jones D L. 2009. Effect of composts，lime and diammonium phosphate on the phytoavailability of heavy metals in a copper mine tailing soil[J]. Pedosphere，19（5）：631-641.

Klitzke S，Lang F. 2009. Mobilization of soluble and dispersible lead，arsenic，and antimony in a polluted，organic-rich soil-effects of pH increase and counterion valency[J]. Journal of Environmental Quality，38（3）：

933-939.

Kříbek B，Majer V，Pašava J，et al. 2014. Contamination of soils with dust fallout from the tailings dam at the Rosh Pinah area，Namibia：Regional assessment，dust dispersion modeling and environmental consequences[J]. Journal of Geochemical Exploration，144：391-408.

Kritikaki A，Zaharaki D，Komnitsas K. 2016. Valorization of industrial wastes for the production of glass–ceramics [J]. Waste & Biomass Valorization，7（4）：885-898.

Kucha H，Martens A，Ottenburgs R，et al. 1996. Primary minerals of Zn-Pb mining and metallurgical dumps and their environmental behavior at Plombières，Belgium[J]. Environmental Geology，27（1）：1-15.

Kwon M J，Lee J Y，Hwang Y H，et al. 2017. Spatial distribution，mineralogy，and weathering of heavy metals in soils along zinc-concentrate ground transportation routes：implication for assessing heavy metal sources[J]. Environmental Earth Sciences，76（23）：1-12.

Lamborg C H，Fitzgerald W F，O'donnell J，et al. 2002. A non-steady-state compartmental model of global-scale mercury biogeochemistry with interhemispheric atmospheric gradients[J]. Geochimica et Cosmochimica Acta，66（7）：1105-1118.

Leguédois S，Van Oort F，Jongmans T，et al. 2004. Morphology，chemistry and distribution of neoformed spherulites in agricultural land affected by metallurgical point-source pollution[J]. Environmental Pollution，130（2）：135-148.

Leveque T，Capowiez Y，Evaschreck，et al. 2013. Assessing ecotoxicity and uptake of metals and metalloids in relation to two different earthworm species（Eiseina hortensis and Lumbricus terrestris）[J]. Environmental Pollution，179：232-241.

Leveque T，Capowiez Y，Schreck E，et al. 2015. Effects of historic metal（loid）pollution on earthworm communities [J]. Science of the Total Environment，511：738-746.

Li J S，Poon C S. 2017. Innovative solidification/stabilization of lead contaminated soil using incineration sewage sludge ash[J]. Chemosphere，173: 143-152.

Li J，Xie Z，Zhu Y，et al. 2005. Risk assessment of heavy metal contaminated soil in the vicinity of a lead/zinc mine[J]. Journal of Environmental Sciences，17（6）：881-885.

Li J，Xie Z M，Xu J M，et al. 2006. Risk assessment for safety of soils and vegetables around a lead/zinc mine[J]. Environmental Geochemistry and Health，28（1-2）：37-44.

Li J，Fan J，Jiang J，et al. 2019. Human health risk assessment of soil in an abandoned arsenic plant site：implications for contaminated site remediation[J]. Environmental Earth Sciences，78（24）：1-12.

Li L，Tu H，Zhang S，et al. 2019. Geochemical behaviors of antimony in mining-affected water environment（Southwest China）[J]. Environmental Geochemistry and Health，41（6）：2397-2411..

Li P，Wang X，Allinson G，et al. 2009. Risk assessment of heavy metals in soil previously irrigated with industrial wastewater in Shenyang，China[J]. Journal of Hazardous Materials，161（1）：516-521.

Li P，Feng X，Qiu G，et al. 2012. Mercury pollution in Wuchuan mercury mining area，Guizhou，Southwestern China：the impacts from large scale and artisanal mercury mining[J]. Environment International，42：59-66.

Li P，Lin C，Cheng H，et al. 2015. Contamination and health risks of soil heavy metals around a lead/zinc smelter in southwestern China[J]. Ecotoxicology and Environmental Safety，113：391-399.

Li X，Meng D，Li J，et al. 2017. Response of soil microbial communities and microbial interactions to long-term heavy metal contamination[J]. Environmental Pollution，231：908-917.

Li X，Li Z，Lin C J，et al. 2018. Health risks of heavy metal exposure through vegetable consumption near a large-scale Pb/Zn smelter in central China[J]. Ecotoxicology and Environmental safety，161：99-110.

Li Y C，Yuan Y Z，Liu H，et al. 2017. Iron extraction from lead slag by bath smelting [J]. Transactions of

Nonferrous Metals Society of China，27（8）：1862-1869.

Li Y，Liu Z，Liu H，et al. 2017. Clean strengthening reduction of lead and zinc from smelting waste slag by iron oxide[J]. Journal of Cleaner Production，143：311-318.

Li Z，Ma Z，van der Kuijp T J，et al. 2014. A review of soil heavy metal pollution from mines in China：pollution and health risk assessment[J]. Science of the Total Environment，468：843-853.

Li Z，Feng X，Li G，et al. 2011. Mercury and other metal and metalloid soil contamination near a Pb/Zn smelter in east Hunan province，China [J]. Applied Geochemistry，26（2）：160-166.

Li Z，Guo R，Li M，et al. 2020. A review of computer vision technologies for plant phenotyping[J]. Computers and Electronics in Agriculture，176：105672.

Li Z，Wu S，Liu Y，et al. 2022. Arbuscular mycorrhizal symbiosis enhances water stable aggregate formation and organic matter stabilization in Fe ore tailings[J]. Geoderma，406：115528.

Liénard A，Colinet G. 2016. Assessment of vertical contamination of Cd，Pb and Zn in soils around a former ore smelter in Wallonia，Belgium[J]. Environmental Earth Sciences，75（19）：1-15.

Lim H S，Lee J S，Chon H T，et al. 2008. Heavy metal contamination and health risk assessment in the vicinity of the abandoned Songcheon Au-Ag mine in Korea[J]. Journal of Geochemical Exploration，96（2-3）：223-230.

Lin W J，Xiao T F，Zhou W C，et al. 2015. Pb，Zn，and Cd distribution and migration at a historical zinc smelting site [J]. Polish Journal of Environmental Studies，24（2）：575-583.

Lin Y，Larssen T，Vogt R D，et al. 2010. Identification of fractions of mercury in water，soil and sediment from a typical Hg mining area in Wanshan，Guizhou Province，China[J]. Applied Geochemistry，25（1）：60-68.

Lin Z，Puls R W. 2003. Potential indicators for the assessment of arsenic natural attenuation in the subsurface[J]. Advances in Environmental Research，7（4）：825-834.

Liu H，Probst A，Liao B. 2005. Metal contamination of soils and crops affected by the Chenzhou lead/zinc mine spill（Hunan，China）[J]. Science of the Total Environment，339（1-3）：153-166.

Liu J，Wen S M，Chen Y，et al. 2013. Process Optimization and reaction mechanism of removing copper from an Fe-Richp Pyrite cinder using chlorination roasting[J]. Journal of Iron and Steel Research International，20（8）：20-26.

Liu S，Wang X，Guo G，et al. 2021. Status and environmental management of soil mercury pollution in China：a review[J]. Journal of Environmental Management，277：111442.

Liu T，Li F，Jin Z，et al. 2018. Acidic leaching of potentially toxic metals cadmium，cobalt，chromium，copper，nickel，lead，and zinc from two Zn smelting slag materials incubated in an acidic soil[J]. Environmental Pollution，238：359-368.

Liu Z H，Tang Z Z. 2009. Survey on environmental lead pollution in rural areas around lead-zinc mining area in Guangxi，2008[J]. Journal of Environment and Health，26（8）：708-710.

Liu Z，Chen B，Wang L A，et al. 2020. A review on phytoremediation of mercury contaminated soils[J]. Journal of Hazardous Materials，400：123138.

Love J B，Miguirditchian M，Chagnes A. 2019. New insights into the recovery of strategic and critical metals by solvent extraction：the effects of chemistry and the process on performance[M]//Ion Exchange and Solvent Extraction：Volume 23. Florida：CRC Press.

Lu X，Zhang Y，Liu C，et al. 2018. Characterization of the antimonite-and arsenite-oxidizing bacterium Bosea sp. AS-1 and its potential application in arsenic removal[J]. Journal of Hazardous Materials，359：527-534.

Lúcia A L，Bergquist B A，Boyle E A，et al. 2005. High-resolution historical records from Pettaquamscutt River basin sediments：2. Pb isotopes reveal a potential new stratigraphic marker[J]. Geochimica et Cosmochimica

Acta，69（7）：1813-1824.

Luo G，Han Z，Xiong J，et al. 2021. Heavy metal pollution and ecological risk assessment of tailings in the Qinglong Dachang antimony mine，China[J]. Environmental Science and Pollution Research，28（25）：33491-33504.

Luo Y，Wu Y，Wang H，et al. 2018a. Bacterial community structure and diversity responses to the direct revegetation of an artisanal zinc smelting slag after 5 years[J]. Environmental Science and Pollution Research，25（15）：14773-14788.

Luo Y，Wu Y，Xing R，et al. 2018b. Assessment of chemical，biochemical，and microbiological properties in an artisanal Zn-smelting waste slag site revegetated with four native woody plant species[J]. Applied Soil Ecology，124：17-26.

Luo Y，Wu Y，Shu J，et al. 2019a. Effect of particulate organic matter fractions on the distribution of heavy metals with aided phytostabilization at a zinc smelting waste slag site[J]. Environmental Pollution，253：330-341.

Luo Y，Wu Y，Qiu J，et al. 2019b. Suitability of four woody plant species for the phytostabilization of a zinc smelting slag site after 5 years of assisted revegetation[J]. Journal of Soils and Sediments，19（2）：702-715.

Mandal S K，Majumder N，Chowdhury C，et al. 2017. Effect of pH and salinity on sorption of Antimony（III and V）on mangrove sediment，sundarban，India[J]. Soil and Sediment Contamination：An International Journal，26（7-8）：663-674.

Marques A P G C，Rangel A O S S，Castro P M L. 2009. Remediation of heavy metal contaminated soils：phytoremediation as a potentially promising clean-up technology[J]. Critical Reviews in Environmental Science and Technology，39（8）：622-654.

Marrs R H，Bradshaw A D. 1982. Nitrogen accumulation，cycling，and the reclamation of china clay wastes [J]. Journal of Environmental Management，15：139-157.

Mattielli N，Petit J C J，Deboudt K，et al. 2009. Zn isotope study of atmospheric emissions and dry depositions within a 5 km radius of a Pb–Zn refinery[J]. Atmospheric Environment，43（6）：1265-1272.

Mcgrath S P，Cegarra J. 2010. Chemical extractability of heavy metals during and after long-term applications of sewage sludge to soil[J]. European Journal of Soil Science，43（2）：313-321.

Mench M，Schwitzguébel J P，Schroeder P，et al. 2009. Assessment of successful experiments and limitations of phytotechnologies：contaminant uptake，detoxification and sequestration，and consequences for food safety[J]. Environmental Science and Pollution Research，16（7）：876-900.

Mendez M O，Glenn E P，Maier R M. 2007. Phytostabilization potential of quailbush for mine tailings：growth，metal accumulation，and microbial community changes [J]. Journal of Environmental Quality，36（1）：245-253.

Mendez M O，Maier R M. 2008. Phytostabilization of mine tailings in arid and semiarid environments-an emerging remediation technology[J]. Environmental Health Perspectives，116（3）：278-283.

Meng B，Feng X B，Qiu G L，et al. 2011. The process of methylmercury accumulation in rice（*Oryza sativa* L.）[J]. Environmental Science & Technology，45（7）：2711-2717.

Meng B，Feng X，Qiu G，et al. 2012. Inorganic mercury accumulation in rice（*Oryza sativa* L.）[J]. Environmental Toxicology and Chemistry，31（9）：2093-2098.

Meng W，Chen Z，Yu Z L，et al. 2021. Reservoir sediment records of polymetallic contamination（Cd，Pb，Zn，As，Hg）in the zinc smelting area of Weining County，Guizhou Province，China[J]. Environmental Earth Sciences，80（10）：1-9.

Meng Y，Ling T C，Mo K H. 2018. Recycling of wastes for value-added applications in concrete blocks：an overview[J]. Resources，Conservation and Recycling，138：298-312.

Mishra B，Varjani S，Kumar G，et al. 2021. Microbial approaches for remediation of pollutants：Innovations，future outlook，and challenges[J]. Energy & Environment，32（6）：1029-1058.

Mohan S，Gandhimathi R. 2009. Removal of heavy metal ions from municipal solid waste leachate using coal fly ash as an adsorbent[J]. Journal of Hazardous Materials，169（1-3）：351-359.

Mor S，Ravindra K，Dahiya R P，et al. 2006. Leachate characterization and assessment of groundwater pollution near municipal solid saste landfill site[J]. Environmental Monitoring & Assessment，118（1）：435.

Moreno-Jiménez E，Esteban E，Carpena-Ruiz R O，et al. 2012. Phytostabilisation with Mediterranean shrubs and liming improved soil quality in a pot experiment with a pyrite mine soil[J]. Journal of Hazardous Materials，201：52-59.

Mosavinezhad S H G，Nabavi S E. 2012. Effect of 30% ground granulated blast furnace，lead and zinc slags as sand replacements on the strength of concrete[J]. KSCE Journal of Civil Engineering，16（6）：989-993.

Murciego A M，Sánchez A G，González M A R，et al. 2007. Antimony distribution and mobility in topsoils and plants（Cytisus striatus，Cistus ladanifer and Dittrichia viscosa）from polluted Sb-mining areas in Extremadura（Spain）[J]. Environmental Pollution，145（1）：15-21.

Murphy S. 1992. Smelting residues from boles and simple smeltmills[J]. Boles and Smeltmills：43-47.

Nachtegaal M，Marcus M A，Sonke J E，et al. 2005. Effects of in situ remediation on the speciation and bioavailability of zinc in a smelter contaminated soil[J]. Geochimica et Cosmochimica Acta，69（19）：4649-4664.

Nagajyoti P C，Lee K D，Sreekanth T V M. 2010. Heavy metals，occurrence and toxicity for plants：a review[J]. Environmental Chemistry Letters，8（3）：199-216.

Nahmani J，Hodson M E，Black S. 2007. Effects of metals on life cycle parameters of the earthworm Eisenia fetida exposed to field-contaminated，metal-polluted soils [J]. Environmental Pollution，149（1）：44-58.

Nakamaru Y M，Peinado F J M. 2017. Effect of soil organic matter on antimony bioavailability after the remediation process[J]. Environmental Pollution，228：425-432.

Natasha，Shahid M，Khalid S，et al. 2019. Biogeochemistry of antimony in soil-plant system：ecotoxicology and human health[J]. Applied Geochemistry，106：45-59.

Navarro M C，Pérez-Sirvent C，Martínez-Sánchez M J，et al. 2008. Abandoned mine sites as a source of contamination by heavy metals：a case study in a semi-arid zone[J]. Journal of Geochemical Exploration，96（2-3）：183-193.

Ngo L K，Pinch B M，Bennett W W，et al. 2016. Assessing the uptake of arsenic and antimony from contaminated soil by radish（Raphanus sativus）using DGT and selective extractions [J]. Environmental Pollution，216：104-114.

Ning Z，Xiao T，Xiao E. 2015. Antimony in the soil-plant system in an Sb mining/smelting area of Southwest China[J]. International Journal of Phytoremediation，17（11）：1081-1089.

Nishad P A，Bhaskarapillai A，Velmurugan S. 2017. Enhancing the antimony sorption properties of nano titania-chitosan beads using epichlorohydrin as the crosslinker[J]. Journal of Hazardous Materials，334：160-167.

Noyd R K，Pfleger F L，Norland M R. 1996. Field responses to added organic matter，arbuscular mycorrhizal fungi，and fertilizer in reclamation of taconite iron ore tailing[J]. Plant and Soil，179（1）：89-97.

Nye P H. 1981. Changes of pH across the rhizosphere induced by roots[J]. Plant & Soil，61（1）：7-26.

Ojeda M W，Perino E，Ruiz M C. 2009. Gold extraction by chlorination using a pyrometallurgical process[J]. Minerals Engineering，22（4）：409-411.

Okkenhaug G，Zhu Y G，Luo L，et al. 2011. Distribution，speciation and availability of antimony（Sb）in soils and terrestrial plants from an active Sb mining area[J]. Environmental Pollution，159（10）：2427-2434.

Onisei S，Pontikes Y，Van Gerven T，et al. 2012. Synthesis of inorganic polymers using fly ash and primary lead slag[J]. Journal of Hazardous Materials，205：101-110.

Oyarzun R，Lillo J，López-García J A，et al. 2011. The Mazarrón Pb-(Ag)-Zn mining district（SE Spain）as a source of heavy metal contamination in a semiarid realm：geochemical data from mine wastes，soils，and stream sediments[J]. Journal of Geochemical Exploration，109（1-3）：113-124.

Pan H，Geng Y，Dong H，et al. 2019. Sustainability evaluation of secondary lead production from spent lead acid batteries recycling[J]. Resources，Conservation and Recycling，140：13-22.

Pan L，Ma J，Hu Y，et al. 2016. Assessments of levels，potential ecological risk，and human health risk of heavy metals in the soils from a typical county in Shanxi Province，China [J]. Environmental Science & Pollution Research，23（19）：1-11.

Pelfrêne A，Waterlot C，Mazzuca M，et al. 2011. Assessing Cd，Pb，Zn human bioaccessibility in smelter-contaminated agricultural topsoils（Northern France）[J]. Environmental Geochemistry and Health，33（5）：477-493.

Pelfrêne A，Détriché S，Douay F. 2015. Combining spatial distribution with oral bioaccessibility of metals in smelter-impacted soils：implications for human health risk assessment[J]. Environmental Geochemistry and Health，37（1）：49-62.

Pelino M. 2000. Recycling of zinc-hydrometallurgy wastes in glass and glass ceramic materials [J]. Waste Management，20（7）：561-568.

Pérez-Sirvent C，Martínez-Sánchez M J，Martínez-López S，et al. 2011. Antimony distribution in soils and plants near an abandoned mining site[J]. Microchemical Journal，97（1）：52-56.

Pérez-Sirvent C，Martínez-Sánchez M J，Martínez-López S，et al. 2012. Distribution and bioaccumulation of arsenic and antimony in Dittrichia viscosa growing in mining-affected semiarid soils in Southeast Spain[J]. Journal of Geochemical Exploration，123：128-135.

Piatak N M，Parsons M B，Seal II R R. 2015. Characteristics and environmental aspects of slag：a review[J]. Applied Geochemistry，57：236-266.

Pierart A，Dumat C，Maes Q M，et al. 2018. Opportunities and risks of biofertilization for leek production in urban areas：influence on both fungal diversity and human bioaccessibility of inorganic pollutants [J]. Science of the Total Environment，624：1140-1151.

Pinto A P，de Varennes A，Castanheiro J E F，et al. 2018. Fly ash and lime-stabilized biosolid mixtures in mine spoil reclamation：simulated weathering[M]//Prasad M N V，Favas P J C，Maiti S K. Bio-geotechnologies for mine site rehabilitation. Amsterdam：Elsevier.

Pisciella P，Crisucci S，Karamanov A，et al. 2001. Chemical durability of glasses obtained by vitrification of industrial wastes[J]. Waste Management，21（1）：1-9.

Pollmann K，Kutschke S，Matys S，et al. 2018. Bio-recycling of metals：Recycling of technical products using biological applications[J]. Biotechnology Advances，36（4）：1048-1062.

Potysz A，Van Hullebusch Eric D，Kierczak J. 2018. Perspectives regarding the use of metallurgical slags as secondary metal resources-A review of bioleaching approaches[J]. Journal of Environmental Management，219：138-152.

Qi C，Wu F，Deng Q，et al. 2011. Distribution and accumulation of antimony in plants in the super-large Sb deposit areas，China [J]. Microchemical Journal，97（1）：44-51.

Qiu G，Feng X，Wang S，et al. 2005. Mercury and methylmercury in riparian soil，sediments，mine-waste calcines，and moss from abandoned Hg mines in east Guizhou Province，Southwestern China [J]. Applied

Geochemistry，20（3）：627-638.

Qiu G，Feng X，Wang S，et al. 2006. Environmental contamination of mercury from Hg-mining areas in Wuchuan，Northeastern Guizhou，China[J]. Environmental Pollution，142（3）：549-558.

Qiu G，Feng X，Li P，et al. 2008. Methylmercury accumulation in rice（Oryza sativa L.）grown atabandoned mercury mines in Guizhou，China[J]. Journal of Agricultural and Food Chemistry，56（7）：2465-2468.

Qiu G，Feng X，Wang S，et al. 2009. Mercury distribution and speciation in water and fish from abandoned Hg mines in Wanshan，Guizhou province，China [J]. Science of the Total Environment，407（18）：5162-5168.

Reimann C，Matschullat J，Birke M，et al. 2010. Antimony in the environment：lessons from geochemical mapping [J]. Applied Geochemistry，25（2）：175-198.

Rieuwerts J S，Farago M. 1996. Heavy metal pollution in the vicinity of a secondary lead smelter in the Czech Republic[J]. Applied Geochemistry，11（1-2）：17-23.

Rieuwerts J S，Farago M，Cikrt M，et al. 1999. Heavy metal concentrations in and around households near a secondary lead smelter[J]. Environmental Monitoring and Assessment，58（3）：317-335.

Rimondi V，Gray J E，Costagliola P，et al. 2012. Concentration，distribution，and translocation of mercury and methylmercury in mine-waste，sediment，soil，water，and fish collected near the Abbadia San Salvatore mercury mine，Monte Amiata district，Italy[J]. Science of the Total Environment，414：318-327.

Rizzi L，Petruzzelli G，Poggio G，et al. 2004. Soil physical changes and plant availability of Zn and Pb in a treatability test of phytostabilization[J]. Chemosphere，57（9）：1039-1046.

Roussel H，Waterlot C，Pelfrêne A，et al. 2010. Cd，Pb and Zn oral bioaccessibility of urban soils contaminated in the past by atmospheric emissions from two lead and zinc smelters [J]. Archives of Environmental Contamination & Toxicology，58（4）：945-954.

Roy M，McDonald L M. 2015. Metal uptake in plants and health risk assessments in metal-contaminated smelter soils[J]. Land Degradation & Development，26（8）：785-792.

Rudnick R L，Gao S，Holland H D，et al. 2003. Composition of the continental crust[J]. The crust，3：1-64.

Rytuba J J. 2000. Mercury mine drainage and processes that control its environmental impact[J]. Science of the Total Environment，260（1-3）：57-71.

Santini T C，Wang J C，Warren K L，et al. 2021. Simple organic carbon sources and high diversity inocula enhance microbial bioneutralization of alkaline bauxite residues[J]. Environmental Science & Technology，55（6）：3929-3939.

Sayilgan E，Kukrer T，Civelekoglu G，et al. 2009. A review of technologies for the recovery of metals from spent alkaline and zinc-carbon batteries [J]. Hydrometallurgy，97（3-4）：158-166.

Sekhar V C，Nampoothiri K M，Mohan A J，et al. 2016. Microbial degradation of high impact polystyrene（HIPS），an e-plastic with decabromodiphenyl oxide and antimony trioxide[J]. Journal of Hazardous Materials，318：347-354.

Seyed，Hossein，Ghasemzadeh，et al. 2012. Effect of 30% ground granulated blast furnace，dead and zinc slags as sand replacements on the strength of concrete[J]. KSCE Journal of Civil Engineering，16（6）：989-993.

Shalchian H，Ferella F，Birloaga I，et al. 2019. Recovery of molybdenum from leach solution using polyelectrolyte extraction[J]. Hydrometallurgy，190：105-167.

Shemi A，Ndlovu S，Sibanda V，et al. 2014. Extraction of aluminium from coal fly ash：identification and optimization of influential factors using statistical design of experiments [J]. International Journal of Mineral Processing，127：10-15.

Shrivas K，Agrawal K，Harmukh N. 2008. On-site spectrophotometric determination of antimony in water，soil and dust samples of Central India[J]. Journal of Hazardous Materials，155（1-2）：173-178.

Shu Y，Ma C，Zhu L，et al. 2015. Leaching of lead slag component by sodium chloride and diluted nitric acid and synthesis of ultrafine lead oxide powders[J]. Journal of Power Sources，281：219-226.

Sikdar A，Wang J，Hasanuzzaman M，et al. 2020. Phytostabilization of Pb-Zn mine tailings with Amorpha fruticosa aided by organic amendments and triple superphosphate[J]. Molecules，25（7）：1617.

Simon L. 2005. Stabilization of metals in acidic mine spoil with amendments and red fescue（Festuca rubra L. ）growth [J]. Environ Geochem Health，27（4）：289-300.

Smith R A H，Bradshaw A D. 1979. The use of metal tolerant plant populations for the reclamation of metalliferous wastes[J]. Journal of Applied Ecology：595-612.

Stout J E，Zobeck T M. 1996. The wolfforth field experiment：a wind erosion study[J]. Soil Science，161（9）：616-632.

Sun Y，Sun G，Xu Y，et al. 2013. Assessment of natural sepiolite on cadmium stabilization，microbial communities，and enzyme activities in acidic soil[J]. Environmental Science and Pollution Research，20（5）：3290-3299.

Takaoka M，Fukutani S，Yamamoto T，et al. 2005. Determination of chemical form of antimony in contaminated soil around a smelter using X-ray absorption fine structure[J]. Analytical Sciences，21（7）：769-773.

Talalaj I A. 2014. Assessment of groundwater quality near the landfill site using the modified water quality index [J]. Environmental Monitoring & Assessment，186（6）：3673-3683.

Tang S，Fang Y. 2001. Copper accumulation by Polygonum microcephalum D. Don and Rumex hastatus D. Don from copper mining spoils in Yunnan Province，PR China[J]. Environmental Geology，40（7）：902-907.

Telford K，Maher W，Krikowa F，et al. 2009. Bioaccumulation of antimony and arsenic in a highly contaminated stream adjacent to the Hillgrove Mine，NSW，Australia[J]. Environmental Chemistry，6（2）：133-143.

Telmer K H，Daneshfar B，Sanborn M S，et al. 2006. The role of smelter emissions and element remobilization in the sediment chemistry of 99 lakes around the Horne smelter，Quebec[J]. Geochemistry：Exploration，Environment，Analysis，6（2-3）：187-202.

Tighe M，Lockwood P，Wilson S. 2005. Adsorption of antimony（V）by floodplain soils，amorphous iron（III）hydroxide and humic acid [J]. Journal of Environmental Monitoring，7（12）：1177-1185.

Toniolo N，Boccaccini A R. 2017. Fly ash-based geopolymers containing added silicate waste. A review [J]. Ceramics International，43（17）：14545-14551.

Tosza E，Dumnicka E，Niklińska M，et al. 2010. Enchytraeid and earthworm communities along a pollution gradient near Olkusz（southern Poland）[J]. European Journal of Soil Biology，46（3-4）：218-224.

Tschan M，Robinson B H，Schulin R. 2009. Antimony in the soil-plant system-a review[J]. Environmental Chemistry，6（2）：106-115.

Ullrich S M，Ramsey M H，Helios-Rybicka E. 1999. Total and exchangeable concentrations of heavy metals in soils near Bytom，an area of Pb/Zn mining and smelting in Upper Silesia，Poland[J]. Applied geochemistry，14（2）：187-196.

Verner J F，Ramsey M H，Helios-Rybicka E，et al. 1996. Heavy metal contamination of soils around a PbZn smelter in Bukowno，Poland[J]. Applied Geochemistry，11（1-2）：11-16.

Wan X M，Tandy S，Hockmann K，et al. 2013. Changes in Sb speciation with waterlogging of shooting range soils and impacts on plant uptake [J]. Environmental Pollution，172：53-60.

Wang C L，Yang H F，Jiang B P，et al. 2014. Recovery of iron from lead slag with coal-based direct reduction followed by magnetic separation[J]. Advanced Materials Research，878：254-263.

Wang J，Feng X，Anderson C W N，et al. 2011. Ammonium thiosulphate enhanced phytoextraction from mercury contaminated soil-Results from a greenhouse study[J]. Journal of Hazardous Materials，186（1）：119-127.

Wang Q，Wu X，Zhao B，et al. 2015. Combined multivariate statistical techniques，water pollution index（WPI）and Daniel trend test methods to evaluate temporal and spatial variations and trends of water quality at Shanchong River in the Northwest Basin of Lake Fuxian，China[J]. PloS one，10（4）：e0118590.

Wang S，Feng X，Qiu G，et al. 2005. Mercury emission to atmosphere from Lanmuchang Hg-Tl mining area，Southwestern Guizhou，China[J]. Atmospheric Environment，39（39）：7459-7473.

Wang S，Feng X，Qiu G，et al. 2007a. Mercury concentrations and air/soil fluxes in Wuchuan mercury mining district，Guizhou province，China [J]. Atmospheric Environment，41（28）：5984-5993.

Wang S，Feng X，Qiu G，et al. 2007b. Characteristics of mercury exchange flux between soil and air in the heavily air-polluted area，eastern Guizhou，China [J]. Atmospheric Environment，41（27）：5584-5594.

Wang X，He M，Xie J，et al. 2010. Heavy metal pollution of the world largest antimony mine-affected agricultural soils in Hunan province（China）[J]. Journal of Soils and Sediments，10（5）：827-837.

Wang Y，Wang R，Fan L，et al. 2017. Assessment of multiple exposure to chemical elements and health risks among residents near Huodehong lead-zinc mining area in Yunnan，Southwest China[J]. Chemosphere，174：613-627.

Wang Z，Shan X Q，Zhang S. 2002. Comparison between fractionation and bioavailability of trace elements in rhizosphere and bulk soils [J]. Chemosphere，46（8）：1163-1171.

Warnken J，Ohlsson R，Welsh D T，et al. 2017. Antimony and arsenic exhibit contrasting spatial distributions in the sediment and vegetation of a contaminated wetland[J]. Chemosphere，180：388-395.

Wei C，Wang C，Yang L. 2009. Characterizing spatial distribution and sources of heavy metals in the soils from mining-smelting activities in Shuikoushan，Hunan Province，China[J]. Journal of Environmental Sciences，21（9）：1230-1236.

Wei C，Ge Z，Chu W，et al. 2015. Speciation of antimony and arsenic in the soils and plants in an old antimony mine [J]. Environmental & Experimental Botany，109：31-39.

Wei X，Zhou Y，Jiang Y，et al. 2020. Health risks of metal（loid）s in maize（Zea mays L.）in an artisanal zinc smelting zone and source fingerprinting by lead isotope [J]. Science of the Total Environment，742：140321.

Wilson N J，Craw D，Hunter K. 2004. Antimony distribution and environmental mobility at an historic antimony smelter site，New Zealand[J]. Environmental Pollution，129（2）：257-266.

Wilson S C，Leech C D，Butler L，et al. 2013. Effects of nutrient and lime additions in mine site rehabilitation strategies on the accumulation of antimony and arsenic by native Australian plants[J]. Journal of Hazardous Materials，261：801-807.

Wong M H. 2003. Ecological restoration of mine degraded soils，with emphasis on metal contaminated soils[J]. Chemosphere，50（6）：775-780.

Wu P，Tang C，Liu C，et al. 2009. Geochemical distribution and removal of As，Fe，Mn and Al in a surface water system affected by acid mine drainage at a coalfield in Southwestern China[J]. Environmental Geology，57（7）：1457-1467.

Wu T，Bi X，Li Z，et al. 2017. Contaminations，sources，and health risks of trace metal（loid）s in street dust of a small city impacted by artisanal Zn smelting activities[J]. International Journal of Environmental Research & Public Health，14（9）：961.

Wu Y，Li Y，Zheng C，et al. 2013. Organic amendment application influence soil organism abundance in saline alkali soil[J]. European Journal of Soil biology，54：32-40.

Xia W Y，Du Y J，Li F S，et al. 2019. Field evaluation of a new hydroxyapatite based binder for ex-situ solidification/stabilization of a heavy metal contaminated site soil around a Pb-Zn smelter [J]. Construction and Building Materials，210：278-288.

Xiao E，Ning Z，Xiao T，et al. 2019. Variation in rhizosphere microbiota correlates with edaphic factor in an abandoned antimony tailing dump[J]. Environmental Pollution，253：141-151.

Xu D M，Fu R B，Liu H Q，et al. 2021. Current knowledge from heavy metal pollution in Chinese smelter contaminated soils，health risk implications and associated remediation progress in recent decades：a critical review[J]. Journal of Cleaner Production，286：124989.

Xue S G，Chen Y X，Reeves R D，et al. 2004. Manganese uptake and accumulation by the hyperaccumulator plant *Phytolacca acinosa* Roxb.（Phytolaccaceae）[J]. Environmental Pollution，131（3）：393-399.

Yadav S K. 2010. Heavy metals toxicity in plants：an overview on the role of glutathione and phytochelatins in heavy metal stress tolerance of plants[J]. South African Journal of Botany，76（2）：167-179.

Yang Q W，Lan C Y，Wang H B，et al. 2006. Cadmium in soil-rice system and health risk associated with the use of untreated mining wastewater for irrigation in Lechang，China [J]. Agricultural Water Management，84（12）：147-152.

Yang S X，Liao B，Li J，et al. 2010. Acidification，heavy metal mobility and nutrient accumulation in the soi-plant system of a revegetated acid mine wasteland[J]. Chemosphere，80（8）：852-859.

Yang S，Liao B，Yang Z，et al. 2016. Revegetation of extremely acid mine soils based on aided phytostabilization：a case study from southern China[J]. Science of The Total Environment，562：427-434.

Yang Y G，Liu C Q，Zhang G P，et al. 2003. Heavy metal accumulations in nvironmental media induced by lead and zinc mine development in Northwestern Guizhou Province，China[J]. Bulletin of Mineralogy Petrology and Geochemistry，22（4）：305-309.

Yang Y，Jin Z，Bi X，et al. 2009. Atmospheric deposition-carried Pb，Zn，and Cd from a zinc smelter and their effect on soil microorganisms[J]. Pedosphere，19（4）：422-433.

Yang Y，Sun L，Bi X，et al. 2010a. Lead，Zn，and Cd in slags，stream sediments，and soils in an abandoned Zn smelting region，southwest of China，and Pb and S isotopes as source tracers [J]. Journal of Soils & Sediments，10（8）：1527-1539.

Yang Y，Li F，Bi X，et al. 2010b. Lead，Zinc，and Cadmium in Vegetable/Crops in a Zinc Smelting Region and its Potential Human Toxicity [J]. Bulletin of Environmental Contamination & Toxicology，87（5）：586-590.

Ye Z H，Yang Z Y，Chan G Y S，et al. 2010. Growth response of Sesbania rostrata and S. cannabina to sludge-amended lead/zinc mine tailings：A greenhouse study[J]. Environment International，26（5-6）：449-455.

Yin H，Niu J，Ren Y，et al. 2015. An integrated insight into the response of sedimentary microbial communities to heavy metal contamination[J]. Scientific Reports，5（1）：1-12.

Yin K，Wang Q，Lv M，et al. 2019. Microorganism remediation strategies towards heavy metals[J]. Chemical Engineering Journal，360：1553-1563.

Yin N H，Sivry Y，Benedetti M F，et al. 2016. Application of Zn isotopes in environmental impact assessment of Zn-Pb metallurgical industries：a mini review[J]. Applied Geochemistry，64：128-135.

Yousef R I，El-Eswed B，Alshaaer M，et al. 2009. The influence of using Jordanian natural zeolite on the adsorption，physical，and mechanical properties of geopolymers products[J]. Journal of Hazardous Materials，165（1-3）：379-387.

Yu E，Liu H，Tu Y，et al. 2022. Superposition effects of zinc smelting atmospheric deposition on soil heavy metal pollution under geochemical anomaly[J]. Frontiers in Environmental Science，20：1-14.

Yu Y，Zhang S，Huang H，et al. 2009. Arsenic accumulation and speciation in Maize as affected by inoculation with arbuscular mycorrhizal fungus glomus mosseae[J]. Journal of Agricultural & Food Chemistry，57（9）：3695-3701.

Zhang H，Feng X，Larssen T，et al. 2010. Fractionation，distribution and transport of mercury in rivers and tributaries around Wanshan Hg mining district，Guizhou Province，Southwestern China：part 1-Total mercury [J]. Applied Geochemistry，25（5）：633-641.

Zhang M Q，Zhang M H. 2006. Assessing the impact of leather industry to water quality in the Aojing watershed in Zhejiang province，China [J]. Environmental Monitoring and Assessment，115（1）：321-333.

Zhang M，Zhu G，Zhao Y，et al. 2012. A study of recovery of copper and cobalt from copper-cobalt oxide ores by ammonium salt roasting [J]. Hydrometallurgy：129-130.

Zhang X，Yang L，Li Y，et al. 2012. Impacts of lead/zinc mining and smelting on the environment and human health in China[J]. Environmental Monitoring & Assessment，184（4）：2261-2273.

Zhang Y，Liu X，Xu Y，et al. 2019. Synergic effects of electrolytic manganese residue-red mud-carbide slag on the road base strength and durability properties[J]. Construction and Building Materials，220：364-374.

Zheng N，Wang Q，Zhang X，et al. 2007. Population health risk due to dietary intake of heavy metals in the industrial area of Huludao city，China[J]. Science of the Total Environment，387（1-3）：96-104.

Zhou J，Huang Z，Lv Z，et al. 2014. Geology，isotope geochemistry and ore genesis of the Shanshulin carbonate-hosted Pb-Zn deposit，Southwest China [J]. Ore Geology Reviews，63：209-225.

Zhou Y，Ren B，Hursthouse A S，et al. 2019. Antimony ore tailings：heavy metals，chemical speciation，and leaching characteristics[J]. Polish Journal of Environmental Studies，28（1）：485-495.

Zhou Z S，Huang S Q，Guo K，et al. 2007. Metabolic adaptations to mercury-induced oxidative stress in roots of Medicago sativa L[J]. Journal of Inorganic Biochemistry，101（1）：1-9.

Zhu G，Shen X，Wang X，et al. 1990. PIXE study on atmospheric pollution caused by indigenous zinc-smelting industry at MaGu region[J]. International Journal of Pixe，1（1）：73-83.

Zhuang P. 2009. Heavy metal contamination in soils and food crops around Dabaoshan mine in Guangdong，China：implication for human health[J]. Environmental Geochemistry & Health，31（6）：707-715.

Zobeck T M，Popham T W，Skidmore E L，et al. 2003. Aggregate-mean diameter and wind-erodible soil predictions using dry aggregate-size distributions[J]. Soil Science Society of America Journal，67（2）：425-436.

附　录　A

t分布临界值表

$n-1$ \ α 双侧	0.50	0.20	0.10	0.05	0.02	0.01	0.005	0.002	0.001
1	1.000	3.078	6.314	12.706	31.821	63.657	127.321	318.309	636.619
2	0.816	1.886	2.920	4.303	6.965	9.925	14.089	22.327	31.599
3	0.765	1.638	2.353	3.182	4.541	5.841	7.453	10.215	12.924
4	0.741	1.533	2.132	2.776	3.747	4.604	5.598	7.173	8.610
5	0.727	1.476	2.015	2.571	3.365	4.032	4.773	5.893	6.869
6	0.718	1.440	1.943	2.447	3.143	3.707	4.317	5.208	5.959
7	0.711	1.415	1.895	2.365	2.998	3.499	4.029	4.785	5.408
8	0.706	1.397	1.860	2.306	2.896	3.355	3.833	4.501	5.041
9	0.703	1.383	1.833	2.262	2.821	3.250	3.690	4.297	4.781
10	0.700	1.372	1.812	2.228	2.764	3.169	3.581	4.144	4.587
11	0.697	1.363	1.796	2.201	2.718	3.106	3.497	4.025	4.437
12	0.695	1.356	1.782	2.179	2.681	3.055	3.428	3.930	4.318
13	0.694	1.350	1.771	2.160	2.650	3.012	3.372	3.852	4.221
14	0.692	1.345	1.761	2.145	2.624	2.977	3.326	3.787	4.140
15	0.691	1.341	1.753	2.131	2.602	2.947	3.286	3.733	4.073
16	0.690	1.337	1.746	2.120	2.583	2.921	3.252	3.686	4.015
17	0.689	1.333	1.740	2.110	2.567	2.898	3.222	3.646	3.965
18	0.688	1.330	1.734	2.101	2.552	2.878	3.197	3.610	3.922
19	0.688	1.328	1.729	2.093	2.539	2.861	3.174	3.579	3.883
20	0.687	1.325	1.725	2.086	2.528	2.845	3.153	3.552	3.850
21	0.686	1.323	1.721	2.080	2.518	2.831	3.135	3.527	3.819
22	0.686	1.321	1.717	2.074	2.508	2.819	3.119	3.505	3.792
23	0.685	1.319	1.714	2.069	2.500	2.807	3.104	3.485	3.768
24	0.685	1.318	1.711	2.064	2.492	2.797	3.091	3.467	3.745
25	0.684	1.316	1.708	2.060	2.485	2.787	3.078	3.450	3.725
26	0.684	1.315	1.706	2.056	2.479	2.779	3.067	3.435	3.707
27	0.684	1.314	1.703	2.052	2.473	2.771	3.057	3.421	3.690
28	0.683	1.313	1.701	2.048	2.467	2.763	3.047	3.408	3.674
29	0.683	1.311	1.699	2.045	2.462	2.756	3.038	3.396	3.659
30	0.683	1.310	1.697	2.042	2.457	2.750	3.030	3.385	3.646
31	0.682	1.309	1.696	2.040	2.453	2.744	3.022	3.375	3.633

续表

α 双侧 / $n-1$	0.50	0.20	0.10	0.05	0.02	0.01	0.005	0.002	0.001
32	0.682	1.309	1.694	2.037	2.449	2.738	3.015	3.365	3.622
33	0.682	1.308	1.692	2.035	2.445	2.733	3.008	3.356	3.611
34	0.682	1.307	1.091	2.032	2.441	2.728	3.002	3.348	3.601
35	0.682	1.306	1.690	2.030	2.438	2.724	2.996	3.340	3.591
36	0.681	1.306	1.688	2.028	2.434	2.719	2.990	3.333	3.582
37	0.681	1.305	1.687	2.026	2.431	2.715	2.985	3.326	3.574
38	0.681	1.304	1.686	2.024	2.429	2.712	2.980	3.319	3.566
39	0.681	1.304	1.685	2.023	2.426	2.708	2.976	3.313	3.558
40	0.681	1.303	1.684	2.021	2.423	2.704	2.971	3.307	3.551
50	0.679	1.299	1.676	2.009	2.403	2.678	2.937	3.261	3.496
60	0.679	1.296	1.671	2.000	2.390	2.660	2.915	3.232	3.460
70	0.678	1.294	1.667	1.994	2.381	2.648	2.899	3.211	3.436
80	0.678	1.292	1.664	1.990	2.374	2.639	2.887	3.195	3.416
90	0.677	1.291	1.662	1.987	2.368	2.632	2.878	3.183	3.402
100	0.677	1.290	1.660	1.984	2.364	2.626	2.871	3.174	3.390
200	0.676	1.286	1.653	1.972	2.345	2.601	2.839	3.131	3.340
500	0.675	1.283	1.648	1.965	2.334	2.586	2.820	3.107	3.310
1000	0.675	1.282	1.646	1.962	2.330	2.581	2.813	3.098	3.300
∞	0.6745	1.2816	1.6449	1.9600	2.3263	2.5758	2.8070	3.0902	3.2905

附　录　B

经济指标调查表

时间：　　　　　　　　　　　　地点：　　　　　　　　　　记录人：	
修复增加林地面积 S/km^2	（实地调查）
周围居民人数/人	（实地调查）
直接投入费用/元	（与项目实施单位沟通）
管理费用/元	（与项目实施单位沟通）
森林涵养水源能力/[t/(km^2·a)]	（查找省内主要林地涵养水源能力）

附　录　C

表 1　植物群落野外样地记录总表

<table>
<tr><td>群落名称</td><td colspan="5"></td><td colspan="5">野外编号</td><td colspan="3"></td></tr>
<tr><td>记录者</td><td colspan="2"></td><td>日期</td><td colspan="2"></td><td colspan="5">室内编号</td><td colspan="3"></td></tr>
<tr><td>样地面积</td><td colspan="2"></td><td>地点</td><td colspan="10"></td></tr>
<tr><td>海拔</td><td></td><td>坡向</td><td></td><td>坡度</td><td colspan="2"></td><td colspan="2">群落高</td><td></td><td colspan="3">总盖度</td><td></td></tr>
<tr><td>主要层优势种</td><td colspan="13"></td></tr>
<tr><td>群落外貌特点</td><td colspan="13"></td></tr>
<tr><td>小地形及样地周围环境</td><td colspan="13"></td></tr>
<tr><td rowspan="5">分层及各层特点</td><td colspan="2"></td><td>层</td><td>高度</td><td colspan="3"></td><td colspan="4">层盖度</td><td colspan="2"></td></tr>
<tr><td colspan="2"></td><td>层</td><td>高度</td><td colspan="3"></td><td colspan="4">层盖度</td><td colspan="2"></td></tr>
<tr><td colspan="2"></td><td>层</td><td>高度</td><td colspan="3"></td><td colspan="4">层盖度</td><td colspan="2"></td></tr>
<tr><td colspan="2"></td><td>层</td><td>高度</td><td colspan="3"></td><td colspan="4">层盖度</td><td colspan="2"></td></tr>
<tr><td colspan="2"></td><td>层</td><td>高度</td><td colspan="3"></td><td colspan="4">层盖度</td><td colspan="2"></td></tr>
<tr><td>突出的生态现象</td><td colspan="13"></td></tr>
<tr><td>地被物情况</td><td colspan="13"></td></tr>
<tr><td>此群落还分布于何处</td><td colspan="13"></td></tr>
<tr><td>人为影响方式与程度</td><td colspan="13"></td></tr>
<tr><td>群落动态</td><td colspan="13"></td></tr>
</table>

表 2　乔木层野外样方记录表

群落名称________　面积_10m×10m_　野外编号________　第____页　层次名称________

层高度________　层盖度________　调查时间________　记录者________

编号	植物名称	高度/m	株/丛数	盖度/%	备注

表 3　灌木层野外样方记录表

群落名称＿＿＿＿＿　面积＿3m×3m＿　野外编号＿＿＿＿＿　第＿＿＿页　层次名称＿＿＿＿

层高度＿＿＿＿＿　层盖度＿＿＿＿＿　调查时间＿＿＿＿＿　记录者＿＿＿＿

编号	植物名称	高度/m		株/丛数	盖度/%	备注
		一般	最高			

表 4　草本层野外样方记录表

群落名称＿＿＿＿＿　面积＿1m×1m＿　野外编号＿＿＿＿＿　第＿＿＿页　层次名称＿＿＿＿

层高度＿＿＿＿＿　层盖度＿＿＿＿＿　调查时间＿＿＿＿＿　记录者＿＿＿＿

编号	植物名称	丛径/cm		株/丛数	盖度/%	备注
		一般	最高			

附　　图

历史遗留废渣堆场生态修复工程效果图

实施前(2013年)

实施后(2018年)

图版 1　钟山区大湾镇红花岭片区铅锌废渣堆场生态修复工程

实施前(2015年)

实施后(2018年)

图版2　赫章县冉家湾区域铅锌废渣污染综合整治工程

实施前(2011年)

实施后(2018年)

图版 3　三都县坝街乡五坳坡姑脑沟锑矿废渣堆场生态修复工程

实施前(2016年)

实施后(2018年)

图版4　三都县都江镇小脑片区锑矿废渣堆场生态修复工程

实施前(2017年)

实施后(2018年)

图版 5　三都县普安镇交梨王家寨村拉鹅汞矿废渣堆场生态修复工程

实施前(2018年)

实施后(2018年)

图版6　万山区“7·4”洪灾水毁汞渣堆场生态修复工程

实施前(2017年)

实施后(2018年)

图版 7　松桃县盘石镇水源村铅锌废渣堆场生态修复工程

实施前(2017年)

实施后(2018年)

图版 8　大龙经开区金利锰业锰废渣堆场生态修复工程

实施前(2018年)

实施后(2018年)

图版 9　荔波县播尧乡废弃砷渣堆场生态修复工程